LA

PÊCHE RAISONNÉE

ET PERFECTIONNÉE

DU PÊCHEUR FABRICATEUR

TOUTES LIGNES — CINQUANTE PÊCHES DIFFÉRENTES

PAR

JULES CARPENTIER

VICE-PRÉSIDENT DE LA SOCIÉTÉ DES PÊCHEURS DE LA CANCHE
DE LA TERNOISE ET DE LEURS AFFLUENTS

OUVRAGE ORNÉ DE 92 FIGURES

PARIS

LIBRAIRIE AUDOT

LEBROC ET Cie, SUCCESSEURS

8, RUE GARANCIÈRE

1879

LA

PÊCHE RAISONNÉE

PARIS. TYP. E. PLON ET Cie, RUE GARANCIÈRE, 8.

LA
PÊCHE RAISONNÉE

ET PERFECTIONNÉE

DU PÊCHEUR FABRICATEUR

TOUTES LIGNES — CINQUANTE PÊCHES DIFFÉRENTES

PAR

JULES CARPENTIER

VICE-PRÉSIDENT DE LA SOCIÉTÉ DES PÊCHEURS DE CANCHE
DE LA TERNOISE ET DE LEURS AFFLUENTS

———

OUVRAGE ORNÉ DE 92 GRAVURES

———

PARIS

LIBRAIRIE AUDOT

LEBROC ET Cie, SUCCESSEURS

8, RUE GARANCIÈRE

—

1879

Tous droits réservés

PRÉFACE

―――

A quoi bon un livre de pêche à toutes lignes, lorsque les librairies en possèdent de formats divers et de tous genres, de petits, de moyens, de gros, d'amusants, d'ingénieux, de savants?

Pourquoi surtout un livre sérieux, fait pour être particulièrement consulté à l'heure des besoins et des incertitudes, alors que tant d'écrivains d'élite se sont étudiés à les embellir par les descriptions les plus attrayantes?... Nous l'avouons, sous le rapport de la séduction, nous n'avons pas la prétention de nous mettre en parallèle avec nos spirituels devanciers. Et ce-

a

pendant nous n'hésitons pas à faire paraître cet ouvrage, tant les livres que nous avons parcourus sont insuffisants pour éclairer les débuts des néophytes de la pêche, ou manquent de science acquise, basée sur des faits consciencieusement observés, la gaule à la main, sur le terrain même de la lutte.

D'ailleurs, l'art de pêcher a fait depuis quelques années de nouveaux progrès qu'il importe de signaler. C'est donc avec le bagage du praticien qui a beaucoup parcouru, vu, entendu, essayé et annoté, que nous présentons notre livre aux pêcheurs.

Aux jeunes comme aux vieux, nous disons : Lisez-nous; votre temps ne sera pas perdu. Tant nous comptons sur vos appréciations comparatives pour nous rendre cette justice que nous n'avons rien épargné pour essayer de concilier la cause avec l'effet, la théorie avec la pratique; guidé par ces principes puisés dans notre expérience, que dans la pêche on ne peut obtenir de réels succès que par la connaissance approfondie des lois de la nature et de l'influence qu'elles exercent sur les poissons. Les vertébrés étant ainsi que l'homme soumis aux jeux du temps et des saisons, à l'action de l'élément où ils vivent,

à l'alternance des substances dont ils se nourrissent, aux conséquences souvent bien pénibles
et épuisantes de l'acte de régénération.

C'est ainsi que, malgré la monotonie de notre
sujet, et contrairement à notre désir de rester
succinct, nous avons été entraîné à ouvrir de
longues pages :

1° Au matériel perfectionné du pêcheur et à
sa fabrication ;

2° A faire la description de tous les appâts les
plus réputés ;

3° A dépeindre et reviser, dans un historique
abrégé, les coutumes et les habitudes des poissons qui se pêchent dans les eaux douces ;

4° A exposer nos idées sur les lois qui régissent la pêche fluviale, et à faire montre de savoir
dans la partie théorique, qui prépare le pêcheur
à obtenir des succès ;

5° A classer les pêches par catégories de *simi-
litude,* en donnant à leurs détails un développement en rapport avec les progrès acquis ;

6° A terminer enfin notre ouvrage par un calendrier mensuel, propre à servir de fanal et de thermomètre au pêcheur.

Notre traité sera donc un livre de réformes, de perfectionnements et d'innovations; et, ajouterait Pline, s'il pouvait revivre et retracer nos moyens, un livre de bonne foi, toujours bon à consulter.

LES PLAISIRS DE LA PÊCHE.

C'est notre conviction profonde que la pêche, par son action réelle, sa mobilité, la variété de ses plaisirs, est faite comme la chasse pour séduire tous ceux qui ont des loisirs.

Naissant avec le printemps, elle appelle toutes les forces vitales à s'exercer et à jouir. Elle a pour elle, selon le langage du docteur Morel de Rubempré, la contractilité, par le mouvement; la sensibilité, par l'aspect des modifications des corps; la sympathie, par l'impression ressentie de tout ce qui est fait pour charmer; la synergie, par la tendance constante de tous les organes de l'homme vers ce but, la victoire! Elle a pour elle le spectacle incessant et magnifique de toutes les graduations du jour, depuis l'aube jusqu'au soleil couchant; l'aspiration des senteurs embaumées qui s'échappent des arbres en fleur; la vue constante de ces innombrables plantes qui bordent les rives fleuries des cours d'eau.

Ajoutez à ces attraits la sérénité de l'âme, les

modifications de la vallée; les cheminements sur le gazon vert, la contemplation de ces myriades de petits êtres qui nagent dans les eaux, et de ceux ailés qui bourdonnent, voltigent et se marient sur les saules. Ajoutez encore le charme ineffable du chant des oiseaux, le concert des cascades, les murmures du fleuve ou du ruisseau, jusqu'au chant mélancolique de la brise, qui glisse dans le feuillage frémissant des arbres et des arbustes; nous n'aurons rien dit qui ne soit moindre que les beautés que le pêcheur rencontre.

Vienne juillet, l'heure où sonne l'ouverture de la pêche des poissons d'été. C'est alors le ciel bleu et sans nuages, éclairé par un soleil de feu dont les rayons puissants se reflètent en gerbes d'or dans le cristal fluide et limpide; c'est le tableau réduit et renversé de tout ce qui surplombe les rives, qui vous intéresse et captive par ses changements inattendus; c'est enfin le vol rapide et gracieux de l'alcyon vert, qui jette en passant au pêcheur son bonjour émulateur. Que si l'on objecte que toutes les beautés dont nous sommes l'impuissant interprète n'appartiennent pas exclusivement à la pêche, qu'il lui soit du moins rendu cette justice, qu'elle invite par son stimulant à en jouir.

Jeune, on peut adopter les pêches mobiles à marche continue ; vieux, allier le repos au plaisir en se réfugiant dans les pêches stationnaires. Mais parce qu'il est possible qu'on ait rencontré un juvénile gandin, plus héron que pêcheur, perché sur ses deux pieds, le bras tendu, l'œil fixé sur un bouchon immobile à trois mètres de distance, dans l'attente qu'un poisson stupide vienne se prendre à l'hameçon, il n'en faut pas conclure que la pêche soit un plaisir calme, où la patience est la plus grande des qualités.

La pêche comme nous l'aimons, qui est celle des pêcheurs artistes, c'est l'action ! la combinaison ! l'émotion ! la vie ! ! !

LA
PÊCHE RAISONNÉE

PREMIÈRE PARTIE

DU MATÉRIEL ET DE LA FABRICATION

I. — ACHETER OU FABRIQUER.

Le matériel du pêcheur doit nécessairement se
limiter aux choses indispensables. C'est à lui de
savoir ce qui suffit à ses besoins, selon les rivières

où il pêche, les poissons qui s'y trouvent, les espèces qu'il recherche.

Le matériel que nous allons soumettre au lecteur sera presque général, et le pêcheur, selon les circonstances, n'aura que l'embarras du choix.

Quant à la question de savoir s'il est plus avantageux d'acheter que de fabriquer, la réponse nous paraît bien délicate, tant elle est subordonnée aux aptitudes des personnes, à leur amour du travail. — Tout ce que nous pouvons dire, c'est qu'aujourd'hui, plus que jamais, il est des maisons de commerce qui se distinguent par une perfection, dans la fabrication de certains objets, qu'il serait impossible à un pêcheur d'atteindre, alors même qu'il compterait sur certaines modifications pour en tirer de meilleurs résultats. Ce qui nous paraît le plus saillant dans le travail du pêcheur-fabricateur, c'est que bien souvent on rachète l'absence du luxe par plus de solidité; qu'on obtient à bas prix ce qui est vendu trop cher en détail. Or, comme ces deux considérations suffisent à nos yeux pour que nous en tenions compte, notre nomenclature du matériel comprendra, indépendamment de l'attirail obligatoire à toutes lignes, tout ce qui est strictement nécessaire pour pouvoir confectionner soi-même les vergeons, les scions, les lignes et les bas de ligne en crins, les vérons, les mouches, les chenilles et le filet d'épuisette; ce qui nous semble assez pour ne pas rendre la fabrication pénible et assujettissante.

II. — MATÉRIEL INDISPENSABLE.

Anneaux de ligne.
Anneau à décrocher.
Aiguilles et chaînettes.
Boyaux de ver à soie.
Boîte aux vers.
Boîte aux mouches naturelles.
Boîte aux larves aquatiques.
Bas de lignes.
Crins de cheval entier.
Chenilles artificielles.
Couteau, serpette, ciseaux.
Décrochoir.
Émérillons tournants.
Épuisette.
Flottes et chalumeaux.
Fil, ficelle et chasseron.
Gaules, légère, de force et de jet.

Grappin.
Lignes en soie et tout crins.
Hameçons simples, doubles, triples, quadruples.
Montures et takles aux vérons.
Mouches artificielles.
Moulinets.
Plombs en grains fendus et laminés.
Pince à saisir les anguilles.
Plioirs.
Poix noire et blanche de Bourgogne.
Portefeuille-trousse.
Panier de pêche.
Sonde.
Vérons artificiels.
Vase au vif, etc., etc.

III. — MATÉRIEL DE FABRICATION.

Acide à souder, décomposé au zinc.
Bois de frêne fendu, pour gaules.
Baleine pour scions.
Couleurs diverses pour peindre les vérons.
Caoutchouc ou *gutta*.
Étain à souder.
Étau à tenon.
Forets à métaux.
Liége et bouchons.
Laiton foré pour vérons.
Limes diverses et carrelette à fendre les vérons.

Moule à mailler.
Navette à mailler.
Pinces plate, ronde, coupante.
Pince, ou fer en cuivre à souder.
Or et argent en coquille.
Papier émeri.
Pinceaux en poils de blaireau.
Plumes variées pour les mouches.
Scie à métaux (petite).
Tuyaux à cordeler.
Verni siccatif blanc.
Vilebrequin.
Vergeons d'essences diverses, etc., etc.

Description restreinte du matériel.

En parcourant les deux tableaux qui précèdent, le lecteur a pu voir que l'arsenal du pêcheur-fabricateur se compose d'un grand nombre d'objets sans importance réelle, à la description desquels il serait futile de nous arrêter. Toutefois, comme il en est qui peuvent être considérées comme les chevilles ouvrières du pêcheur, dont la construction, la forme, le perfectionnement, exercent une action puissante sur la pêche, c'est sur ces derniers que nous appellerons l'attention des débutants.

Quant aux lignes et bas de ligne, à l'exception de celles en crin sans nœuds, dont les détails de fabrication sont absolument nécessaires à connaître, nous croyons devoir, pour plus de clarté, les rattacher aux différents modes de pêcher, où elles s'y relient naturellement, chaque pêche possédant sa ligne particulière.

IV. — DES GAULES NÉCESSAIRES.

Lorsqu'on entre dans un grand magasin d'articles de pêche, on est surpris de la quantité des gaules et des cannes qui peuvent être soumises au choix de l'acheteur. On s'aperçoit tout de suite combien l'industrie a dû faire d'efforts pour répondre à tous les goûts et séduire le pêcheur. Mais acheteur ne signifie pas connaisseur! Qu'arrive-t-il? C'est que les fabricants, n'étant pas conseillés par la bonne appréciation du demandeur, ni stimulés par ses exigences, persévèrent dans leurs erreurs de fabrication, sans jamais les corriger. C'est ainsi qu'en 1855, dans ce grand centre commercial qu'on nomme Paris, il nous est arrivé de ne pouvoir rencontrer une bonne gaule de jet, d'origine française, parfaite en ses détails et dans son ensemble. Toutes celles qui nous furent soumises péchaient par la qualité du bois. De sorte que nous fûmes forcés de recourir à Boulogne-sur-Mer, aux magasins de M. Flahault, détenteur de plusieurs articles anglais d'une simplicité et d'une bonté remarquables. Mais depuis l'Exposition de 1855 et celles qui lui ont succédé, les fabricants français ayant pu *de visu* constater l'infériorité de leurs produits, bien des progrès ont été conquis. Aussi sommes-nous heureux d'affirmer qu'aujourd'hui les connaisseurs les plus difficiles peuvent trouver à Paris des gaules françaises qui vaillent celles anglaises, ne laissant rien à désirer, tant sur la nature du bois que par leur parfaite condition.

Quant à déterminer le nombre des gaules nécessaires à chaque pêcheur, nous croyons rester dans les limites pratiques de simplification et d'usage, en assurant que trois gaules bien différentes suffisent :

1° Une gaule légère ; 2° une gaule de force ; 3° une gaule de jet.

Gaule légère.

La gaule étant l'arme essentielle de la pêche, on ne saurait apporter trop de soins à son bon choix et à sa parfaite constitution. Dans notre carrière de pêcheur à toutes lignes, déjà bien longue, puisque nous comptons plus de quarante années d'exercice, nous avons bien souvent entendu préconiser que pour pêcher la blanchaille, ce qui signifie le frétin, il fallait de faibles et délicats instruments. Cette appréciation est vraie, par rapport à la ligne, au bas de ligne, aux hameçons, qui doivent être ténus et le moins voyants possible, tout en possédant une bonne force de résistance. Appliquée à la gaule, la recommandation est fausse. Une gaule, fût-elle légère et longue, doit toujours être solide, alors même qu'elle est plus spécialement destiné à pêcher le menu, le véron, le goujon, l'ablette, l'éperlan bâtard, etc., par la raison toute simple qu'il arrive fréquemment que, en pêchant le fretin, le pêcheur est exposé à rencontrer un poisson de poids, qui briserait son principal instrument s'il n'était capable d'opposer la force à la force. D'ailleurs, on ne doit pas oublier qu'après avoir pêché le menu, qu'on a largement amorcé de vers jetés pincée par pincée, pour l'attirer et le disposer à mordre, on couronne assez souvent sa retraite par quelques instants consacrés à pêcher le gros, ras de fond, avec la même gaule, ce qu'en terme de pêche on appelle rouler dans le coup.

Avant d'être fixé sur les nécessités que nous venons de faire ressortir, nous avions, dès notre jeune âge, débuté par l'acquisition, au prix de dix francs, d'une canne à quatre compartiments rentrant les uns dans les autres, tant cette arme nous paraissait portative. En effet, réduite à sa plus faible longueur, elle ressemblait à une véritable canne de promenade, de façon que nous pouvions passer devant le public sans qu'il soupçonnât notre but et sa destination. Malgré cet avantage, nous ne tardâmes pas à y renoncer, dès que nous nous décidâmes à faire de plus longues excursions, à cause de son inflexibilité et de la grosseur exagérée du principal récipient, qui sont nuisibles et gênants dans l'usage.

A ce premier essai, nous substituâmes, au prix modique de cinq francs, une gaule en roseau de Provence divisée en trois parties de 1 mètre 25 centimètres, de manière à obtenir une longueur de près de 4 mètres, dès qu'elle était montée. C'était là, pensions-nous, une gaule éminemment favorable, par sa légéreté et sa portée, à pêcher le fretin, qui, hors le goujon, fuit ordinairement au large, alors qu'il s'aperçoit que le pêcheur a fait dans ses rangs quelques victimes. Néanmoins, nous ne tardâmes pas à reconnaître que, de nouveau, nous nous étions trompé, tant le vergeon, qui était de même nature, était roide et brisant. En effet, à la première résistance d'une brême assez forte, l'extrême de la gaule se cassa, et nous fûmes réduit à l'immobilité. Forcé de quitter les lieux, nous partîmes en songeant au moyen de tirer parti des deux bouts restés intacts, de manière à éviter dans l'avenir de pareilles déceptions. Réflexions faites, il nous parut que le procédé le plus efficace était de constituer une gaule munie de tous les appareils qui ont pour effet d'amoindrir les efforts supportés par le vergeon, lorsque l'hameçon, tout petit qu'il puisse être, aurait le bonheur d'accrocher un poisson vigoureux.

Le lendemain nous étions au travail, taillant, redressant et rabotant un morceau de bois de frêne fendu en droit fil. Les angles abattus, nous l'arrondîmes à la râpe, nous lui donnâmes le poli au papier émeri, nous ajoutâmes un scion en baleine, des anneaux de ligne roulants à la gaule, plus un léger moulinet à engrenage simple, et dès le déclin, nous étions possesseurs d'une gaule capable de pêcher de près et de loin tous les poissons petits et moyens, sans redouter que, désormais, notre canne se brisât. Depuis cette époque, cette gaule est restée notre instrument de prédilection pour pêcher de demi-fond la blanchaille, la truitette des montagnes ; et comme, dans ces limites, elle a résisté à toutes les épreuves, nous serions heureux de voir les pêcheurs parisiens renoncer à leur mauvais matériel en l'adoptant.

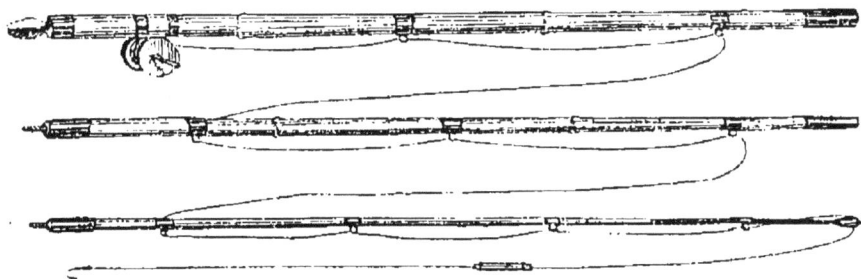

Fig. 1. Gaule ligne.

Poids de la gaule légère et complète, 600 grammes.

Gaule de force.

Une gaule de force ne veut pas dire une gaule de poids ; elle ne saurait donc être convenable qu'à la condition d'allier la force à la légèreté, lors même qu'elle serait plus spécialement destinée à pêcher les gros poissons. Comment arriver à concilier ces deux qualités? Par un moyen bien simple : en choisissant convenablement la nature et l'essence du bois, ce qui est peu en apparence et beaucoup dans la réalité. Ainsi, dans la gaule de force, nous remplaçons le roseau de Provence, qui constitue la gaule légère, par le roseau d'Espagne ou de Portugal, qui est un peu plus cher, et mieux encore par le bambou des Indes, qui est plus résistant, et nous espérons démontrer qu'une gaule de l'un de ces bois, avec vergeon en frêne, complété d'un scion en baleine, présente toutes les garanties désirables, que le pêcheur s'exerce de fond à lancer le vif, ou véron naturel, ou artificiel. Voici nos principes : 1° augmenter la force de résistance du bois, en diminuant la longueur de portée de ses parties ; 2° admettre pour vrai que, depuis l'invention et l'usage du moulinet, ce n'est plus l'extrême terminal de la gaule qui supporte les efforts de résistance et de traction des poissons, mais la ligne, le moulinet et le talon de la gaule. Si ces principes sont justes, et nous les tenons pour tels en considérant avec confiance la gaule intacte qui nous sert depuis quarante années, nous n'avons plus qu'à la prendre comme type et la décrire.

Cette gaule est divisée en quatre brins d'un mètre chacun, constitués pour se raccorder et s'enchâsser, à raison de leur diamètre, dans des tubes en cuivre appelés viroles ; ce qui porte à quatre mètres sa longueur totale, dès qu'elle est montée. Le premier

1.

brin part de 28 millimètres au talon, pour diminuer progressivement jusqu'à 23 ; le second de 21 à 16 ; le troisième de 14 à 9 ; le quatrième ou le dernier de 7 à 2 millimètres.

Le talon est consolidé par une bague-écrou, qui permet de visser une lance propre à faciliter son implantation dans le sol, lorsqu'il est indispensable de recouvrer la liberté entière des mains, en même temps que celle du corps. Cette gaule est complétée

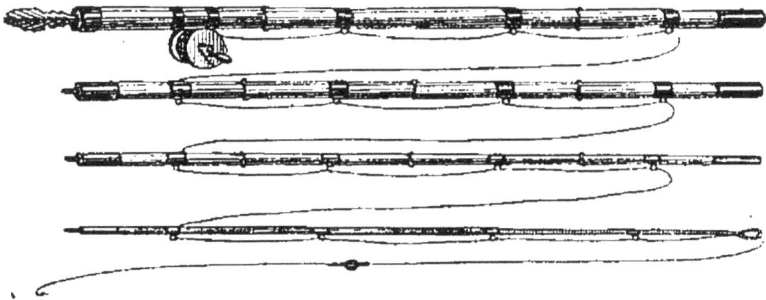

Fig. 2. Gaule de force.

par l'adjonction d'un moulinet demi-renforcé, situé à 20 centimètres de la base, pour obtenir plus de commodité dans le lancé. Qu'on ajoute entre les entre-nœuds du bambou, des anneaux de ligne fixes, soudés à une bélière attachée par un fil poissé, et un œil terminal ou scion, la gaule sera terminée. Soumise à la balance avec tous ses accessoires, ce qui comprend la ligne et le moulinet, cette arme pèse 800 grammes, soit 2 hectogrammes de plus que la légère, et cependant cette faible différence suffit pour lui donner une force bien supérieure. Pour bien en apprécier le mérite, il nous suffira de dire, croyons-nous, que c'est avec son seul concours qu'il

nous a été permis, dans notre longue carrière de
pêcheur, de mater plusieurs centaines de brochets,
barbeaux, chevennes, saumons et grosses truites,
dont le poids de quelques-uns s'élevait à plus de
10 kilogrammes.

Gaule de jet.

On entend ordinairement par gaule de jet l'instrument destiné à lancer à la volée une mouche
artificielle sur la surface des eaux.

Pour remplir bien sa mission dans les mains d'un
pêcheur habile, une gaule de jet doit être capable
de lancer, sans effort apparent, un insecte à la distance de quinze mètres.

Aucune gaule de jet n'est réputée parfaite, si elle
n'est à la fois ferme, flexible et légère, si, au
moment du lancé, après avoir décrit son quart de
cercle, pour porter l'amorce à un point visé, elle
n'est en état, après maints efforts, de se redresser, en
recouvrant sa ligne droite et naturelle. Or, ce n'est
pas une chose facile que de rencontrer une gaule,
d'un travail quotidien et semestriel, pendant plusieurs
années, sans qu'il en résulte que l'une de ses parties soit faussée. C'est en vain, nous l'avons déjà dit,
que les fabricants français ont essayé d'obtenir les
qualités que nous venons de signaler, avec les bois
originaires de notre pays. Les résultats n'étaient
jamais satisfaisants, bien que ces gaules ne laissassent
rien à désirer dans leur fabrication. Il a fallu, à
l'exemple des industriels anglais, que nos artisans
recourussent au bois des Indes, de lance, au noyer

blanc d'Amérique, à celui d'Ickary, et autres essences nées sous un ciel de feu, qui possèdent des qualités vraiment exceptionnelles, pour obtenir des gaules rivales. Depuis cette époque, les gaules françaises valent celles anglaises. Elles n'ont plus qu'un défaut, celui de coûter trente francs sans moulinet ni ligne. Mais dès qu'on considère que le chasseur sacrifie sans regrets trois ou quatre cents francs à l'acquisition d'une bonne arme, on ne voit pas pourquoi le pêcheur se refuserait à mettre un prix convenable dans une arme de pêche, qui lui procure chaque année cinq ou six mois de plaisirs.

Quoi qu'il en soit, une véritable gaule de jet doit se composer de quatre bouts, ayant chacun un mètre de longueur, susceptibles de s'enchâsser les uns dans les autres, proportionnellement à leur force. Dans une gaule de jet perfectionnée, la partie la plus forte doit être perforée dans presque toute sa longueur, afin d'obtenir plus de légèreté, et permettre de placer dans le canal un vergeon de rechange.

Le mode d'attache du moulinet est simple ; il repose sur l'action de deux bagues de serrement, douées d'un mouvement de va-et-vient, qui permet d'y engager l'entablement du moulinet, de sorte que ce petit appareil se puisse enlever à volonté pour le reporter d'une gaule à une autre.

Un point capital pour obtenir que la main soit bien placée et possède toutes facilités dans le jet, c'est que le moulinet ne soit pas ajusté ni trop près ni trop loin de la gaule. La distance de quinze centimètres nous a toujours paru la meilleure.

Quant aux anneaux, supports de la ligne, ils sont roulants, fixés graduellement le long de la gaule, à des distances qui se rapprochent d'autant plus qu'ils arrivent vers l'extrême du scion. Qu'on ajoute à ces détails précis l'élégance de la forme, le bruni du cuivre, le poli et le verni du bois, l'absence de toute couleur éclatante ; nous n'aurons rien dit que de réel. Qu'une telle gaule soit considérée par quelques pêcheurs comme une arme de luxe, nous nous y attendons !... Mais pour beaucoup, il n'est pas indifférent d'allier la beauté à la bonté. Du reste, nous n'abandonnerons pas le chapitre des gaules sans indiquer aux pêcheurs économes et laborieux comment il est possible de posséder et fabriquer soi-même une gaule à bon marché, pour ainsi dire à toutes lignes, par cela capable de répondre à la généralité des besoins.

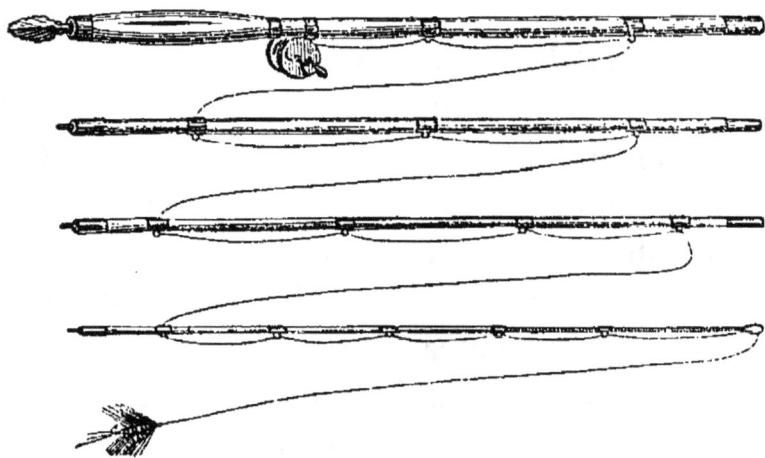

Fig. 3. Gaule à la volée.

Gaule à toutes lignes.

Certes, nous n'avons pas besoin de mettre en relief qu'une telle gaule est contraire à nos principes. Si nous en dévions cette fois, on peut nous croire, ne sachant pas mentir ; c'est absolument par déférence à des désirs exprimés par un grand nombre d'artisans.

Comment concilier ce qui paraît tout d'abord inconciliable : la force réunie à l'élasticité et la légèreté ? Nous croyons qu'il n'est qu'un moyen ; le voici : On choisit, parmi du bois de noyer ou mieux encore de frêne, parfaitement sec et de bonne qualité, un tronçon bien sain, d'une longueur de 1 mètre 50 centimètres, que l'on fend de droit fil, en quatre parties d'inégale grosseur. Cela fait, on dresse chaque pièce carrément à la varlope, puis on abat les angles pour les arrondir. Ainsi, en admettant que la gaule doive se composer de quatre bouts égaux, ce qui est la meilleure division pour obtenir la solidité, le pied de la gaule devra porter en diamètre 24 millimètres pour aboutir à 16 ; le second bout, de 14 à 11 ; le troisième, de 10 à 8 ; le quatrième ou le dernier, de 7 à 2 millimètres.

Ces grosseurs réalisées, on se procure des viroles en cuivre susceptibles de s'ajuster aux extrémités des brins. Les tubes enduits de colle forte, on les enchâsse de force, puis on monte la gaule entièrement, à l'effet de s'assurer qu'elle est droite et que rien ne bouge. Si les brins ont été bien dressés, les viroles bien placées, le scion en baleine terminal bien empilé, la gaule représentera une ligne droite, sans qu'il y ait lieu de constater de ballottement dans les tubes lorsqu'on la secouera avec violence. Quant au moulinet, le plus simple est de l'acheter et de le placer vers le talon de la gaule, au moyen de quatre vis.

Reste la pose de la lance. Le moyen le plus facile consiste d'abord à mettre une bague de consolidation à la base de la gaule, à perforer ensuite le bois, et emboîter la queue de la lance dans le trou fait, à l'aide d'un marteau.

Dès lors, il n'y aura plus qu'à polir la gaule, la peindre couleur jaunâtre, la vernir, ajouter des anneaux de ligne roulants, pour que la gaule soit prête à fonctionner.

A priori, on voudrait croire qu'une arme ainsi faite en bois plein devrait être beaucoup plus lourde que la gaule en bambou, dont le bois est creux. La vérité, c'est qu'en se renfermant strictement dans nos prescriptions, son poids ne s'élèvera pas à plus de 700 grammes, soit 1 hectogramme plus lourd que la gaule légère, et 100 grammes de moins que celle de force.

Sans doute cette gaule ne sera pas parfaite. Transformée en gaule à lancer le vif et le véron, à pêcher de fond, elle aura besoin d'un vergeon plus résistant. Transformée en gaule de jet et à la volée, elle n'aura pas la puissance de projection de celle anglaise. Mais qu'importe au plus grand nombre des pêcheurs de n'être pas parmi les premiers à jeter loin, s'il est possible avec cette arme d'aborder les fourrés, les racines, les obstacles, et de lancer une mouche à dix mètres, sans redouter qu'elle se fausse ou se brise? Tel est pourtant son mérite!

V. — LES CRINS.

Dans la pêche, on fait usage de deux sortes de crins, l'un qui provient de cheval, l'autre du ver à soie.

Le premier, qui est extrait de la queue du mâle, est considéré comme meilleur que celui de la femelle, par la raison que, n'étant pas en contact avec l'urine, qui est une liqueur âcre et saline, qui le jaunit et l'altère, il conserve plus de solidité. On le considère comme excellent quand il est long, corsé, rond, élastique, brillant.

Le second, appelé indistinctement crin de Florence ou boyau de ver à soie, est le produit gommeux extrait du corps de ces insectes en les faisant macérer dans le vinaigre, à l'instant où ils sont prêts à rejeter cette substance sous forme de fil. Ils sont également réputés bons lorsqu'ils sont blancs, lisses, transparents et tenaces. Quelques pêcheurs préfèrent ceux qui ont passé à la filière, parce qu'ils sont d'un blanc plus mat. Ce n'est pas notre opinion, cette opération ayant pour effet de lui enlever une partie de sa force. L'un et l'autre servent à confectionner les lignes et les bas de ligne.

Comparés par rapport à leur force de résistance, nous avons trouvé qu'il fallait huit crins de cheval pour égaler la force d'un crin de Florence. Or,

comme celle du premier est d'environ 400 grammes, pourvu qu'on opère sans secousses ni saccades,
celle de la racine du ver à soie s'élève naturellement
à 3 kilos 2 hectogrammes.

Coloration des crins.

Cette opération a pour but de rendre les crins
de la couleur des eaux où ils peuvent être plongés,
que les eaux soient bleues, vertes ou blondes, selon
que les rivières empruntent leur transparence au
ciel, aux nuages, aux rives qui les surplombent ou
aux substances terreuses emmenées par les grandes
pluies.

Le point essentiel est de n'employer que des
teintures qui n'affaiblissent pas la force des crins.
On y parvient en repoussant toutes les recettes qui
contiennent un acide quelconque :

Bleu tendre, par l'immersion pendant deux heures
dans l'encre d'imprimerie, qui est un composé
d'huile de lin et de noir de fumée.

Bleu foncé, en déposant les crins pendant deux
heures dans un verre de genièvre, dans lequel on
aura versé un peu d'encre noire ordinaire.

Vert tendre, en plaçant les crins dans une infu-
sion de thé presque bouillant.

Jaunâtre, en les faisant tremper une heure dans
un mélange de café chaud et de chicorée.

Vert, en faisant bouillir un verre de bière dans
lequel on aura mis une pincée de noir de fumée,
un peu d'alun et quelques feuilles de noyer.

On obtient un vert magnifique en faisant bouillir les crins dans du vinaigre chargé d'un peu de vert-de-gris, mais les crins perdent tant soit peu de leur qualité.

VI. — LIGNES.

Terme général de pêche pour signifier un assemblage de fils réunis par torsion, auquel on ajoute un hameçon propre à prendre les poissons.

Il y en a de diverses espèces, en chanvre, en soie, en crin de cheval, en racine de Florence, en china-gras, en ramies, en pitte de l'agavé d'Amérique et de diverses autres matières souples et tenaces.

En principe, chaque pêche a besoin de sa ligne spéciale, d'où la nécessité, pour être moins complexe, de reporter leur définition aux pêches auxquelles elles se rapportent.

Cependant nous croyons pouvoir dire ici que, en général, les lignes en crin ou mélangées de soie et de crin se prêtent mieux à la pêche de surface à la volée, parce que, étant plus roides et de plus grand poids, elles s'étendent mieux et plus loin ; que les lignes en soie pure sont ordinairement employées pour les pêches de fond, de demi-fond et les gaules détendantes.

Toutefois il est bon de se souvenir qu'avec une ligne composé de douze crins de cheval tordus ensemble, on ne peut soulever qu'un poids de 6 kilogrammes, tandis qu'avec une ligne en soie composée de six fils ténus, tordus deux par deux, et réunis

ensuite par torsion, on arrive à lever 9 à 10 kilogrammes.

Néanmoins, comme il est indispensable au pêcheur
à la mouche artificielle de posséder constamment
une bonne ligne de jet, et que l'occasion manque
parfois d'en acheter de convenables et de toutes faites,
nous croyons qu'on nous saura gré de consacrer un
chapitre à l'art de la fabriquer soi-même, d'autant
plus que notre manière de faire ne se trouve décrite
dans aucun livre de pêche.

Fabrication des lignes en crin.

Avant 1760, époque où l'on ne connaissait que
le rouet à la main, pour filer et cordeler, il aurait
pu être utile d'indiquer aux pêcheurs la manière
générale de faire toutes les lignes, quelle que soit
la matière à employer; mais depuis que deux ouvriers
anglais et français ont imaginé les machines à tirer,
à filer, à cordeler, le commerce fournit des lignes
en soie à des prix si minimes qu'il serait aujour-
d'hui superflu de s'arrêter à leur fabrication.

Restent les lignes tout crin et sans nœuds, que la
grande industrie a négligées, et dont la confection
par le pêcheur même est un besoin d'autant plus
nécessaire qu'il est souvent difficile de s'en procurer
de bonnes et de bien faites. Voici comme on opère.
Nous admettons, tout d'abord, que le pêcheur se soit
procuré une quantité suffisante de crins blancs,
longs et beaux, provenant d'un cheval entier, propres
à constituer une ligne de 20 mètres.

La provision faite, dans le but d'enlever toutes les

impuretés qui les recouvrent, on commence ordinairement par laver les crins en bloc avec du savon vert. Dès qu'ils sont nettoyés et rincés, on les peigne, à l'effet de retrancher les crins les plus courts. Il reste alors un choix que l'on divise par torons, gros comme le doigt, qu'on lie vers leur extrémité, au moyen d'un fil, afin d'éviter la confusion. L'attache faite, on suspend chaque toron à un clou, en les exposant au soleil, ce qui a la vertu de les blanchir, tandis que les crins sèchent. Passons à la constitution du matériel de fabrication qui est d'une simplicité extrême. Il se compose 1° de trois petits tuyaux pris sur trois plumes d'oie, d'une grosseur égale, auxquels on donne une longueur de 35 millimètres ;

Fig. 4. Tuyaux de fabrication des lignes en crin.

2° de trois petits bâtons, tant soit peu coniques d'un bout, faits pour s'engager dans les tuyaux qui pré-

Fig. 5. Bâton de serrement des lignes en crin.

cèdent, jusqu'aux deux tiers de leur course ; c'est tout.

Le matériel préparé, nous pourrions passer tout de suite aux divers détails de la fabrication. Mais comme il importe à la clarté du travail de bien définir ce que nous nous proposons de démontrer, nous demandons, dans l'intérêt même de nos lecteurs, de nous y arrêter un instant.

En général, on considère une ligne en crin sans nœuds comme bien faite, 1° lorsqu'elle commence par une boucle qui se relie par torsion à la ligne, 2° que le bas de ligne débute en queue de rat pour augmenter successivement en grosseur, jusqu'au moment où, arrivé au corps principal de ligne, il n'y a plus qu'à le prolonger d'une manière égale, sauf à entrer dans la voie graduelle de l'amaincissement dès qu'on arrive vers la fin. L'avantage qu'on retire d'une ligne aux extrémités affinées, c'est-à-dire en queue de rat, peut se résumer ainsi : elle est rigide et imperméable, d'une durée double, puisqu'il est possible de la retourner dès qu'on s'aperçoit que la première partie travaillante commence à se fatiguer. Nous ajoutons, comme l'indique son titre, qu'elle est absolument tout crin et sans nœuds, la mise en fabrication ayant lieu au moyen de remplacements successifs de crins, au fur et à mesure qu'il en est un qui approche de sa fin.

La constitution de la ligne comprise, nous arrivons tout de suite à sa formation. Ordinairement on débute par frapper un crochet à un accotoir quelconque, afin de donner un point d'appui aux objets qui servent à la mise en œuvre. Cela fait, on prend six crins parmi les plus beaux et les plus longs, qu'on plie en deux, en les nouant avec une ficelle assez longue pour qu'il reste deux bouts excédants, propres à faire une happe prolongée que l'on engage sur le crochet de suspension.

Les crins soutenus convenablement, tous étant égaux, on voit que, si l'on commençait le travail ainsi, on arriverait forcément à leur fin en même temps, de sorte qu'il serait impossible d'en ajouter de prolongation, d'une manière non apparente. On pare à ce défaut d'uniformité de longueur en tirant chaque crin séparément, de façon à leur donner un allongement différent.

L'inégalité des crins obtenue, on prend sur le

Fig. 6. Division des crins.

travail en préparation les six bouts de crin d'un même côté, qu'on couple deux par deux, en les engageant dans les trois tuyaux préparés de façon que leur sommet remonte jusqu'à un centimètre de la happe. Puis on place les petits bâtons d'assujettissement dans chacun d'eux, de manière à contenir chaque couple de crins dans son récipient particulier.

Dès lors, prenant les trois tuyaux avec le pouce, l'index et le médium de la main droite, on imprime aux trois tubes un mouvement général et régulier de rotation. Sous l'effet de l'impulsion reçue, l'extrême des crins se corde par couple. Une fois tordu suffisamment, le pouce et l'index de la main gauche,

qui soutiennent le travail, opèrent à leur tour, par
évolution, dans le même sens que la main droite,
ce qui a pour effet de corder tous les crins symétri-
quement, pour le peu que les deux mains s'entr'ai-
dent de manière à compléter la torsion.

Le travail parvenu à 8 centimètres d'étendue, il
s'agit avec cette longueur de faire la boucle, qui

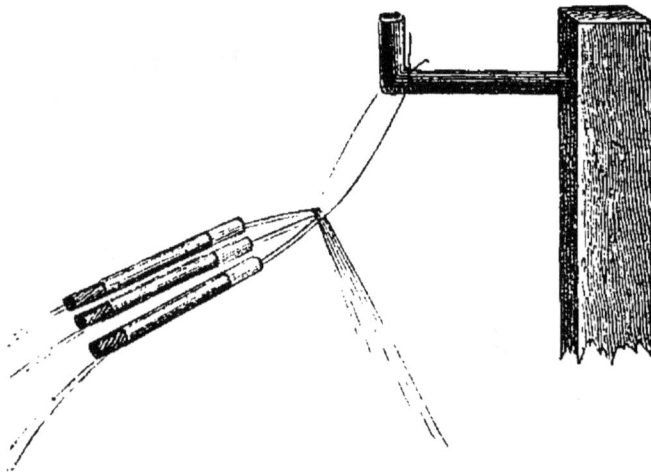

Fig. 7. Assujettissement des crins.

sert de point de départ à la ligne, en l'unissant et la
nouant aux six crins restés en repos et disponibles,
de façon à obtenir que l'angle de jonction de l'accouple soit représenté par les douze bouts de crins
qui doivent composer l'entame de la ligne. On arrive
à ce but, 1° en reportant l'attache de suspension
au centre de la partie cordée; 2° en abaissant les six
crins restés en repos pour les passer deux par deux
dans chacun des tuyaux, ce qui élève cette fois à
quatre crins le contenu de chaque tube. Les bâtons
de serrement remis, on opère sur les douze crins,
de la même manière que sur les six qui ont servi

à former la longueur de la boucle. Après un centimètre de course, l'angle de l'accouple doit être
parfaitement lié et imperceptible. Dès lors, on peut
continuer la ligne en douze crins, aussi loin qu'il
plait au fabricateur, à la condition de ne jamais oublier d'ajouter un crin de remplacement, au fur et
à mesure qu'il en est un qui tire à sa fin.

Habituellement, on n'attend pas, pour remplacer
un crin qui va finir par un nouveau, que le premier
soit parvenu à son extrême limite. Aussitôt qu'on
s'aperçoit qu'il ne dépasse plus l'arrière du tube
que de 3 centimètres, on enlève le bâton de serrement auquel le crin appartient, pour y glisser et en
substituer un autre, de telle façon que son sommet
dépasse de 2 centimètres l'entête du tube qui vient
de le recevoir. Le crin bien accolé à ceux auxquels
il doit se relier, le pouce et l'index de la main gauche s'en emparent pour le maintenir, et l'on s'empresse de replacer le bâton de serrement. Le crin
de remplacement bien fixé, on imprime au tube
récepteur quelques mouvements particuliers de rotation, jusqu'à ce que les crins non remplacés se
soient emparés du crin nouveau. Parvenu à une
torsion égale à celle des deux autres cordelées, qui
évidemment n'ont pu se dévriller, étant restées pri-
sonnières dans leur tube, la main droite n'a plus
qu'à reprendre son mouvement général de rotation
sur les trois tuyaux, et la main gauche qu'à fonctionner dans le même sens sur la ligne, ainsi toujours
selon la longueur et les proportions à donner au
corps de ligne.

A la rigueur, la tâche ingrate que nous nous sommes imposée pourrait finir ici. En laissant à l'intelligence de l'apprenti fabricateur le soin de compléter les quelques détails que nous avons négligés, nous croyons pourtant devoir ajouter que, pour augmenter la grosseur de la ligne, il suffit d'ajouter progressivement des crins supplémentaires aux tuyaux, en les répartissant d'une manière égale, pour que la ligne reste correcte et régulière ; qu'arrivé au point où le diamètre de la ligne ne doit plus se modifier, qu'à poursuivre le travail avec le même nombre de crins ; que parvenu aux limites où l'on veut entrer dans la voie des diminutions, ainsi obtenir l'amincissement graduel et terminal de la ligne, qu'à ne plus ajouter que les crins indispensables à sa bonne constitution.

A priori, il résultera sans doute, de cette aride définition, que la fabrication d'une ligne tout crin, sans nœuds et par torsion continue, soit une chose bien difficile à exécuter ; et cependant, en réalité, rien de plus simple quand on la voit faire par un habile opérateur. Une heure de démonstration pratique suffit généralement pour devenir aussi capable que le maître. Une autre erreur serait celle de croire que la confection d'une ligne de 20 mètres demande un temps infini ; deux jours nous suffisent pour la terminer et la parer, ce qui comprend la révision du travail, toutes barbes coupées.

Nous avons vu, dans les magasins de Paris, de petits métiers à cordeler, mis en jeu par une manivelle. Ce procédé est loin d'égaler le nôtre, qui fait mieux et ne demande pas cinq minutes pour l'organiser.

Coloration des lignes en soie.

Nous avons dit au chapitre XI, intitulé *Coloration des crins,* combien nous étions enclin à teinter nos crins selon la couleur des eaux où nous pêchons ; nous serions inconséquent si nous n'appliquions la même règle à nos lignes en soie.

Nos moyens sont simples : la ligne étendue et bien dévrillée, nous prenons une éponge sur laquelle nous versons un peu d'huile siccative dont les peintres font usage ; nous ajoutons à l'huile une légère dose de couleur verte, mélangée d'un peu de blanc, et nous obtenons une ligne verdâtre qui empêche l'eau et l'humidité de s'introduire dans les torons, c'est-à-dire qui jouit de l'avantage de l'imperméabilité et de la durée.

Flottes et chalumeaux.

On nomme ainsi de petits appareils légers et flottants, qui servent à soutenir les lignes et le lest, dont les bas de ligne sont chargés, en maintenant l'amorce dans l'eau, à une profondeur voulue.

Il en est de diverses espèces, en liége, en plume, en bambou, en roseau, en piquants d'hérisson, etc., etc. Pour nous, les plus simples sont les meilleurs ; tels sont la flotte en liége et le chalumeau-plume.

La première se compose d'un morceau de liége ovoïde, percé au centre d'un trou bien égalisé à la lime, dans lequel on introduit un tuyau de plume propre à soutenir ses parois intérieures. Une fois la ligne introduite dans le canal, qu'on ajoute un petit bâton de serrement, ne dépassant pas plus d'un centimètre les parties coniques du bouchon, la flotte sera complète. Le second, employé principalement pour les pêches courantes et prendre le menu, repose sur un petit tuyau de plume, dans lequel on introduit une plume dépouillée de ses barbes.

Un point essentiel, c'est que leur force soit toujours bien proportionnée à la traction des eaux et au poids du lest et de l'amorce. Dans l'usage, on estime qu'elles remplissent bien leur mission lorsqu'elles sont sensibles, qu'elles marquent à propos les plus légers obstacles que le bas de ligne rencontre, les plus petites attaques du poisson, ces signes étant ce qui guide le pêcheur pour savoir s'il doit soutenir la ligne, la lâcher, la relever ou tirer.

Plombs de lignes.

On appelle ainsi le lest qui sert à favoriser l'immersion du bas de ligne dans l'eau, en forçant l'appât à se maintenir à une profondeur déterminée.

Le nom de plomb, donné au lest, vient de ce que, dans l'usage, on a l'habitude de se servir de plomb de chasse numéros 1, 3 et 5, fendus jusqu'à leur moitié. Selon notre opinion, l'emploi des grains de plomb n'est applicable qu'aux lignes destinées à pêcher le gros dans les courants et rapides, lesquels demandent un certain poids sous le plus petit diamètre possible.

Pour les pêches de demi-fond et de tact, les plombs

fendus ne valent rien ; ils obligent le pêcheur, quand il veut les placer au bas de ligne, de les serrer à ce point qu'ils deviennent une cause d'affaiblissement du crin. D'ailleurs, il arrive fréquemment qu'en changeant de lieux, en passant des eaux rapides aux eaux lentes, ou encore en passant d'une pêche à une autre, on est obligé de changer de flotte, et, par suite, de modifier le poids du lest. Or, l'opération d'enlever un plomb est toujours dangereuse et difficultueuse. Il faut se servir d'un couteau, insérer la lame dans la fente du plomb, l'ouvrir avec effort, prendre des précautions minutieuses pour ne pas couper le bas de ligne. Avec de petites lames en plomb délicates, contournées à divers points par spires successives bien serrées, plus de perte de temps, plus de difficultés, plus de dangers, et l'on possède un lest modifiable à volonté.

Indépendamment des plombs en grains, on se sert, pour les lignes de fond, de chevrotines et de balles percées d'un trou au centre ; on trouvera leur définition aux pêches auxquelles elles s'appliquent.

VII. — Hameçons.

C'est le nom par lequel on désigne l'arme fixée à l'extrémité du bas de ligne, pour supporter l'amorce, à l'effet de piquer, accrocher et retenir l'animal, dès qu'il tente de s'approprier l'appât qui l'a séduit.

Il en existe de diverses sortes : à boucle, à palette, à verge diminuante, à branches simples, doubles, triples et quadruples.

Sont réputés excellents et parfaits, quelles que soient la terminaison de la verge ou la quantité de pointes dont ils sont armés, ceux qui proviennent d'un acier nerveux et tenace, quand leur courbe est ovale et légèrement carrée, que la longuette est saillante et aiguë, la pointe ouverte et bien affinée, la trempe ni trop dure ni trop douce. Les meilleurs sont les hameçons anglais.

Les hameçons à boucle sont peu en usage dans les eaux douces, tant la happe qui surmonte la verge fait obstacle au bon amorcement. Quant à ceux à palette, ils sont généralement estimés des pêcheurs qui recherchent les poissons blancs, le menu et les anguilles. Cette préférence est motivée en ce qu'il est possible de les fixer au crin par une série de nœuds, au lieu même où l'on pêche, sans recourir à l'empile poissée. Ses prôneurs prétendent qu'ils sont moins que tous autres exposés à lâcher; le crin d'attache à manquer et pourrir. Tout en reconnaissant que les hameçons à palette ont des qualités particulières qui les rendent éminemment propres aux pêches de fond, à l'amorçage des gros vers, des asticots, des vers de vase, des boulettes et viandes, nous ne pouvons leur accorder rien de plus. Nous avons fait un long usage des deux espèces que nous comparons; nous sommes toujours revenu aux hameçons à verge diminuants, pour une foule de raisons dont les principales sont celles-ci :

1° C'est pour nous un fait incontestable que, lorsque l'empile est faite avec un bon fil poissé, cette attache dure plus longtemps; 2° que lorsque le crin se trouve verticalement juxtaposé à la verge, sans nul effort de torsion, la résistance de la florence est

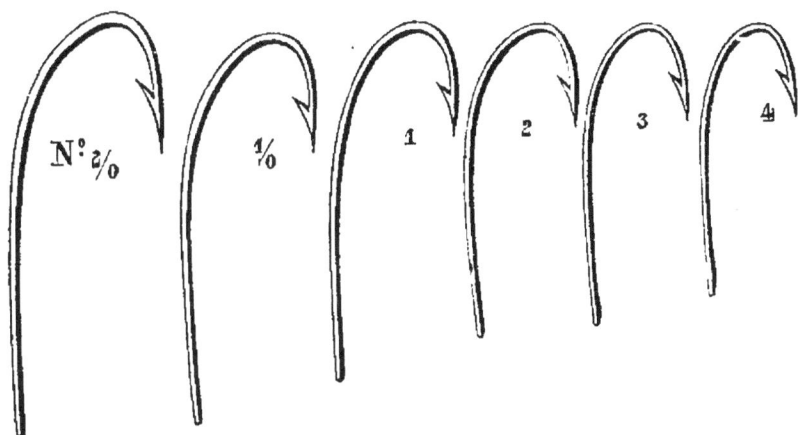

Fig. 8. Hameçons irlandais droits à verges dominantes.

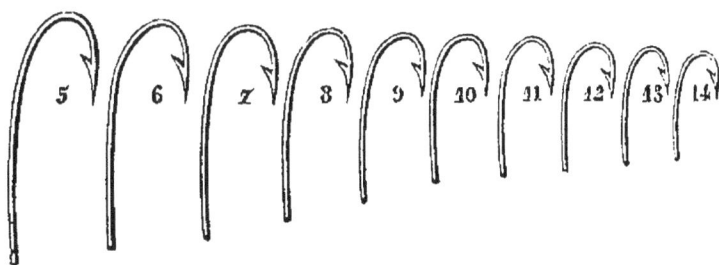

Fig. 9 Hameçons irlandais droits à verges diminuantes.

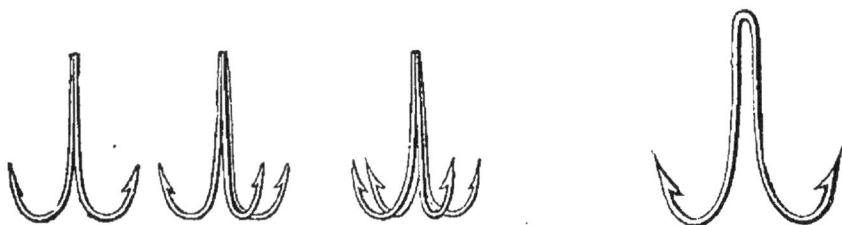

Fig. 10. Hameçons à branches multiples.   Fig. 11. Griffon.

plus grande, et la pénétration de la pointe plus active; 3° c'est enfin que, dans les pêches où il est indispensable de couvrir entièrement l'hameçon, en perforant de part en part deux ou trois larves superposées, on ne peut parvenir à percer ces insectes sans les détériorer ni les vider, qu'à moins de se servir d'hameçons à verges amincies.

Quant aux hameçons à branches multiples, qui servent principalement à armer les vérons artificiels, on ne saurait mieux choisir qu'en optant pour ceux dont la courbe est très-ouverte.

Indépendamment des hameçons que nous venons de signaler, il existe encore un hameçon double d'un grand modèle, appelé griffon, dont les deux pointes en opposition sont tirées des extrêmes d'une même verge métallique. C'est cette arme qui sert à amorcer le vif et happer les poissons de proie.

Il n'existe pas de fabriques d'hameçons en France; tous proviennent d'Angleterre ou d'Allemagne.

Hameçon à double œillet.

Dans le chapitre précédent, nous avons dit combien était difficile l'amorcement des larves par perforations superposées, même alors qu'on se servait d'un grand hameçon droit et à verge diminuante, parfaitement bien empilé. C'est en vue d'amoindrir ce que cet amorcement avait de pénible pour les débutants, que nous avons inventé l'hameçon à double œillet.

Notre perfectionnement repose sur un hameçon irlandais, droit et à verge diminuante numéro 2, que nous surmontons d'une espèce de coiffe, en forme de boucle allongée, qui s'y rapporte par soudure.

L'adjonction de cette coiffe ne pouvant guère s'exécuter qu'en comblant d'étain le chas de la boucle, nous tirons partie de l'occlusion faite par ce métal facilement perforable, en y pratiquant deux petites percées superposées, qui servent à y insinuer le crin terminal et qui s'y rattache.

Attache du crin.

L'hameçon disposé comme ci-dessus, nous faisons passer l'extrême du crin dans la percée inférieure de l'hameçon ; puis, le repliant, nous faisons pénétrer les deux bouts en les croisant dans la trouée supérieure. Il n'y a plus dès lors qu'à accoler la florence sur elle-même et pratiquer l'empilure avec un fil poissé.

Toute succincte que soit cette définition, nous croyons néanmoins qu'elle est suffisante pour faire comprendre au lecteur que, dans ce mode, l'hameçon étant soutenu par le crin à deux points différents, rien n'est exposé à se couper ni à manquer. Mais ce qui est non moins précieux, parce qu'il répond utilement au but cherché, c'est que l'amorcement des larves, devenu facile, permet de couvrir l'hameçon entièrement, sans mutiler ni vider les insectes.

Fig. 12. Hameçon à double œillet de l'auteur.

Manière de corriger les hameçons.

Devant l'impossibilité d'obtenir des fabricants et du commerce des hameçons contournés selon les réels besoins du pêcheur, on est bien souvent obligé de faire cette opération soi-même.

Tout hameçon se détrempe en le faisant rougir au feu d'une bougie. En cet état, il se courbe, s'ouvre ou s'oblique à volonté à l'aide d'une pince. Le plus difficile est de le retremper, en lui faisant recouvrer ses qualités premières.

On arrive ordinairement à ce but en se souvenant d'abord de ce principe, qui sert de base aux trempeurs : c'est que plus l'acier est fin, moins il doit être chauffé au blanc. Secondement, c'est qu'en général, on ne réussit jamais mieux qu'en ne dépassant pas le rouge cerise obscur. Cette nuance obtenue, on s'empresse de tremper l'hameçon dans l'huile, le temps de quelques secondes, après quoi on le place sur une plaque d'acier ou de marbre, métal et matière qui jouissent de la propriété de le refroidir vivement.

Toutefois, comme il arrive fréquemment que cette trempe est trop dure, ce qui expose l'hameçon à se casser dans l'usage, nous croyons qu'on fera bien de l'adoucir en le promenant de nouveau à la chaleur de la bougie, jusqu'à ce qu'il soit revenu au bleu. Applicable aux hameçons simples qui servent à armer les poissons naturels, c'est surtout aux hameçons à branches multiples, dont la courbe est presque toujours trop fermée, que cette opération s'applique.

Empilure des hameçons à palette.

On appelle empile l'attache qui sert à assujettir l'hameçon au crin. Parmi les moyens nombreux qui servent à fixer les hameçons à palette, deux se distinguent par leur simplicité et leur solidité. Le premier consiste à faire avec le crin un nœud double en forme de huit assez grand, et à passer l'hameçon dans les deux nœuds, puis serrer.

Fig. 13. Empilure des hameçons à palette.

Le second, qui a beaucoup d'analogie avec l'empile employée pour réunir les pièces d'un vergeon brisé, consiste à poser, le long de la verge de l'hameçon, un bout de crin plié en deux parties d'inégale longueur, puis à faire, avec le bout le plus long,

Fig. 14.

quelques tours en recouvrement non serrés. Arrivé vers la courbe de l'hameçon, on fait passer le crin d'évolution dans les spires qu'il vient de former, et l'on serre.

Empilure des hameçons à verge diminuante.

Le fil bien poissé, on chauffe une seconde la verge de l'hameçon au feu d'une bougie, et l'on s'empresse de la plonger dans la poix, pour la bien enduire de résine. Cela fait, on accole longitudinalement le crin et la soie à la verge de l'hameçon, en faisant décrire à cette dernière deux ou trois tours en remontant. Arrivé à l'extrême de la verge, on revient couvrir les tours faits par spires bien serrées. Parvenu à la courbe, on fait de nouveau trois tours augmentés, dans lesquels on insinue la soie dedans. Dès qu'elle est passée, il ne reste plus qu'à l'emprisonner en serrant les cercles élargis, et à tirer sur la soie, pour faire disparaître l'anse qu'elle a formée.

VIII. — EMÉRILLONS TOURNANTS.

On appelle ainsi un petit cercle étroit d'acier fondu, long de 7 à 8 millimètres, percé, à chacun de ses extrêmes, d'un trou propre à contenir un faible clou tournant, à rivet d'un côté et à boucle de l'autre, qui servent à réunir les différentes parties d'une ligne, de manière à les empêcher de se vriller.

Utile dans les pêches de fond, ce petit appareil est indispensable dans les pêches où l'amorce est animée d'un mouvement de rotation.

Fig. 15. Émérillons tournants.

IX. — Des Noeuds.

On nomme nœud l'enlacement d'un ou plusieurs fils dont on passe les bouts l'un dans l'autre, en les serrant. Un bon pêcheur doit savoir exécuter tous les nœuds nécessaires à monter et relier ses lignes. Mais comme il importe de les savoir faire avec simplicité et solidité, nous nous arrêterons un instant aux détails d'exécution les plus réputés.

Règle générale. — Tout crin de Florence étant exposé à se casser lorsqu'il est sec et qu'on le plie, il est essentiel qu'il ne soit employé à la confection d'un nœud qu'après l'avoir trempé près d'une heure dans l'eau tiède.

Nœud de boucle.

On plie le fil sur lui-même proportionnellement

Fig. 16. Nœud de boucle.

à la grandeur de la boucle qu'on veut obtenir; avec cette anse, on forme un nœud simple, et l'on serre.

Nœud d'approche simple.

C'est, de tous les nœuds que nous connaissons, le plus simple et le plus solide pour réunir bout à bout

deux crins divisés ou rompus. Il consiste à superposer
deux bouts de crin l'un sur l'autre, puis à faire un

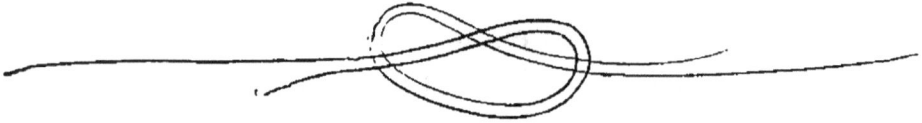

Fig. 17. Nœud d'approche simple.

nœud simple avec la partie double, et serrer les
quatre bouts simultanément.

Nœud d'accouplement terminal.

Un bas de ligne se compose ordinairement de
divers bouts de crins de Florence, réunis bout à
bout par des nœuds d'approche simples, qui persistent ce que dure habituellement le bas de ligne.
Il n'en est pas de même du crin terminal qui supporte l'hameçon, qui doit pouvoir se dégager à
volonté de celui auquel il se relie, afin que le
pêcheur soit libre d'en mettre un autre.

On arrive à ce résultat en faisant un nœud de
boucle à l'extrême de l'avant-dernier crin du bas de

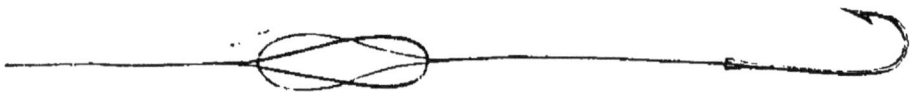

Fig. 18. Nœud d'accouplement terminal.

ligne, et une boucle semblable au sommet du crin
supportant l'hameçon.

S'agit-il de réunir les boucles, on les place en
regard l'une de l'autre, on fait passer l'entête de la
boucle de gauche dans celle de droite, et le fil de
celle de droite dans l'anse de gauche. Il résulte de

cette opération un accouplement qui se serre de plus en plus, sous l'effet d'une traction quelconque exercée sur la ligne. S'agit-il de desserrer l'accouplement et de désunir les boucles, il suffit d'opérer inversement, c'est-à-dire par opposition et repoussement, et bientôt on arrive à désagréger les boucles de leur double enlacement.

X. — CAOUTCHOUC.

Tout sert dans la pêche, même le produit gommeux qu'on tire de certains arbres qui naissent sous l'équateur. Les pêcheurs, ayant reconnu que le caoutchouc jouit de la propriété de s'amollir et de déposer un suc visqueux lorsqu'il est frotté vivement sur un fil, ont su mettre à profit ses qualités pour redresser les crins aux plis rebelles, sans s'exposer à les casser ni les affaiblir.

XI. — PLIOIRS.

L'usage des plioirs est de servir à replier les lignes dès qu'elles sont sèches. Il y en a de différentes sortes, de simples, de doubles, de triples, de quadruples et même à compartiments, que l'on renferme dans un étui. Les plus commodes sont les simples, qui sont tirés d'un bois à substance moelleuse, tel que le sureau, le roseau, le bambou, etc.

La manière de fabriquer ceux qui proviennent de l'un de ces bois consiste à fendre le roseau en deux parties égales et à pratiquer une échancrure à chaque bout, assez profonde pour recevoir la ligne. Qu'on ajoute aux côtés du plioir et par opposition deux petites encoches destinées à arrêter les deux extrêmes de la ligne, le travail sera terminé.

XII. — Boites aux amorces et vase au vif.

La quantité et la forme de ces petits récipients doivent être en rapport avec les besoins du pêcheur. Cette réserve faite, nous croyons qu'en général quatre boîtes suffisent : la première, à deux compartiments, pour les vers rouges et blancs ; la seconde, pour les larves aquatiques, qu'on ne peut conserver vivaces que déposées dans l'eau ou sur l'herbe fraîche ; la troisième, pour les mouches naturelles ; la quatrième, pour les poissons-amorces. Parmi les quatre, deux seulement méritent l'attention du pêcheur : la boîte aux mouches grillagée, due à nos soins, qu'il est nécessaire d'avoir en fils métalliques maillés, aussi serrés que les boules qui servent à la cuisson du riz, afin que les insectes s'y conservent mieux et ne puissent s'échapper ; la boîte au vif, qu'il est non moins indispensable d'avoir en fer-blanc, celles en zinc dégageant un sulfure qui fait mourir les poissons en peu d'heures, alors que parfois il est si précieux de pouvoir les conserver. Quant à sa forme, il suffit qu'elle soit haute et tant soit peu plus large à la base qu'au sommet, tout en possédant néanmoins une ouverture permettant d'y passer la main.

XIII. — SONDE.

On appelle ainsi un petit appareil qui sert, dans la pêche stationnaire, à constater la profondeur des eaux où l'on doit jeter la ligne, afin d'apprécier à quelle distance il convient de fixer la flotte. La plus parfaite, à notre avis, est celle qui repose sur un morceau de plomb surmonté d'un anneau fixe, et dont la base est garnie d'une semelle en liége.

La manière de s'en servir consiste à passer l'hameçon dans l'anneau, et à faire reposer la pointe sur la partie spongieuse qui sert d'assise à la sonde.

XIV. — ANNEAU A DÉCROCHER.

Le nom de ce petit engin de pêche explique suffisamment qu'il a pour objet de dégager l'hameçon, lorsqu'il s'est accroché soit à un pieu, soit à une racine, ou à des branches submergées. Celui qu'on trouve dans le commerce est à traction; il repose sur un anneau en cuivre, d'environ six centimètres de diamètre, s'ouvrant au moyen d'une charnière qui permet d'engager la gaule dedans. Il est, de plus, armé à la base de sa circonférence de trois dents recourbées, qui ont pour but de ramener l'obstacle où l'hameçon est retenu. Fonctionnant mal, il est inutile de nous y arrêter.

Le nôtre, ou plutôt celui que nous avons perfectionné, est au choc. Il se compose de deux pièces réunies entre elles par un porte-mousqueton : 1° un anneau à charnière; 2° un plomb cvoïde surmonté d'un tenon.

Pour s'en servir, il suffit de relier l'anneau à une ficelle que le pêcheur tient en main, de passer la ligne dans l'anneau et de soulever le talon de la gaule ; obéissant à la pente et à son poids, le plomb ira

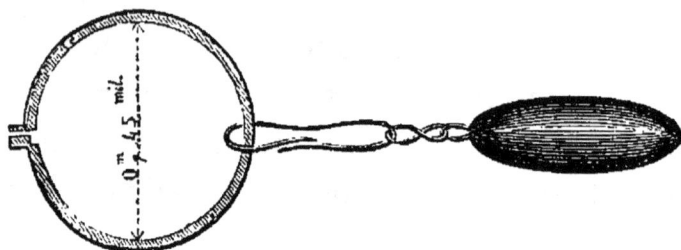

Fig. 19. Anneau à décrocher. (Invention de l'auteur.)

frapper sur la courbe de l'hameçon, comme un marteau, d'où le dégagement de la pointe, après deux ou trois chocs exécutés par saccades.

Cet appareil suffit pour les pêches flottantes.

XV. — GRAPPIN.

Cet instrument est le complément de l'anneau à décrocher. Plus puissant que ce dernier, il a principalement pour but de ramener les obstacles où l'armement du véron est retenu.

Il y en a de divers modèles. Celui que nous préférons est en plomb fondu, de forme conique, la tête surmontée d'un tenon, la base armée de quatre dents.

Pour opérer avec succès, une forte corde doit être reliée à son sommet. Déroulée en lobées sur le sol, on engage le pied dans la boucle qui lui sert de commencement, on obtient ainsi toute liberté d'agir, sans s'exposer à lâcher à la fois la corde et le grappin. Ces dispositions prises, on lance le grappin un peu plus loin, et en amont de l'obstacle. Entraîné par le courant de l'eau, l'appareil descend obliquement dans le liquide. Parvenu au fond, le pêcheur opère un lent mouvement de traction sur la corde, les dents du grappin labourent le sol, et saisissent l'obstacle, qu'on ramène doucement à la rive.

XVI. — Moulinets.

Le moulinet est un petit instrument garni d'un treuil, dont la mise en mouvement, au moyen d'une manivelle, sert à enrouler et dérouler la ligne. Il y en a de diverses sortes. Les plus connus sont ceux à effet simple et ceux à triples tours; ils se placent vers le talon de la gaule.

Considérés d'après leur mérite, il y a évidence que celui à triple effet, également appelé multiplicateur, présente plus d'avantage à l'instant où le poisson mordant étant piqué, le pêcheur entrevoit près de lui des obstacles où l'animal ne manquerait de se réfugier, s'il y avait impuissance d'accélérer l'enroulement de la ligne. Mais, d'un autre côté, il a l'inconvénient grave, lorsque le pêcheur ne voit aucun danger présent, de ramener trop vivement le poisson piqué, en agissant par efforts violents et saccadés, qui produisent des blessures si douloureuses qu'elles font bondir le poisson, à ce point qu'on est exposé à voir soit la ligne se rompre, soit l'hameçon se briser, soit les chairs pénétrées s'arracher, d'où la perte de l'animal ! Devant ces avantages et ces inconvénients, nous n'hésitons pas à déclarer, qu'après avoir comparé avec soin les deux systèmes, nos préférences restent acquises au moulinet simple pourvu d'une percée propre à accrocher l'hameçon, et d'un petit verrou-arrêt, sur lequel il suffit d'exercer la plus légère pression par repoussement pour immobiliser l'action du treuil. D'ailleurs, le moulinet simple est léger, d'un mécanisme indéréglable, ne coûte que trois ou quatre francs ; tandis que le moulinet multiplicateur à roues dentées, bien qu'il se vende deux ou trois fois plus cher, est infiniment plus susceptible de se déranger.

XVII. — PORTEFEUILLE-TROUSSE.

Pour remplir convenablement sa mission, un portefeuille doit être assez petit pour entrer dans la poche d'un veston, et néanmoins assez grand pour recevoir le faible outillage nécessaire aux réparations légères, tels qu'un peu de fil poissé, quelques plombs ou lames pour lest, quelques crins, quelques hameçons, une petite lime à refaire les pointes, un chalumeau, et notamment, sur six feuilles parcheminées, des rubans également espacés, propres à contenir un certain nombre de mouches artificielles variées.

XVIII. — PANIER DE PÊCHE.

On appelle ainsi un petit meuble en osier de forme oblongue, convexe d'un côté, concave de l'autre, qui sert à déposer, sur un lit d'herbes fraîches, les poissons pris. Il se porte comme la carnassière du chasseur au moyen d'une courroie à boucle. Pour nous, le plus commode est celui qui porte, sur la partie cintrée qui s'appuie aux reins, deux gaînes séparées en hauteur par une distance de 10 centimètres, propres à recevoir le manche replié d'une épuisette, et à la base, car il faut songer

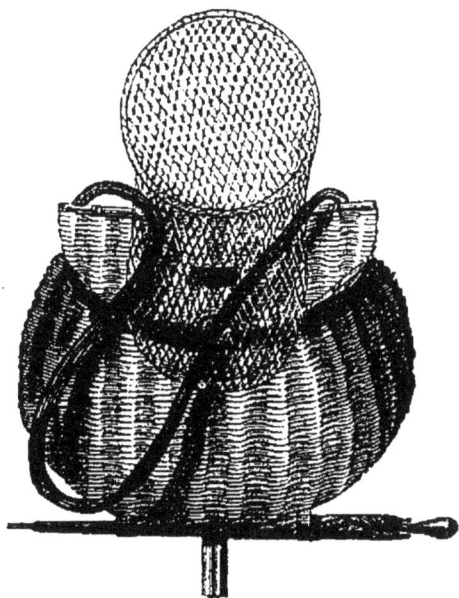

Fig. 20. l'anier de pêche.

à tout, afin de pouvoir se mettre à l'abri en cas de mauvais temps, deux petites sangles destinées à porter horizontalement un parapluie au manche raccourci. Appareil infiniment plus avantageux et plus léger que le manteau en caoutchouc, qui couvre la tête et le corps, et répand à flots sur les jambes l'eau qu'il a reçue.

XIX. — ÉPUISETTE.

L'épuisette est l'instrument qui sert à faciliter l'enlèvement du poisson piqué, lorsque le pêcheur est parvenu à le ramener près de la rive.

Ordinairement, elle se compose d'un long manche surmonté d'un cercle en fil de laiton, sur lequel est maillé un petit filet de forme conique.

L'inconvénient de ce genre d'épuisette consiste dans l'obligation de la porter constamment de la main gauche tandis qu'on marche ou qu'on pêche.

On a obvié à ce que cet instrument avait d'encombrant par diverses combinaisons :

1° Au moyen d'une charnière placée au centre du manche, de façon que ses deux branches s'ouvrent et se ferment comme celles d'un compas ;

2° Au moyen d'un manche également en deux pièces, muni d'un tube à son milieu, jouissant d'assez de liberté, lorsqu'on abaisse le cercle vers le sol, pour glisser sur la partie la plus faible du manche, où il s'arrête, en contenant les deux parties du manche en ligne droite ;

3° Par un manche d'inégale grosseur, dont la partie la plus faible entre dans la plus grande, qui est creusée, comme une épée dans son fourreau.

On voit, par ces descriptions abrégées, que tous les systèmes ont pour but la diminution du manche à l'effet de rendre l'épuisette plus portative.

A notre avis, la plus perfectionnée est celle où l'entête du manche est muni d'une douille propre

3.

à visser la queue de jonction du cercle de l'épuisette
ou, *ad libitum,* une lame de serpette, de manière à
pouvoir couper une branche à la distance où le
bras ne peut atteindre.

Filet d'épuisette.

Pour peu qu'un pêcheur ne soit pas tout à fait
ignorant des notions les plus élémentaires sur les
filets et l'art de mailler, il doit savoir qu'on nomme
Filet d'épuisette une espèce de poche assez ample,
de forme conique, composée de mailles qui se relient entre elles par des nœuds d'accouplements
continus; *Accrues,* les mailles qui servent à obtenir
l'étendue; *Diminutions,* l'opération qui a pour but
de restreindre le nombre des mailles; *Navette,*
l'instrument de fabrication; *Moule,* le bâton destiné
à donner le développement des mailles; *Mailles,*
les ouvertures qui existent entre les nœuds; *Nœuds,*
les attaches qui servent à lier les mailles.

Avant d'arriver à sa fabrication, qu'on nous per-
mette quelques mots préalables qui la favoriseront.

La matière, ou mieux la ficelle qui sert à constituer le filet d'une épuisette, doit être en chanvre
bien mûr, pas trop roui, composé de trois fils cor-
delés ensemble.

Le cercle qui sert à supporter le filet doit être en
laiton et non en fer, ce dernier métal ayant l'inconvénient de s'oxyder, et par suite celui de pourrir les
mailles qui s'y rattachent.

Toute épuisette conique forçant le poisson à
s'arquer et se contracter, dès qu'il en touche le

fond, il en résulte pour l'animal une incommodité
telle que, le plus souvent, il se débat avec tant de
violence qu'il finit parfois par s'échapper. Désireux
de nous soustraire à ces craintes, nous avons été
conduit à répudier la forme conique des épuisettes
en la remplaçant par une oblongue, où la base et le
centre sont plus larges que l'entrée. Ainsi, contrairement à l'épuisette conique, où l'on commence le
travail par la pointe et par une maille, en élargissant
progressivement d'une accrue, à chaque tour fait,
nous commençons notre filet par un carré de vingt
mailles d'étendue en tous sens, en supposant le
moule représenté par un diamètre de 10 millimètres.
Le carré fait, nous poursuivons le travail ovoïde-
ment, en élargissant le filet d'une maille de tour
en tour, jusqu'à ce que nous ayons obtenu une
hauteur de seize mailles, non compris le développement du carré, qui représente l'assise du fond.
Arrivé à ce point, nous maintenons la forme cylindrique uniformément sur dix tours. Puis, nous
diminuons successivement d'une maille, de deux
tours en deux tours, jusqu'à ce que nous soyons
parvenus à donner au filet une profondeur générale
de quatre-vingts mailles. Dans ces conditions, l'entrée du filet, étant plus étroite, se trouve parfaitement applicable à un cercle de 35 centimètres de
diamètre, ce qui suffit pour enlever tout poisson
qui n'est pas d'une grosseur exceptionnelle.

Pour fixer le filet au cercle, quelques pêcheurs
maillent sur le cercle même. Par simplification,
nous nous contentons de l'attacher au moyen d'un

petit chasseron passé par circonvolution autour du cercle, en pénétrant chaque maille du filet. A la rencontre des deux bouts nous arrêtons les extrêmes de la ficelle par un nœud double.

Mode de fabrication.

Il existe deux manières de faire les mailles, l'une appelée brise-coup ou par-dessus le pouce ; l'autre qu'on nomme sous le petit doigt. Ce dernier étant le seul en usage pour les petits filets, parce que les nœuds sont moins exposés à lâcher, nous n'indiquerons que cette manière d'opérer.

Préparation et main-d'œuvre.

Tout filet en fabrication ayant besoin d'un point de suspension élargi, pour soutenir le travail, il est d'usage de commencer par faire une longue boucle avec une ficelle, qu'on accroche à deux crochets-supports, situés à 10 centimètres l'un de l'autre. C'est à cette boucle qu'on attache le fil à mailler. Le fil lié, on fait la première maille, ce qui consiste à former une anse proportionnée à la grosseur du moule, qu'on noue et arrête au moyen d'un nœud simple.

Le travail bien disposé, la première condition qui s'impose au fabricateur est de tenir horizontalement le moule entre le pouce et l'index de la main gauche, le moule engagé dans la première maille, le fil rejeté par-dessus le pouce. Prêt cette fois à opérer avec suite, la main droite prend le fil à mailler, elle le contourne au-dessus du médium et de

l'annulaire de la main gauche; le pouce s'en saisit
et l'accole étroitement au moule. Le premier cercle
autour du pouce gauche effectué, la main droite
poursuit sa course de droite à gauche, pour remonter et redescendre le fil, comme si elle voulait
représenter un 8 tracé inversement. C'est alors
qu'on engage la navette dans le cercle inférieur
du 8, du dedans au dehors, en pénétrant du même
coup, et par inversion, dans l'anse qui tient lieu de
première maille. Mais comme, dans cette pénétration
des cercles, le fil dirigé par la navette a dû passer
sous le petit doigt, l'annulaire s'en empare, et il

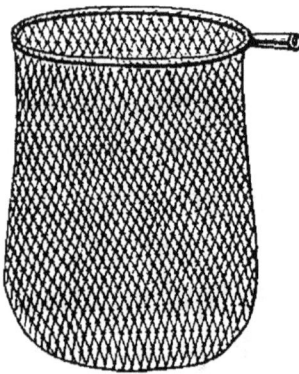

Fig. 21. Filet d'épuisette.

Fig. 22. Fabrication du filet.

devient l'agent principal, qui sert à régulariser le
nœud, pour peu que la main droite lui vienne
en aide, en dégageant la navette de son enlacement.
Dès lors il n'y a plus qu'à tirer le fil avec la main
droite par une traction de côté, jusqu'à ce que le
nœud soit bien accolé au moule; puis désagréger le
petit doigt de son enlacement. Le nœud s'achèvera
pour ainsi dire de **lui-même.**

La seconde maille faite, on passe à une autre, en employant constamment les mêmes moyens.

XX. — VERGEONS ET SCIONS.

On appelle vergeon la partie de la gaule qui précède le scion; scion, l'extrême terminal de la gaule. Les meilleurs vergeons sont, pour les gaules de jet, ceux qui proviennent du jonc des Indes orientales, ceux en frêne, en cornouiller, en troène ou en épine. Tout vergeon faussé ou devenu trop flexible peut être redressé et enroidi, en le soumettant à la vapeur de l'eau bouillante, sauf à le dresser et à le fixer sur une planchette et le soumettre à la chaleur modérée d'un four.

Quant aux scions, rien n'est supérieur aux fanons qui proviennent des barbes de la baleine.

Enture des vergeons.

Le vergeon étant la partie d'une gaule la plus exposée à se casser, il faut savoir la réparer. On y parvient par l'enture, mot qui signifie joindre,

Fig. 23. Enture des vergeons.

parce qu'en effet toute l'opération consiste à assembler deux pièces de bois l'une sur l'autre, après les avoir taillées en bec de canne et de même, et avoir étendu un peu de colle forte sur les parties à réunir.

Empilure des vergeons.

On appelle ainsi l'action de placer un fil poissé plié en forme de boucle allongée sur les bouts à assembler, que l'on revient couvrir par circonvo-

Fig. 24. Empilure des vergeons.

lutions bien serrées. Arrivé à l'extrême de l'anse, on fait passer le fil restant dessous, et l'on tire sur le fil opposé, qui a servi à constituer la boucle, afin de l'emprisonner.

XXI. — ANNEAUX DE LIGNE.

On nomme ainsi de petits cercles en laiton de 8, 7 et 6 millimètres de diamètre, qu'on place graduellement le long de la gaule pour soutenir la ligne et lui servir de glissières.

Il y en a de trois sortes : de roulants, de fixes, de terminaux.

Les roulants, employés ordinairement pour les gaules de tact, de jet et de demi-fond, ont besoin

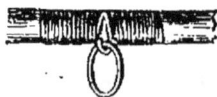

Fig. 25. Anneau roulant.

de deux pièces pour s'ajuster : 1° une lame métallique; 2° un anneau. La manière de les poser consiste à faire au bois un encastrement propor-

tionnel à la lame. L'emboîture faite, on passe l'anneau
dans la bélière de l'applique ; l'appareil mis en place,
on l'assujettit solidement par une empilure.

Les anneaux fixes ou non roulants sont ordinairement employés pour les gaules à lancer le vif, le
véron mort et le véron naturel, parce qu'à raison de
leur immobilité, ils sont plus solides et favorisent le
jet. Les plus en usage sont ceux qui se composent d'un
fil de laiton recuit numéro 8, long d'environ 6 centimètres, qu'il suffit de contourner sphériquement
sur un bâton de la grosseur d'un crayon. Cette
forme acquise, il reste deux bouts excédants, que
l'on contourne à leur jonction pour les nouer par la
torsion des branches. Le nœud fait, on redresse les

Fig. 26. Anneau fixe.

bouts, on les aplatit au marteau et on les applique
à la gaule par le même procédé qui sert à fixer les
anneaux roulants.

Notre système est plus simple. Nous nous contentons de transformer les anneaux roulants en
anneaux fixes, en déposant une goutte d'étain en
fusion sur la bélière qui sert de soutien à l'anneau
dès que ce dernier a été bien placé.

Quant à l'anneau terminal qui surmonte le scion

Fig. 27. Anneau terminal.

de toute gaule bien faite, sa constitution repose sur
un fil de laiton, en forme d'épingle double, que

l'on contourne deux fois sur lui-même. Les bouts excédants rapprochés et accolés au sommet du scion, on les assujettit par une longue empilure.

Nous pourrions nous borner à ces renseignements; néanmoins nous croyons devoir encore arrêter la pensée de nos lecteurs sur un nouveau perfectionnement dû à nos recherches, motivé sur ce que nous avions constaté que les gaules qui étaient munies d'anneaux fixes étaient sujettes à s'accrocher dans les fourrés, la ligne à s'emmêler aux annelets, les anneaux à se briser ou se déformer.

Avec des anneaux couplés, plus d'embarras, de cassures ni d'emmêlements, et la ligne glisse aussi bien, lorsqu'on a eu le soin de lui réserver un passage assez grand, et de bien polir à la lime douce l'angle de jonction de l'anneau double. Voici nos moyens :

Prenant deux bouts de fil de laiton, d'égale longueur, nous les contournons en forme de boucle; cela fait, nous plaçons leur tête en regard en les

Fig. 28. Anneaux couplés.

rapprochant, et nous les soudons l'une à l'autre. Il n'y a plus dès lors qu'à accrocher les branches à la gaule et les fixer par les moyens connus.

Quant à l'anneau couplé terminal, il est constitué

Fig. 29. Anneau couplé terminal.

de même, à l'exception que les boucles doiven.

être soudées cette fois presque parallèlement et par approximation à la force du scion auquel elles se relient.

XXII. — Instruments tranchants.

Trois instruments tranchants sont indispensables : des ciseaux, un couteau dégorgeoir, une lame de serpette à queue de vis.

Tout le monde sait que les ciseaux sont un composé de deux lames réunies par un rivet; nous n'en dirons qu'un mot : c'est que ceux à pointes aiguës se prêtent mieux aux divers besoins des pêcheurs.

Quant au couteau dégorgeoir, il doit être constitué pour un office double : 1° couper un forte branche; 2° dégager un hameçon profondément engagé dans la gorge du poisson. Quant à la serpette à queue de vis, son titre indique suffisamment qu'elle a pour but d'être ajoutée, soit au talon de la gaule, soit au sommet du manche de l'épuisette, de manière qu'il soit possible de couper une branche éloignée où l'hameçon a pu s'accrocher.

XXIII. — Gourde et sac aux provisions.

L'eau ne creuse pas seulement le lit sur lequel elle roule, mais encore l'estomac, ce qui excite le pêcheur à choisir une place à l'ombre et tapissée d'herbes pour s'y asseoir et faire honneur à un morceau de pain, complété d'une liqueur à la fois tonique et rafraîchissante. Il faut donc avoir un sac aux provisions et une gourde. Rien de mieux qu'un sac bleu pour maintenir les vituailles fraîches, à la condition de les recouvrir, soit avec une feuille de salade ou de vigne légèrement imprégnée d'eau.

De la gourde, nous ne dirons rien de plus que ceci : c'est que la plus solide et la plus légère est la meilleure.

XXIV. — CONSERVATION DU MATÉRIEL.

Bien qu'on doive veiller toute l'année au bon entretien du matériel, c'est surtout aux époques des interdictions qu'on doit songer aux moyens de con- servation, pour le retrouver en bon état à l'heure où les prohibitions cessent.

Outils.

On y parvient en les dérouillant et les frottant avec un chiffon de laine imbibé d'huile d'olive ou de pétrole avant de les ranger.

Gaules.

De même que les outils, elles doivent être frottées avec un chiffon imprégné d'huile mélangée d'un peu d'essence de térébenthine, composé qui possède la propriété de conserver le bois et de le préserver des vers.

Lignes.

Une fois tirées de leur moulinet, on les lave et

on les étend au soleil pour les faire sécher. Essuyées, on les frotte au sec pour bien les dévriller. Deux heures après, on peut les contourner sur leur plioir, les envelopper et les ranger dans un lieu à l'abri de l'humidité et des araignées.

Crins.

Les crins conservent toute leur qualité quand ils sont hermétiquement enveloppés dans un papier chargé d'un peu d'huile.

Plumes.

Les renfermer dans un registre, en les plaçant par couleur ; saupoudrer légèrement de camphre.

XXV. — Costume du pêcheur.

Assurément, le pêcheur n'est pas tenu comme le soldat à s'habiller uniformément, mais, comme lui, il est obligé d'avoir des vêtements bien appropriés aux saisons, de n'admettre que des couleurs peu voyantes.

Ainsi, dans l'hiver, rien de mieux que les étoffes épaisses et feutrées, capables d'emprisonner une certaine quantité d'air dans leurs mailles et leurs houppes superposées, tandis que, dans l'été, rien ne sera préférable aux vêtements en lin.

Mais indépendamment de la nature du vêtement, il reste encore la couleur, qui a bien son importance. Il est évident que, si l'on ne considérait que le ton voulu par l'hygiène, on ne s'habillerait qu'en noir l'hiver, et en blanc l'été, parce que le blanc absorbe huit fois moins de calorique que le noir ; mais comme ces costumes se fanent vite, qu'ils sont trop éclatants et voyants, l'induction a conduit les pêcheurs à préférer le gris, le jaunâtre, le brun, le verdâtre, toutes couleurs qui se rapprochent tant soit peu des objets qui bordent les rives des cours d'eau.

Nous pourrions tout aussi bien prôner le chapeau à large bord qui abrite le pêcheur contre les ardeurs du soleil et la casquette en loutre pour l'hiver ; il en est de même des bottines montantes qui soutiennent la cheville lorsqu'on marche sur des rives en pente, et conservent les bas du pantalon, notamment celles munies de semelles imperméables et bien ferrées ; mais comme toutes ces choses s'imposent par la nécessité et le désir du bien-être, nous croyons en avoir dit assez pour faire entrevoir qu'il est des règles dans le choix du costume dont on ne doit pas s'écarter.

FIN DE LA PREMIÈRE PARTIE.

DEUXIÈME PARTIE

APPATS ET AMORCES

CONSIDÉRATIONS GÉNÉRALES.

On nomme appât toute pature ou aliment mis à un hameçon pour attirer le poisson; amorce ce qui séduit en flattant les sens. Il résulterait de là que le mot appât s'applique mieux aux substances naturelles, et celui d'amorce aux choses artificielles.

Cependant, comme il est d'usage parmi les pêcheurs et parmi les écrivains de la pêche de les considérer comme de véritables synonymes, nous imiterons l'exemple de nos devanciers.

Connaître les meilleurs appâts et amorces, les lieux et les époques où ils naissent, ce qui convient le mieux à tel ou tel poisson, la manière de bien amorcer, c'est presque toute la science du pêcheur.

Nous espérons ne pas faillir à cette partie essentielle de nos enseignements. C'est ainsi que notre livre aura cette spécialité de traiter plus amplement de toutes les choses réputées futiles en théorie, alors que nous, vieux praticien, nous considérons leur bon choix et la manière de les utiliser comme les gages les plus assurés du succès.

I. — TABLEAU GÉNÉRAL DES APPATS ET AMORCES.

Menus poissons.

Ablettes, carpillons, chabots, gardonneaux, goujons loches, lamproies, percots, vandoises, vérons, et par extension, tous les petits poissons dont la longueur ne dépasse pas douze centimètres.

Reptiles et amphibies.

Couleuvres, lézards, sangsues, grenouilles, etc.

Vers.

Gros vers, moyens de terreau, du vieux tan, du sapin, des roseaux; rouges de vase, d'eau, des matières fécales; le ver blanc de viande, de farine, le marin noir, le marin rouge, la bourlotte blanche, le liman des hannetons; et par extension, les limaçons et les limaces, qui s'en rapprochent par leur constitution extensible.

Insectes.

Presque tous les insectes de grandeur moyenne, et plus particulièrement les porte-bois, les larves de l'éphémère, les chevrettes, les sauterelles, les cri-cri, les nymphes, les rougets, les apatés, les aphrodies, les étaphes, les têtards, les salamandres, les frelons, les taons, les araignées, les fourmis ailées, les cloportes, l'élaphre aquatique, les chenilles des aunes, le hanneton, etc.

Mouches naturelles.

La jaune sentine, la noire domestique, la bleue de l'asticot, la jaune de mai, le cul-blanc, la frigane striée, les gros cousins, les frelons, l'abeille, les taons, les syrphes, les bombilles, les bibions, les mouches des porte-bois, de saint Jean, de saint Marc, la grise des bois blancs, etc.

Papillons.

Le petit paon, le jaspé, le bibet, les papites, les chamois, les petites phalènes, et par surcroît les corps de tous les papillons de grandeur moyenne, dès qu'on les a dépourvus de leurs ailes.

Substances animales.

Le sang coagulé, la cervelle, le gras de lard, le jaune et le blanc d'œuf, le fromage.

Pâtes simples et composées.

De pain de creton, de gâteau, de farine, de son, le mastic pâte.

Graminées.

Les fèves, les haricots, les pois, le blé, l'orge, l'avoine.

Fruits.

Les cerises rouges, les groseilles à maquereau, les fraises, les raisins secs.

Vérons artificiels.

En étain, en cuivre, en argent, en corne, en cristal, en gutta.

Mouches artificielles.

Toutes les espèces de grandeur moyenne qu'on peut imiter, et notamment celles qui ont l'habitude de voltiger près des cours d'eau.

Chenilles artificielles.

La noire, la blanche, la rousse, la grisaillée.

II. — POISSONS-AMORCES MORTS ET VIVANTS.

Poissons naturels.

Tous les poissons qui figurent dans le tableau précédent peuvent servir à prendre les poissons de proie. Ils s'emploient de deux manières, morts ou vivants.

Les plus réputés pour les tendues de nuit, les traînées, les cordeaux dormants, sont le chabot, le goujon, les cuisses de grenouille.

La manière d'amorcer les poissons morts consiste à enfoncer la pointe de l'hameçon vers la naissance de la queue et la faire ressortir par l'ouverture des branchies ; mais comme il arrive assez souvent que les poissons de proie sont assez habiles pour enlever l'amorce sans s'accrocher, les pêcheurs ont coutume d'assujettir l'appât à la verge de l'hameçon au moyen d'un bout de fil.

Vivants, ils servent principalement aux tendues et à lancer le vif ; mais comme alors il y a lieu de recourir à des amorcements spéciaux, c'est au titre de ces pêches que le lecteur est prié de se reporter.

Quant à la pêche de jet avec le poisson mort, appelée ordinairement pêche au véron naturel, la condition la plus essentielle étant que l'amorce tourne, ce qu'on ne peut obtenir que par l'emploi d'une armure faite dans des conditions particulières, c'est encore à son titre que nous nous réservons de fournir les plus amples détails pour être à même de bien faire.

Poissons artificiels.

L'usage de cette amorce est de servir plus particulièrement à pêcher la truite dans les rivières moyennes d'une certaine profondeur.

Le nom qui sert d'entête à ce chapitre indique suffisamment que tout repose sur l'imitation des poissons naturels préférés par les poissons de proie.

Lorsque, en préparation de cet ouvrage, nous allâmes à Paris, à la recherche des meilleurs choix à indiquer à nos lecteurs, toutes les montres des plus grands magasins nous furent ouvertes avec un empressement dont nous avons gardé les meilleurs souvenirs. Nous sommes sorti de nos diverses explorations émerveillé, bien convaincu qu'il n'existait pas en Europe d'ouvriers-artistes comparables à ceux de Paris, pour imiter la nature. En effet, rien ne manquait aux divers modèles mis en nos mains, yeux, nageoires, écailles; et tout cela brillait avec un relief de couleurs aussi vives que celles des poissons fraîchement sortis des eaux. Pourquoi faut-il qu'à ces vérités nous soyons forcé d'ajouter qu'au point de vue pratique, presque toutes ces imitations péchaient par une trop grande légèreté, par la mauvaise disposition des ailettes qui manquent de puissance, et notamment par l'armure, qui n'est pas assez complète et plus souvent encore mal agencée? Or, quoiqu'il nous coûte d'en critiquer les détails, nous dirons en toute sincérité que, parmi tant de

conceptions élégantes, une seule nous a paru utili-
sable : le véron en caoutchouc, à tube métallique,
portant son lest en lui-même, constitué de manière

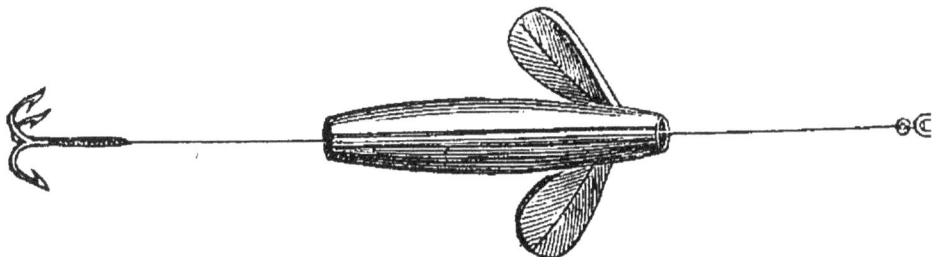

Fig. 30. Véron à tube.

qu'à l'attaque du poisson de proie l'armement se
sépare de l'amorce sans nul effort, ce qui le rapproche de celui à notre usage, dont nous parlerons
bientôt.

Le Véron hesdinois.

Dans la petite ville que nous habitons (Hesdin,
Pas-de-Calais), douce retraite qui ressemble, à cause
de sa petitesse et de sa ceinture verte, à un nid de
mousse dans un buisson, tout le monde, parmi
ceux qui ont des loisirs, adore la pêche et est
pêcheur de cinq à huit heures du soir, quand vient
le printemps. Ils ont pour eux le privilége de deux
rivières, la Canche et la Ternoise, et non loin l'Authie, toutes trois assez abondamment pourvues de
truites blanches et saumonées. On y rencontre quelques saumons illanquins, quelques grands poissons,
appelés dans le pays truites guilloises, qui parviennent parfois au poids de 10 kilogrammes, et un plus
grand nombre de moyennes et de petites, qui varient

entre 2 kilos à 3 hectogrammes. Que l'on ajoute à
la beauté des lieux et à l'avantage de voir leur cours
serpenter près de la ville, l'influence exercée par
les écrits des pêcheurs anglais, Palmer Hakle et
B. O'Connor, en les citant ; de plus, leur situation
exceptionnelle par rapport au détroit, on ne sera pas
étonné que ces petits fleuves soient fréquentés chaque
année depuis un temps immémorial par les pêcheurs
d'Écosse et d'Irlande les plus habiles.

Or, nous avons vu si souvent le véron hesdinois
battre le véron anglais dans les luttes courtoises qui
s'établissent presque forcément entre les touristes
insulaires et nos concitoyens, que c'est pour nous un
devoir de le faire connaître.

Le véron hesdinois est complétement en cuivre,
peint sur le dos, la gorge et les flancs brunis, et poli
sous le ventre.

On ne peut pas dire qu'il ait précisément la forme
bien définie d'un poisson ; c'est uniquement un petit
cylindre aux extrêmes amincis coniquement, muni
de deux ailettes rondes, placées par opposition vers
son entête, ce qui suffit pour lui donner à la fois
pesanteur et rotation.

Ce qui le rapproche du véron à tube anglais (dont
il n'est d'ailleurs qu'une modification), c'est que l'intérieur du métal est perforé de part en part, de
façon à y passer le bas de ligne. Ce qui l'en distingue, c'est qu'en dehors de son poids il porte deux
ségrégations ou fentes longitudinales propres à recevoir deux hameçons à triple branche, de sorte que
les flancs se trouvent défendus à l'égal de la queue :

système heureux bien conçu qui donne à l'armure la liberté de se dégager sans effort, dès l'instant où, le poisson de proie étant piqué, l'animal cherche un point d'appui, à l'effet de se débarasser des pointes qui le piquent et l'empêchent de fuir.

A ces divers titres, le véron hesdinois constitue une amélioration vraiment importante qu'on chercherait vainement dans ceux plus élégants que procure le commerce de Paris et de Londres.

Mais comment faire, nous dira-t-on, pour se le procurer, si le véron hesdinois est méconnu des fabricants et ne se vend pas ? Par un moyen bien simple, répondrons-nous : imiter les pêcheurs de la Canche en le fabricant soi-même, d'après les règles qui suivent.

Fabrication du véron hesdinois.

Lorsque, par suite de leurs relations avec les plus habiles pêcheurs d'Angleterre, le véron en caoutchouc, à tube intérieur, fut jugé excellent, parce que l'armure était mobile au lieu d'être fixe, et quoiqu'il fût constaté que la substance qui le recouvrait le rendait trop léger dans les rivières un peu profondes et rapides, les bons praticiens du pays recherchèrent les moyens de corriger ses défauts, ainsi que nous l'avons dit, par l'adoption d'un véron complètement en métal, et mieux armé.

La première difficulté à vaincre fut celle de perforer la baguette en laiton, base essentielle du travail, aucun pêcheur ne possédant au début les outils spéciaux nécessaires au bon percement du cuivre qui est une opération très-délicate dès qu'il s'agit d'obtenir un canal bien droit et régulier. Après maints efforts plus ou moins heureux, on finit néanmoins par surmonter la difficulté en renonçant à perforer le laiton soi-même; un quincaillier fut chargé de faire venir des baguettes en cuivre d'une grosseur de 7 à 8 millimètres, forées au centre d'une lumière de 3 millimètres, ce qui vaut dans le commerce 6 francs le kilogramme. Or, comme un mètre de laiton tubé ne pèse pas plus de 400 à 500 grammes, que la longueur à donner au véron ne dépassait pas alors plus de 4 centimètres, il fut démontré que la matière nécessaire à confectionner un véron en métal ne revenait pas, achetée en détail, à plus de vingt-cinq centimes. Devant cet infiniment bon marché, on ne se donna plus la peine de forer le laiton, de sorte que tout le travail fut réduit à celui de la lime sur l'étau.

Chacun sait que, dans tout travail à la lime sur l'étau, la première condition est de placer entre les mâchoires de l'outil un morceau de bois rectangulaire, propre à servir d'entablement à l'objet mobile qu'on veut confectionner. Cette disposition prise, on place le laiton sur l'assise, on s'empare d'une lime à main bâtarde, et l'on s'en sert pour transformer le petit tube cylindrique en ovoïde long.

Fig. 31. Première opération.

Cette forme acquise, dans le but d'obtenir de chaque côté du véron une petite loge propre à recevoir la queue des ailettes, on perce tranversalement le corps du tube, vers 10 à 11 millimètres de son sommet, avec un vilebrequin armé d'un foret de 2 millimètres.

Fig. 32. Deuxième opération.

Le percement achevé, on abandonne momentanément le corps du véron pour passer à la confection des ailettes ou hélices. Ordinairement ces petits appareils de rotation se composent de deux petits carrés en melchior, que l'on découpe aux ciseaux, en se rapprochant le plus possible de la forme d'une petite palette à queue, sauf à régulariser chacune

Fig. 33. Troisième opération.

d'elles à la lime, en arrondissant et amincissant les bords.

Il n'y a plus dès lors qu'à intercaler les broches des hélices dans les percées du véron, et les souder à l'étain pour les assujettir.

On appelle *souder* l'opération qui consiste à assembler, de manière à les rendre parfaitement adhérentes, deux corps métalliques de même nature, au moyen d'un autre métal différent, qui entre plus facilement en fusion ; tels sont le cuivre et l'étain Or, pour souder les ailettes au véron, comme cela est nécessaire ici, il est facile de concevoir que le premier soin obligé est de bien placer les ailettes, selon l'action qu'on attend d'elles. On estime ordinairement que les ailettes sont bien posées, lorsque, étant tournées en opposition, elles sont obliquées sur un regard différent d'un quart de cercle, afin d'obtenir ainsi une puissance d'évolution suffisante dès que le véron est mis en contact avec l'eau.

Les ailettes placées, il suffit, pour les fixer, de mouiller avec un pinceau chargé d'acide nitrique, décomposé au zinc, les points à réunir, de mettre un grain d'étain sur la jonction, puis de faire chauffer au rouge des pinces propres à saisir les ailettes, pour qu'en très-peu de temps l'étain entre en fusion, pénètre les parties à réunir, et les scelle complétement, après refroidissement.

Les hélices soudées, il restait, pour obtenir un

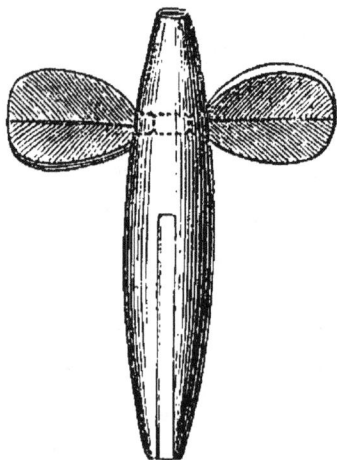

Fig. 34. Véron hesdinois.

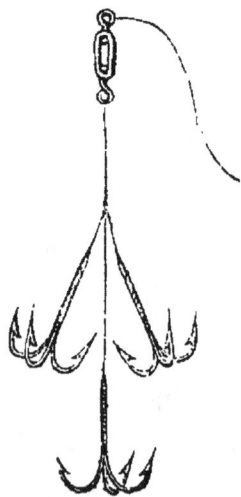

Fig. 35. Armure.

armement plus puissant que celui du véron anglais, à

fendre le milieu du tube sur les deux tiers de sa longueur en commençant par la base. On parvient à ce résultat en serrant verticalement l'entête du véron dans l'étau, sauf à pratiquer ensuite l'incision à l'aide d'une petite lime coupante, de 1 millimètre et demi d'épaisseur, appelé dans le commerce carrelette, ou mieux encore d'une scie à métaux. Tel est le véron hesdinois non peint et verni [1].

Véron hérisson. (*Invention de l'Auteur.*)

Les dessins que nous donnons ici, dus à des recherches et à des comparaisons minutieuses, expliquent suffisamment les motifs de nos réserves précédentes. Elles démontrent que, incomplétement satisfait des résultats obtenus de l'emploi du véron hesdinois, nous n'avons pas désespéré d'y ajouter de nouvelles améliorations. En effet, si le lecteur veut bien se donner la peine d'étudier et de comparer avec soin les divers croquis ci-après, il pourra se convaincre qu'après avoir pris pour point de départ l'armement à branches obliques et mobiles du takle hesdinois (fig. 1, 2, 3), en second lieu celui par hameçons quadruples placés par échelons (fig. 5 et 6), nos dernières études se sont portées sur des armures mobiles, soutenues par les branches d'un

[1] En visitant l'Exposition internationale fluviale de 1875, nous avons été étonné d'apercevoir le véron hesdinois à la montre de M. Moriceau, fabricant d'ustensiles de pêche, à Paris. A notre retour, nous avons su qu'il devait cette communication à M. E. Béasse, notre émule et notre concitoyen. Malheureusement, ce témoignage rendu à son mérite arrive vingt ans trop tard. On va voir pourquoi.

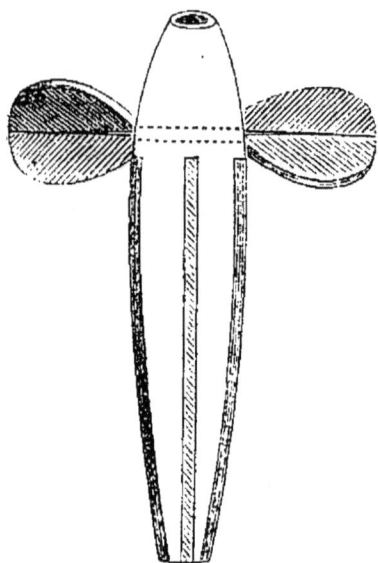

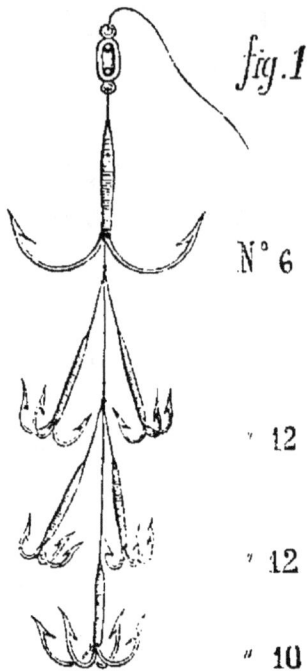

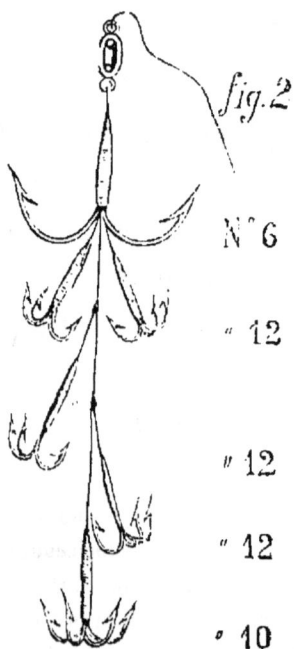

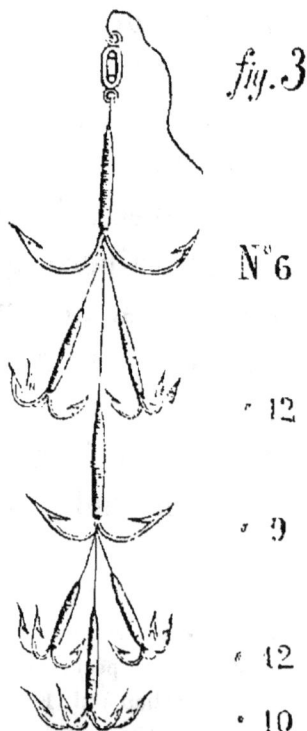

Fig. 36. Véron hesdinois perfectionné par l'auteur. Hameçons.

hameçon double, ou mieux encore par un double croisillon composé de six tenons-supports (fig. 7, 8, 9)).

Pour bien comprendre les motifs qui nous ont
inspiré ces nombreuses conceptions, qu'il nous soit
permis d'empiéter quelque peu sur ce que nous nous
proposons de dire avec plus de développement en
traitant de la pêche au véron.

Malgré un nombre assez considérable d'opinions
contraires à celle que nous partageons, c'est notre
conviction que les salmones et même tous les poissons de proie ont une propension à saisir le véron
artificiel près de la gorge et sur les flancs; que si parfois l'attaque a lieu vers la queue, ce qui oblige les
poissons à retourner l'amorce pour l'absorber dans
le sens de l'inclinaison des nageoires, c'est évidemment, ou que le pêcheur sondait les eaux perpendiculairement, ou que, le véron passant vite, le poisson
assaillant s'est trouvé déçu dans son point d'attaque.
Or, comme il nous paraît presque impossible, sous
les réserves faites, qu'un véron artificiel muni
d'ailettes soit happé par une truite moyenne, sans
qu'elle reçoive immédiatement le choc des hélices,
il y a pour nous preuve manifeste que, *quatre fois
sur cinq,* la truite sera assez prompte pour se soustraire par la fuite à l'action pénétrante des pointes,
et cela avec d'autant plus de facilité que, dans tous
les vérons connus jusqu'ici, c'est la tête et la gorge
qui sont le moins efficacement armées.

Si les faits que nous avançons sont vrais, et nous
les tenons pour tels, en nous remémorant toutes les
causes de nos manquements, la question à résoudre

fig.4

N° 6

» 9

» 12

» 10

fig.5

N° 6

» 9

» 9

» 10

fig. 6

N° 6

» 12

» 9

» 10

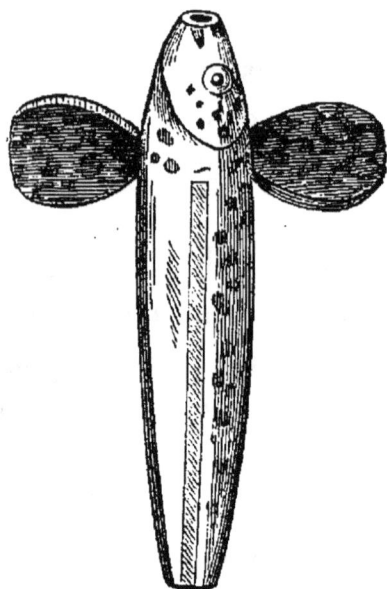

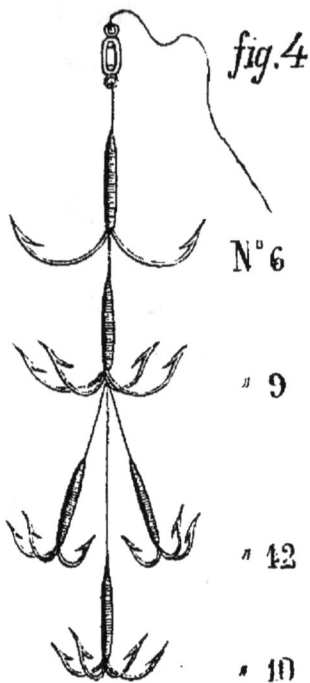

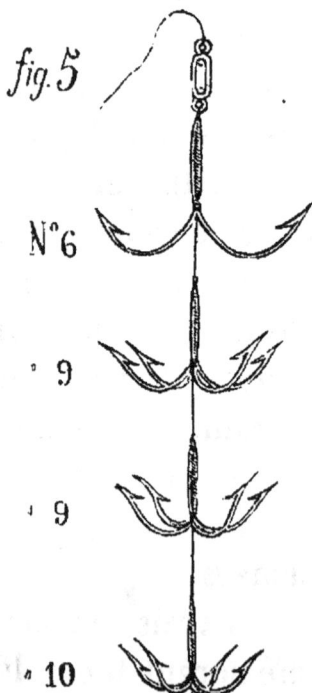

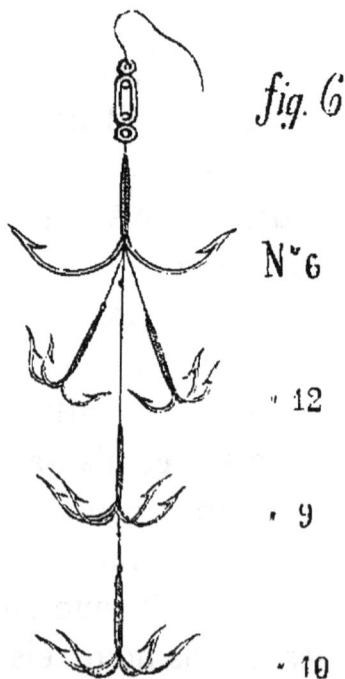

Fig. 37. Véron hérisson.

pour rendre la pêche au véron non moins productive que les plus favorables et les plus belles, serait celle-ci :

L'attaque des poissons de proie ayant lieu, neuf fois sur dix, à des profondeurs où l'amorce fonctionne invisible pour le pêcheur, et notamment alors que le véron artificiel semble fuir en traçant sa ligne oblique de retour, et commence seulement à se rapprocher de la rive où se tient le pêcheur, quels sont les moyens les plus puissants d'armer le véron, d'ajuster le takle; en un mot, de réussir ?

Solutions :

1° Donner au véron artificiel métallique *quatre* ségrégations longitudinales, en les prolongeant jusqu'à la naissance des ailettes, au lieu de deux qu'il a toujours portées jusqu'ici.

2° Défendre la gorge et les flancs du véron à l'égal de la queue en augmentant du double le nombre des pointes des hameçons.

3° Ne se servir que d'hameçons à branches multiples, à la courbe *bien ouverte,* à la languette saillante, à la pointe bien affilée, à la verge diminuante.

4° Préférer les petits hameçons aux grands, à l'exception de ceux de l'entête et de la queue, qui peuvent être un peu plus forts.

5° Accroître les évolutions du véron, tout en diminuant sa vitesse de marche.

6° N'employer dans les rivières un peu profondes que des vérons d'un poids assez lourd.

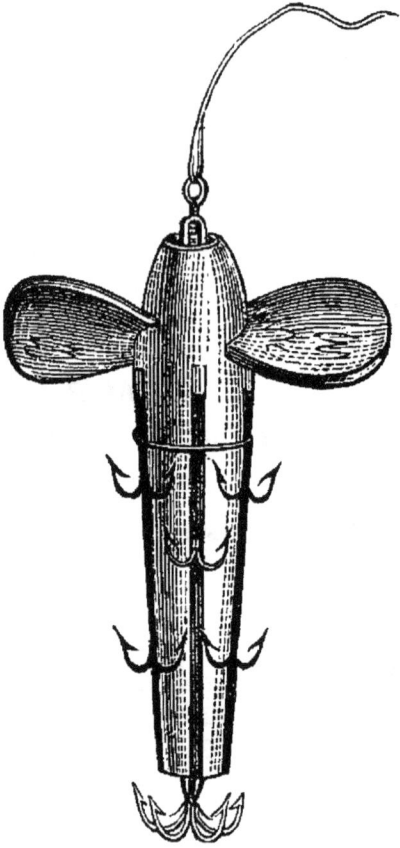

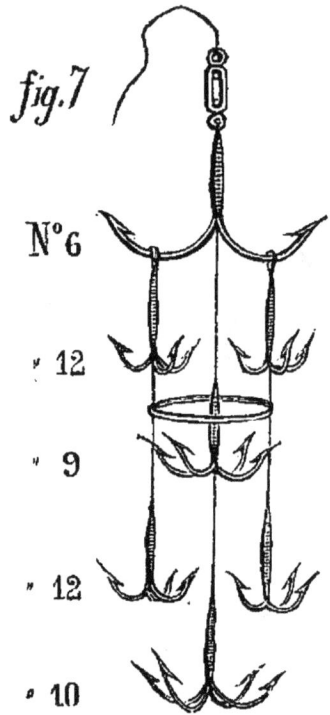

fig.7

N° 6

„ 12

„ 9

„ 12

„ 10

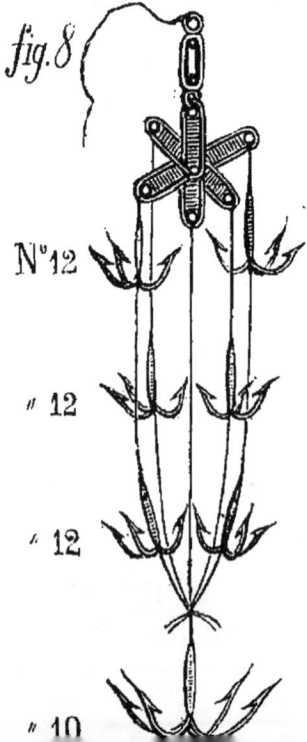

fig.8

N°12

„ 12

„ 12

„ 10

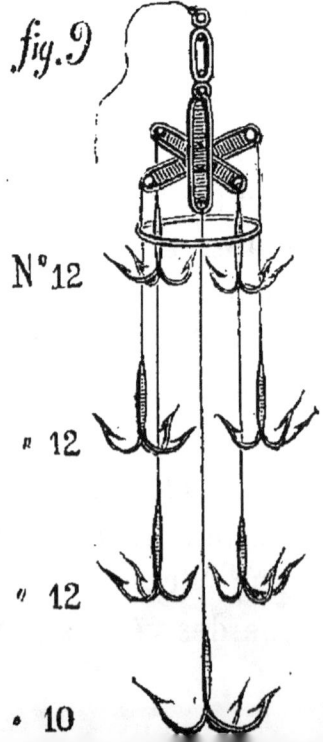

fig.9

N°12

„ 12

„ 12

„ 10

7° Ne ferrer que par une opposition rapide, légère et soutenue.

8° Dans le jet au large, ne ramener l'amorce que lentement, par petites tractions de quinze à vingt centimètres, opérées sur la ligne par la main gauche, en la contournant autour des doigts.

9° Empêcher la ligne de se vriller, en constituant les ailettes, de façon qu'elles tournent de gauche à droite, c'est-à-dire inversement à la torsion naturelle de la ligne, tout en augmentant le nombre des émérillons.

10° Ne placer les hameçons que longitudinalement au véron, de manière que les pointes ne cessent pas de se tenir parallèles à l'amorce.

11° Donner au takle *la plus grande liberté de dégagement,* afin de ne laisser aucun point d'appui à la truite, dans ses efforts pour fuir.

Que ces préceptes, dus à des tâtonnements plus pénibles qu'on ne le suppose, soient suivis. Cette simple page aura ce mérite, pour les pêcheurs aux vérons artificiels, d'avoir réduit les manquements à un sur dix, et elle seule suffira pour démontrer l'utilité de notre livre, la pêche au véron n'ayant été traitée jusqu'ici que sommairement et incomplètement par nos devanciers. Mais nous disons plus : c'est que l'adoption de notre système d'armement conduit forcément à diverses autres améliorations dont les principales sont celles-ci : C'est d'abord que nos vérons se comportent mieux dans l'eau, parce qu'étant plus longs et par suite plus lourds, leur marche est rendue plus régulière. C'est ensuite que les montures qui figurent à notre tableau ont plus de durée, l'amorce artificielle ne prenant plus son point sur les ramifications, comme dans le véron hesdinois, mais uniquement sur l'hameçon double qui défend la tête, et pour les numéro 8 et 9 sur le croisillon, qui sert de mode de suspension à l'armure. Donc, qui croit en nous veuille bien nous suivre dans l'étude de leur fabrication.

Fabrication des montures du véron hérisson.

Toutes les montures obliques et par échelons, comprises dans les numéros 1 à 6, qui figurent au tableau de nos inventions, ont pour point de départ un émérillon tournant, supportant une cordelle centrale en crins de Florence, à laquelle viennent se relier des ramifications, également en racine de bombyx, destinées à servir d'attaches aux hameçons qui arment le takle.

Mais attendu 1° que dans la constitution des armures, il est d'usage de n'employer que des hameçons à verges diminuantes; 2° que cette forme fuyante les rend très-difficiles à attacher solidement, pour n'éprouver aucune rupture alors qu'on a eu ce bonheur de rencontrer un poisson vigoureux, nous croyons devoir recommander vivement au pêcheur au véron artificiel de ne pratiquer l'empilure qu'en se servant de bonne soie poissée, et seulement après avoir fait passer l'extrême du crin *sous l'angle de jonction* qui réunit les diverses branches de l'hameçon.

Quant à la monture numéro 7, à deux pendants parallèles, maintenus par l'hameçon double qui défend la gorge du véron, la seule inspection du dessin doit suffire pour en comprendre l'agencement. Nous dirons toutefois qu'à l'effet d'empêcher les pendants de papillonner autour de l'amorce, dès qu'elle est mise en mouvement dans le liquide, nous avons été conduit à contenir les ramifications, à l'encontre du corps du véron, par un fil en caoutchouc de serrement, placé en forme de ceinture, de manière toutefois qu'il ne puisse faire obstacle au bon dégagement de l'armure et de ses branches, à l'instant où le poisson cherche à fuir.

Reste les montures numéros 8 et 9, à *croisillons doubles*. *A priori,* on voudrait croire que ce petit appareil de suspension à six tenons offre de grandes difficultés d'exécution. Rien, néanmoins, n'est plus simple à constituer, lorsqu'on possède une matrice en croix propre à le façonner. Il suffit alors de prendre un fil de laiton numéro 6, que l'on contourne, à l'aide d'une pince plate, sur les angles du moule, de façon à obtenir cette figure :

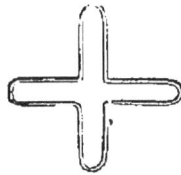

Cette forme acquise, qu'on fasse un ovale d'égale

grandeur, avec un second fil de même na-

ture et de même force, il n'y aura plus qu'à intercaler cette boucle verticalement, au centre du croisillon, et à en réunir les parties par une soudure.

Pousser plus loin nos renseignements serait abuser
du temps du lecteur et douter de son intelligence;
nous nous garderons de cette naïveté. Passons donc
aux résultats acquis.

Avec le véron hérisson de notre invention, il n'est
plus de manquements que lorsqu'on pêche une
truite repue, ou se tenant dans des eaux limpides,
éclairées par les rayons d'un soleil éblouissant, parce
que, dans ces deux conditions, le poisson ne prend
l'amorce que lentement et du bout des lèvres. Mais
chaque fois qu'il nous a été donné l'occasion de
rencontrer un poisson assez hardi pour s'élancer
résolûment sur notre véron, le poisson de proie
était pris à ce point que, pendant un instant, il se
débattait éperdu à la surface de l'eau, sans songer
à faire des efforts violents et raisonnés pour s'é-
chapper.

Mais comme tout avantage a son revers, le défaut
de notre véron hérisson consiste dans la difficulté
de retirer l'armure de la gorge du poisson, tant
parfois l'animal est pénétré par un grand nombre
de pointes. Concluons. Des neuf croquis offerts à
nos lecteurs, le numéro 9 a nos préférences. Ce
choix est motivé en ce que les quatre branches

parallèles qui composent l'armure sont assez longues pour s'accoler au corps du véron, et assez mobiles pour se dégager sans effort, lorsqu'au mordage
ou à la plus petite traction exercée par l'animal sur
l'une des cinq parties qui composent le takle, chaque
branche se dégage partiellement en entraînant le
reste de l'armure, qui ne tarde pas à lui apporter
un concours actif, en papillonnant et s'accrochant à
divers points de la tête du poisson piqué.

Véron en étain fondu.

Bien que depuis le jour où il a été possible de se
procurer des baguettes en laiton foré, la fabrication des vérons en cuivre n'offre plus de sérieuses
difficultés, dans le but d'obtenir un véron artificiel
en quelques minutes, nous avons été conduit à rechercher s'il n'était pas possible d'en faire un en
plomb fondu, mélangé d'étain, au moyen d'un moule
en bois assez résistant pour supporter la chaleur du
métal en fusion.

Nos premiers essais n'ont pas été heureux. Nous
ne trouvions pas la manière d'obtenir le canal nécessaire à passer la monture, et les moyens de faire les
fentes indispensables à armer les flancs. Mais comme
avec un peu de patience on vient à bout de tout, nous
y sommes parvenu ; voici comment. Nous com-
mençâmes par confectionner deux petites planchettes
rectangulaires, en bois de noyer, ayant chacune
65 millimètres de hauteur sur 40 de largeur et
10 d'épaisseur, à la surface plane, parfaitement
dressées et polies. Puis, à l'aide d'un couteau et d'une

petite gouge, nous pratiquâmes en regard, sur les deux pièces, la coupe ensellée et concave d'un véron.

Ce premier travail achevé, dans le but d'obtenir la perforation du véron et de constituer les fentes latérales, nous nous procurâmes une dent de carde en acier et deux petits carrés en tôle bien dressée, ayant une épaisseur de 2 millimètres. Les loges de ces appendices préparées, nous superposâmes les faces de nos planchettes l'une sur l'autre, en ayant soin de mettre la broche verticalement à sa place, et les carrés parallèlement à leurs points de destination. Puis nous consolidâmes le tout, à l'aide de quatre clous de serrement placés à chaque angle du moule.

Fig. 39. Une face du moule.

L'ajustement obtenu, nous bouchâmes les joints extérieurs du bois avec un peu de mie de pain réduite en pâte par la manipulation, afin d'éviter les fuites de l'étain. Et comme il est indispensable, pour obtenir un véron bien fondu, que rien ne bouge, nous entourâmes le moule, par surcroît de précaution, avec une longue ficelle, placée par spires bien serrées. Le métal fondu, nous le versâmes dans l'ouverture conductrice du moule, et nous eûmes la satisfaction de voir notre véron réussi. Il ne restait plus, en effet, qu'à enlever quelque légères bavures, qu'à contourner les ailettes avec une pince, peindre l'amorce et la vernir.

Soumis à l'expérience, le poisson en plomb mélangé d'étain tourne bien. Il a même l'avantage, à grosseur égale, sur celui de cuivre de s'enfoncer plus vite dans les eaux. Son défaut, car il en a un, c'est de n'avoir que deux ségrégations ; de sorte qu'on ne peut armer que la queue et les flancs, ainsi que le véron hesdinois.

Peinture, dorure et argenture des vérons.

Quoique pour peindre un véron il n'y ait pas de règles précises, que ce soit là une affaire de goût, on peut dire néanmoins, sans craindre d'errer, qu'entre deux vérons, celui qui se rapprochera le plus de la nature sera l'amorce préférée des poissons de proie, quoiqu'ils s'élancent sur tout ce qui brille et leur paraît doué de mouvement. Cependant nous ne croyons pas être trop téméraire en avançant que, par un ciel pur et des eaux limpides, on doit donner la préférence aux teintes sombres, comme le vert brun pour le dos, le rouge foncé pour la gorge, le gris perle pour les flancs, l'or pour le ventre; tandis que, par un ciel gris et sombre, des eaux vertes blondes, on fera mieux de se servir de couleurs vives et tranchantes, telles que le vert bleu pour le dos, le rouge clair pour la gorge, le gris blanc pour les flancs, l'argent pour le ventre ; toutes couleurs, moins l'or et l'argent, qu'on peut obtenir par le mé-

lange convenable du vert Véronèse, du blanc d'ou-
tremer, du noir d'ivoire, du vermillon, dans un vernis
blanc siccatif, qu'on étend au pinceau. Dans la
grande industrie, on ne dore et argente sur métaux
qu'au moyen de la chaleur, soit en employant le
mercure, les acides prussique, nitrique, muriati-
que; soit encore par les appareils électro-chimiques.
Ces moyens étant pour la plupart dangereux ou
impraticables pour le pêcheur fabricateur, nous
croyons que, pour dorer et argenter, il fera bien de
s'en tenir à l'or et l'argent en coquille, qu'on recouvre ensuite d'un vernis blanc.

Quant à nous, nous sommes peut-être moins difficile encore. Voulant nous rapprocher de la nuance
de l'or, nous nous contentons du bruni du cuivre,
pour les vérons de ce métal, en ayant soin de le net-
toyer avec le doigt, chargé d'un peu de poussière,
avant de nous en servir; de bronze d'or, recouvert
d'un vernis, pour ceux en plomb. Quant à la couleur argent, plus recherchée peut-être par les salmones, nos moyens ne sont pas moins simples.
Prenant un peu d'argent pur ruolz, nous le délayons
dans un peu d'eau, de manière à obtenir une pâte
faible, que nous frottons vivement avec une peau sur
l'objet à argenter. Nous lavons ensuite, et essuyons
avec soin.

Perfectionnement d'une nouvelle monture, due aux soins de M. Theslu, président de la Société des pêcheurs de Canche et de Ternoise. (Fig. 40.)

Au moment de mettre sous presse le chapitre qui concerne le véron artificiel, nous recevons le takle suivant, que nous nous empressons d'offrir à nos lecteurs :

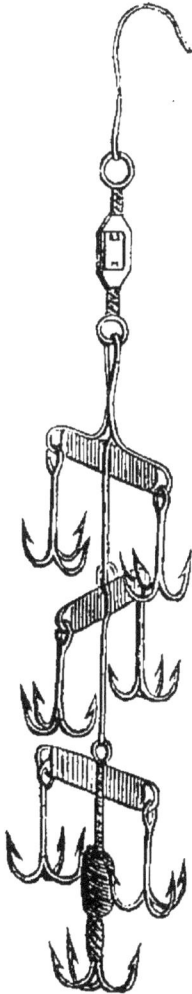

Ce qui distingue cette monture des inventions dues à M. J. Carpentier (fig. 41), c'est qu'au lieu d'avoir pour sommet un croisillon double, *les supports des hameçons dus à M. Theslu y sont étagés à trois points différents.*

C'est encore que, dans l'usage, les hameçons étant mobiles, ils *papillonnent incessamment autour du corps du véron.*

Il résulterait donc de là que presque toutes les truites doivent s'accrocher à *l'extérieur.*

Pour comparaison :

Fig. 40.
Monture de M. Theslu.

Fig. 41. Monture de M. J. Carpentier.

Néanmoins, son **inventeur,** qui est un maître en

l'art de pêcher, assure qu'il est bien peu de manquements, à la condition toujours *que la monture
se dégage, sans nulle résistance, du corps du véron.*

III. — LES VERS.

Ces insectes que tout le monde connaît sont de
petits animaux longs et rampants, sans os ni vertèbres,
qui ont le corps mou et contractile, divisé comme
par anneaux. Les plus réputés sont les achées, les
vers de terrasse, de vase, de viande, de farine, enfin
les vers d'eau, qui, sous les noms de casets et de
larves, semblent appartenir, à cause de leurs pattes,
à une classe distincte.

Achées.

On appelle ainsi les vers les plus grands, qu'on
rencontre dans les lieux humides, dans les fossés,
près des haies, dans les bandes des jardins, aux
alentours des monuments, partout où il y a des
matières végétales en putréfaction.

Le moyen de s'en procurer abondamment consiste
à aller de nuit, par un temps humide et à la lueur d'une
lanterne, aux endroits où l'on a remarqué, le jour,
des trous entourés de fraîches secrétions. Aux époques de sécheresse, il n'est pas toujours facile d'en
recueillir. C'est en vain qu'on enfonce la bêche
dans la terre et qu'on l'ébranle avec violence, les
vers se tiennent à une telle profondeur qu'ils sont
insensibles à toute agitation et ne sortent pas. On
fera donc bien d'en faire provision aux jours favora-

bles, en les déposant dans une caisse remplie de terre grasse, qu'on arrose de temps en temps.

Ces vers peuvent arriver à la longueur de 15 à 20 centimètres. C'est cette espèce qui est préférée pour pêcher de jour, de fond et ras de fond, les gros poissons et les anguilles.

Vers rouges de terreau.

Les pêcheurs désignent sous ce nom les petites achées, qui se distinguent par un corps rouge et plus tendre, que l'on rencontre dans les vieux fumiers. Leur destination est de servir aux pêches flottantes et de tact. Les plus estimés sont ceux dont la tête est noire, en ce qu'ils sont plus remuants.

Les vers gros et les petits s'amorcent de même. On engage la pointe de l'hameçon du troisième au quatrième annelet de la tête, qui est la partie la plus mince, et l'on recouvre complétement l'hameçon, laissant pendre l'excédant. Toutefois, quand l'extrème dépasse la longueur de 4 centimètres, on le coupe, sinon on s'expose à voir le poisson mordiller le bout pendant, sans se piquer à l'hameçon.

Vers de vase.

Ils proviennent des larves aquatiques qui donnent naissance aux chironomes plumeux. Très-abondants dans la Seine, et très-rares dans d'autres fleuves; ils se vendent à Paris, et s'exportent dans quelques départements, au prix de six francs le litre. On les obtient en fouillant la vase au moyen d'une écope. Le limon déposé dans un tamis, on y verse de l'eau;

la vase et le liquide s'écoulent, laissant les vers. Ces insectes, qui sont très-petits, jouissent d'une grande réputation pour pêcher le fretin; ils s'amorcent transversalement.

Asticots, ou vers de viande.

C'est le produit des œufs que les mouches déposent sur les viandes corrompues. La manière la plus simple de s'en procurer est de déposer pendant deux ou trois heures à l'ombre, soit un morceau de viande, soit un poisson gâté, sur lesquels les mouches ne tardent pas à venir. Les asticots étant très-remuants et leur peau difficile à percer, c'est presque un art de les pénétrer sans les vider. Néanmoins, en prenant pour point de pénétration le deuxième annelet de la queue, qui est la partie la plus grosse, en engageant l'hameçon d'un coup sec de bas en haut, on arrive à les amorcer intacts et vivants.

Les vers de viande forment un appât excellent pour tous les poissons; utilisés pour pêcher les gros et les moyens, sur un hameçon n° 6 à 8, on peut en mettre quatre et plus. Destinés au fretin, un ou deux placés sur un hameçon n° 15 suffisent.

Vers blancs de farine.

Ces insectes sont deux ou trois fois plus longs que les asticots. Plus difficiles encore à percer que ces derniers, il faut les attaquer vivement au corselet, en les piquant de haut en bas, de façon à les pénétrer de part en part. Deux vers suffisent pour amorcer un hameçon n° 3.

Réputés bons et de durée, ils servent principalement aux lignes de tact et flottantes pour pêcher la
truite et le meunier dans les alentours des moulins
à blé. Les vers se trouvent dans les farines décom-
posées.

Vers d'eau.

On appelle plus particulièrement ainsi les larves
qui, sous les noms de casets, de porte-bois, de
cherche-faix, habitent l'intérieur d'un tube en roseau
ou en bois, qu'ils ont soin de charger de lest, afin de
mettre leur demeure en équilibre avec l'eau et se
diriger sans effort, à l'aide de leurs pattes.

Il en est de deux espèces. Celle que l'on rencontre
dans les fusins des roseaux est très-abondante dans
les étangs, mares et fossés, où il existe des détritus de
végétaux, depuis le 15 avril jusqu'à fin août. Mais
elle est considérée par les pêcheurs comme inférieure en qualité à celle qui habite les vieux bois
submergés.

Pour en obtenir de cette dernière sorte, il faut se
donner quelque peine. Les uns ont recours à des
fagots lestés qu'ils déposent au fond de l'eau, pendant
deux ou trois jours, où les insectes ne manquent pas
de s'arrêter, quand le cours des rivières est tourmenté
ou rapide. Le procédé que nous employons est plus
pénible, mais aussi plus productif. Il consiste à
remonter, à l'aide d'un grappin, les vieux bois des
rivières qui en sont généralement chargés. Non moins
difficiles à percer que les vers de farine, il faut les
attaquer vivement à la gorge et les pénétrer de part

en part; deux ou trois suffisent pour couvrir complétement un hameçon n° 4. Le caset est un bon appât
pour tous les poissons qui se nourrissent d'insectes;
il est la ressource des pêcheurs aux salmones,
pour pêcher le matin, ligne flottante et courante,
depuis juillet jusqu'à fin août.

Mais quelle que soit la manière d'amorcer les vers,
qu'on opère par perforation complète, par torsion
ou par percées transversales, trois principes sont
immuables : 1° ne pas vider le ver; 2° couvrir complétement l'hameçon ; 3° tout ver frétillant est un
appat mordant.

IV. — LARVES AQUATIQUES ET MOUCHES NATURELLES.

On appelle larves aquatiques les insectes sortant
de l'œuf, qui passent du premier au second âge avant
de se transformer en mouches, moucherons et cousins,
qui est leur état complet.

Les larves les plus recherchées par les pêcheurs
sont, indépendamment du caset dont nous avons
déjà parlé, celles qui donnent naissance à l'éphémère,
plus communément connu sous le nom de mouche
jaune de mai; malheureusement il est des rivières où
cette amorce est très-rare.

La larve de l'éphémère est un insecte d'un gris
jaunâtre, au corps annelé, portant deux pinces à la
bouche, six pattes au ventre, deux nageoires molles
aux flancs, et trois points noirs vers la queue.

Cette amorce apparaît ordinairement du 15 février
au 15 juin, dans le nord de la France. C'est princi-

palement sur les lits où le limon est sablonneux, mélangé de terre glaise, qu'on la trouve.

Le meilleur moyen de s'en procurer consiste à s'armer d'une houe ou d'une drague au long manche, qui permet de remuer les profondeurs et de ramener une certaine quantité de terre, qu'on étend sur la rive ; s'il y a des larves, il suffira que le limon s'égoutte pour qu'elles se montrent. La provision faite, on peut

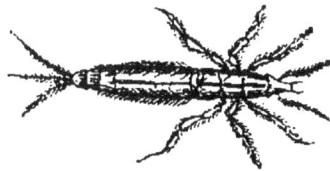

Fig. 42. Larve de l'éphémère.

les conserver huit à dix jours dans toute leur vigueur, à la condition de les déposer dans un vase non en zinc et de renouveler l'eau tous les deux jours.

La manière d'amorcer les larves est d'autant plus difficultueuse que la peau et la chair de ces insectes sont d'une mollesse excessive, que rien ne fait obstacle à la déviation de la pointe de l'hameçon. On arrive cependant à faire cette opération convenablement, soit en superposant longitudinalement trois larves sur un hameçon ordinaire droit à verge diminuante, numéro 2 ; soit en se servant de l'hameçon à double œillet de notre invention. Mais comme ce que nous venons de dire pourrait paraître insuffisant, nous ajouterons qu'on ne réussit jamais mieux qu'en piquant l'insecte à la gorge, et en le faisant remonter à l'aide de la main gauche par tact et impulsions légères. La première larve posée, on passe à la seconde en la pénétrant inversement de la queue à la tête. Arrivé à la dernière, on rentre dans la manière d'agir de la première.

Les trois larves mises, l'hameçon doit être couvert de la pointe jusqu'au-dessus de l'empile qui main-

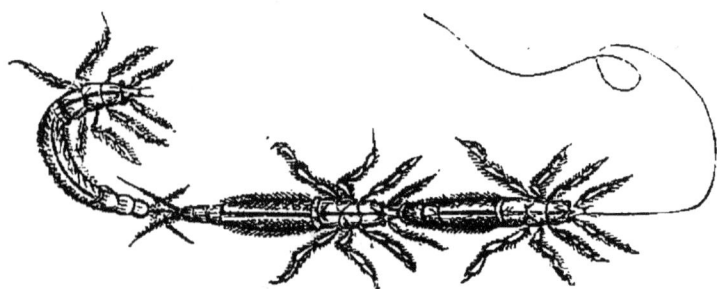

Fig. 43. Larves de l'éphémère amorcées.

tient l'arme au crin, et les larves rester assez agissantes pour remuer les pattes.

Mouches naturelles.

C'est le produit des larves qui naissent dans les eaux ou dans les viandes corrompues. Elles forment un genre considérable, de formes et de couleurs des plus variées. Dans le langage conventionnel du pêcheur, on appelle mouches, par simplification, tous les insectes dont les ailes ne sont pas recouvertes d'écailles, à l'exception des cousins, taons et papillons qu'on désigne par leur nom véritable et générique.

La manière d'amorcer les mouches varie suivant leur force et leur usage. Ainsi, quand on pêche de surface avec des mouches vivantes de la grandeur de la mouche jaune de mai, de la frigane striée, appelée vulgairement quatre-ailes, il suffit d'engager la pointe de l'hameçon entre les ailes, en l'enfonçant dans la direction des pattes de devant, tandis qu'en pêchant de demi-fond, de tact ou ligne flottante et courante, il

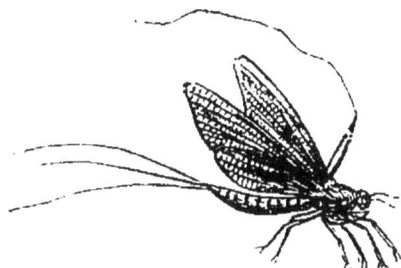

Fig. 44. Mouche jaune de mai amorcée.   Fig. 45. Trigane striée.

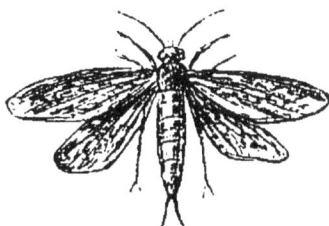

est nécessaire de les perforer de part en part dans le sens de leur longueur, après les avoir dépouillées de leurs ailes.

S'agit-il au contraire d'amorcer avec de petites mouches de la grosseur de la sentine rousse, de la noire domestique, leur perforation longitudinale étant impossible, on se contente de les piquer transversalement au corselet, en les superposant.

Taon.

On appelle ainsi une grosse mouche de l'ordre des diptères, dont on se sert pour pêcher l'ombre et la truite.

Celles aux couleurs sombres ont la réputation de valoir mieux que les plus éclatantes.

Mouche grise des bois blancs.

Cet insecte appartient également à l'ordre des diptères. On la reconnaît facilement en ce qu'elle ne se pose jamais sur l'écorce du bois que la tête en bas.

Amorcée en bouquet transversalement, pêche de tact ou flottante et chalumeau sensible, la truite s'en montre très-friande.

Cousin.

Genre d'insecte de l'ordre des némacères, très-nombreux près des cours d'eau. On ne peut amorcer que les plus gros et au moyen d'un hameçon ténu, appelé, à raison de sa faiblesse, à aiguille.

L'ombre et la truite paraissent préférer les gris et les jaunâtres.

Mouche bleue.

On appelle ainsi l'insecte qui provient de la nymphe de l'asticot. Assez bonne pour pêcher le meunier, la vandoise et la truite de demi-fond et de surface, elle est surtout excellente, dans les mains d'un pêcheur habile, pour pêcher l'ablette, avec un hameçon n° 15 amorcé d'une seule mouche.

V. — INSECTES DIVERS.

De toutes les classes de la zoologie, celle des insectes est, de l'aveu unanime de tous les naturalistes, la plus étendue et la plus variée. Cuvier les divise en neuf ordres, et malgré l'imperfection des recherches, on en compte déjà plus de trente mille.

Comme nous n'avons ici à nous occuper que de ceux qui paraissent les plus goûtés des poissons, notre nomenclature se bornera à indiquer les plus en usage et les plus réputés.

Sauterelle.

Cet insecte appartient à la famille des sauteurs; il est très-commun dans les prairies naturelles et artificielles depuis juillet jusqu'en septembre. Dans l'usage, on estime les grises et les jaunâtres à la gorge rouge, comme supérieures aux vertes. Elles s'amorcent en les perforant du corselet à l'anus, après leur avoir enlevé les élytres, qui, dit-on, effrayent le poisson.

Bien que les sauterelles servent habituellement à pêcher de tact et ligne flottante, on peut s'en servir pour pêcher de surface ligne projectante, à la condition de supprimer le lest; il en faut deux pour couvrir un hameçon numéro 3.

Chevrette ou Crevette.

Grenade, dans la Picardie et l'Artois. C'est un crustacé trop connu pour en faire une description minutieuse. A l'état vivant, sa robe est couleur grisâtre et écailleuse; ce n'est qu'après la cuisson dans l'eau salée ou le vinaigre qu'elle devient rougeâtre.

C'est un bon appât pour pêcher ligne flottante le gardon, la vandoise, le chevenne, dans les eaux qui traversent les villes. Avant d'amorcer, on considère comme avantageux de lui enlever la tête afin de la dégarnir de ses plus longues barbes; il en est de même des dernières écailles qui surmontent la queue, de manière à mettre une faible partie de la chair à nu.

Demi-dépouillé, on engage la pointe de l'hameçon
sous le ventre, en le dissimulant dans les nombreuses
pattes dont cet insecte est pourvu.

Cette amorce résiste parfaitement dans les rapides.

Cloporte.

C'est un petit crustacé qu'on trouve abondamment
dans les trous et crevasses situés à la base des murs,
au pied des arbres fruitiers mis en espalier, sous
les pierres ainsi que dans les endroits humides.

C'est un bon appât pour tous les poissons chasseurs,
notamment pour pêcher la truite entre deux eaux,
à la condition que l'hameçon soit ténu et bien couvert; ils s'amorcent en les perçant transversalement.

Scarabées et Coléoptères.

Les insectes qui appartiennent à ces deux familles
se caractérisent par la forme oblongue des ailes
membraneuses ou écailleuses; tel est le hanneton,
de la tribu des lucanes.

Lorsqu'ils sont de la force de ce dernier, on
commence ordinairement par leur enlever les deux
grandes pattes; cela fait, on amorce en engageant
l'hameçon sous la gorge, de manière à faire ressortir
la pointe aux deux tiers du ventre. Quelques pêcheurs
ajoutent à ces retranchements le dépouillement des
ailes, ainsi que l'étui qui les recouvre... Quand ils
sont petits, comme la bête au bon Dieu, la linante
des lis, on amorce en les superposant sur un hameçon
ténu ou à aiguille.

Les expériences que nous avons faites avec ces

amorces sur la truite ne nous ont donné que de médiocres résultats en pêchant ligne flottante; nos plus beaux coups ont été obtenus ligne de jet et de surface.

Papillons.

Ces insectes sont de l'ordre des lépidoptères; ils ne s'emploient que dépourvus de leurs ailes.

Bons pour la truite et le meunier en pêchant de tact et de demi-fond, ils s'amorcent longitudinalement comme les larves.

VI. — Mouches et Chenilles artificielles.

L'invention des mouches artificielles est née de l'impuissance à lancer une mouche naturelle à une grande distance, de la difficulté d'amorcer les cousins et moucherons, qui sont dès juillet, après la disparition des grandes mouches, la nourriture la plus recherchée des poissons moucheronnants; nous pourrions encore ajouter, de la commodité de posséder dans un portefeuille de peu de pages des amorces toutes faites semblables à celles qui apparaissent, sans être obligé de perdre un temps précieux à les chercher et à les ajuster sur l'hameçon à l'instant favorable. Quelle que soit la cause qui a servi d'origine à la fabrication des mouches et chenilles artificielles, cette imitation constitue un progrès que nulle autre invention ne pourra sans doute surpasser. Il est toutefois une erreur partagée par un grand nombre de pêcheurs que nous devons faire cesser : c'est celle de croire que plus on a de mouches variées et de fantaisie, plus on a de succès. Nous avons consacré divers printemps à classer les plus efficaces; nos choix faits, nous avons acquis la certitude que neuf mouches suffisent depuis mai jusqu'à fin septembre qui sont les mois pendant lesquels les salmonidées moucheronnent, avec des intermittences et des reprises plus ou moins caractérisées. Mais, comme nous venons de le dire, si nous ne tenons pas à la quantité, qui a le grave inconvénient de se faner et de s'altérer, nous tenons essentiellement à la qualité, à bien graduer leur grandeur, sans jamais dépasser celle que la nature nous donne pour modèle. Nous en avons peu, et dans ce peu, de grandes, de moyennes, de petites, et sans ailes, qu'on a l'habitude de nommer chenilles, de même encore que nous en avons de claires et de foncées, quoiqu'il soit admis par nous (c'est là un résultat de nos expériecnes) qu'en dehors de fin mai et du commencement de juin, où les nuances jaunâtres prédominent, c'est avec les mouches brunes, noires, grises, rousses qu'on a le plus de succès.

Une bonne mouche se reconnaît à la perfection de son ensemble, à sa légèreté, à la vivacité de ses couleurs, à la qualité du crin, à son bon mode d'attache, et, ce qui est plus difficile à allier, à la délicatesse de l'hameçon jointe à sa solidité.

Dans notre longue carrière de pêcheur nous avons été bien souvent en relation avec des excursionnistes anglais et écossais; tous étaient pourvus d'un portefeuille bien garni, dont ils étaient fiers de faire montre et de distribuer généreusement à leurs amis. En général les mouches anglaises sont jolies, légères, petites; rien n'y manque que deux choses essentielles: la première est la force de la florence, qui n'est jamais bien appropriée à celle de la mouche et dont la mauvaise qualité expose le pêcheur à d'incessants déboires; la seconde, c'est que le point d'attache qui unit le crin à l'hameçon ne repose assez souvent que sur un produit gommeux, sans ligature, de sorte que la mouche cède au premier jet fouettant ou au ferrement.

Dans les mouches de fabrication française, bien qu'il y ait progrès acquis depuis quelques années, c'est l'opposé. Tout y est solide; mais il y manque cette légèreté et ce séduisant je ne sais quoi, qui d'habitude font reconnaître les mains mignonnes et habiles de nos artistes parisiennes.

Devant la difficulté de se procurer de bonnes mouches, le mieux assurément serait d'ajouter cette fabrication à celle du véron artificiel, en les faisant soi-même. Mais combien manqueront d'aptitudes, ou reculeront devant le travail! Quoi qu'il en soit, en faisant, de notre côté, ce que doit, nous serons à l'abri de tout reproche.

Fabrication des mouches artificielles.

L'ordre dans les objets nécessaires à la fabrication étant indispensable, on fera bien de déposer sur la table de travail le crin, l'hameçon, la soie mi-torse, le registre aux plumes, les ciseaux, la poix, la bougie, etc.

La florence attachée à la verge de l'hameçon suivant les prescriptions énoncées à l'article *Empilure des hameçons à verges diminuantes,* sauf cette différence qu'ici on tient le fil plus long et qu'on ne coupe pas les bouts excédants (ces fils devant servir à relier toutes les parties de la mouche), on peut se mettre à l'œuvre.

Le choix de la mouche fixé, les plumes et leurs couleurs arrêtées, notre manière de faire consiste en cinq opérations successives, qu'il convient de définir afin d'éviter toute confusion dans la fabrication : 1° attacher la soie et les trois crins noirs propres à figurer le corps et la queue; 2° rabattre les crins sur la verge de l'hameçon et contourner la soie par-dessus; 3° fixer le fragment de barbes qui représente les ailes; 4° diviser les ailes pour qu'elles restent ouvertes; 5° ajouter une petite barbelette de coq, destinée à figurer la tête et les pattes.

Maintenant que le lecteur possède une appréciation exacte de la division du travail, supposons que nous ayons pour but la confection d'une mouche jaune de mai, pouvant évidemment servir de type à toutes les créations du même genre, à la condition d'en modifier les nuances.

Nous commençons ordinairement, avec le fil restant de l'empilure, par attacher par un nœud simple, à l'extrême de la verge, les trois crins noirs et la soie qui doivent constituer la queue et le corps. (Fig. 46.)

Ces objets affermis, on accole les crins parallèlement à la verge de l'hameçon, et l'on contourne la soie par-dessus par spires bien serrées; arrivé à la naissance de la courbe, on l'arrête solidement avec

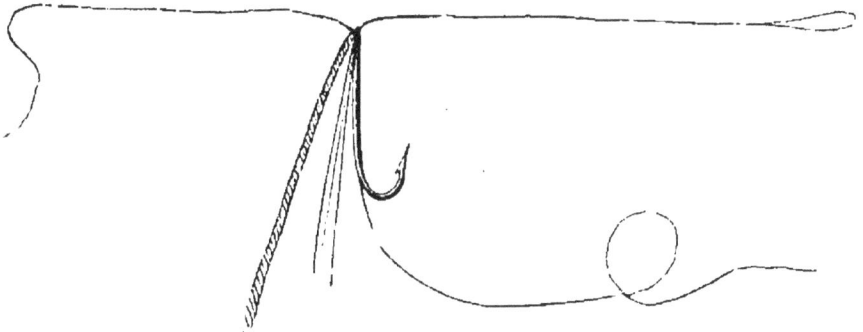

Fig. 46. Mouche artificielle. — Première opération.

le fil situé à la base de l'empile, qu'on peut désormais couper, ne devant plus servir.

Dans cet état, le travail représente une espèce de ver jaunâtre auquel il convient d'ajouter des ailes.

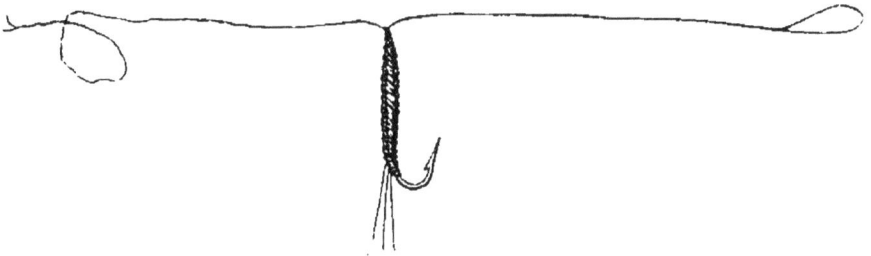

Fig. 47. Deuxième opération.

On arrive à ce résultat en prenant deux petits sommets de plume de canard, préalablement teints en jaune, que l'on place à l'entête de la verge, en les fixant par un nœud simple.

Les sommets de plume assujettis, l'habileté consiste à les diviser et à les déployer ouverts, comme si la mouche était prête à s'envoler. On y parvient en séparant avec une épingle les deux fragments de plume en deux parties égales. Cela fait, on intercale le fil d'attache en croix, de droite à gauche, du dessus au dessous, de manière à obtenir leur séparation constante.

Les ailes séparées, il s'agit de former la tête et les

Fig. 48. Troisième opération

pattes; on y arrive en fixant à la naissance des ailes une demi-barbette de coq, noire ou rousse, que l'on contourne par deux ou trois tours en forme de collier.

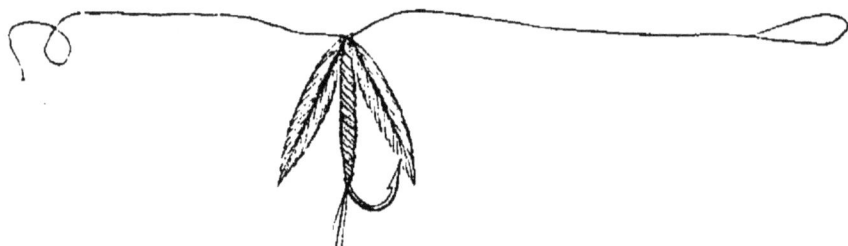

Fig. 49. Quatrième opération.

Cette opération faite, comme elle est la dernière, on arrête la ligature terminale par un nœud double, sur lequel on met une pointe de résine pour le consolider et figurer la tête.

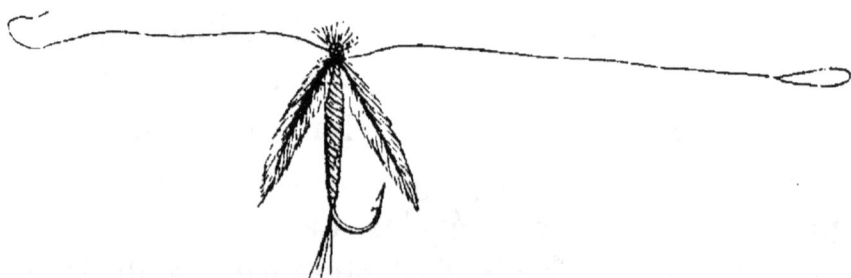

Fig. 50. Dernière opération.

Fabrication des chenilles.

C'est surtout au début de la pêche à la volée, ou vers sa fin, que l'on fait usage des chenilles artificielles, parce qu'aux premiers jours du printemps, les truites ne moucheronnent encore que sur les moucherons précoces, et qu'en juillet, la plupart des grandes mouches ont disparu. En général, trois chenilles suffisent, la noire, la rousse, la grisaillée; et nous avons remarqué que les moins touffues sont les meilleures, ce qui nous fait dire qu'il faut que le corps se distingue à travers les barbes qui constituent leur parure.

Les chenilles étant plus spécialement destinées à pêcher la truitette, qui est plus hâtive à moucheronner et persiste d'ailleurs plus longtemps que les grosses, tout ce qui sert à les fabriquer doit être ténu, crin, hameçon, barbelette, soie empilée.

Lorsqu'on sait faire une mouche, on est évidemment capable de confectionner une chenille, qui n'en est que la simplification. Toutes celles dont nous nous servons sont faites avec une barbe de paon ou d'autruche, et adjonction d'une demi-barbelette de coq. Avec la barbe de paon, nous formons le corps; avec la barbelette, les poils longs dont la plupart des chenilles sont revêtues.

De même que pour les mouches, quelques pêcheurs ajoutent à la robe des lépidoptères, soit un fil d'or, soit un fil d'argent, contourné par spires allongées propres à figurer les annelets contractiles du corps. C'est là une affaire de goût et d'essais, que nous ne saurions critiquer, les chenilles étant souvent parées de couleurs éclatantes.

Fig. 51. Chenille artificielle.

VII. — SUBSTANCES ANIMALES.

Ces matières ne sont le plus souvent employées qu'à l'état simple; mais à raison de leur état de mollesse qui ne permet pas de les fixer solidement aux hameçons, il y a presque toujours obligation de leur donner un certain degré de solidité. On y parvient, pour les unes, par le refroidissement et la congélation; pour les autres, par la cuisson. Toutefois ne sont réputées bonnes que les substances qui, après l'une ou l'autre de ces opérations, conservent l'arome particulier qui les distinguent.

Le sang.

Le meilleur est celui qui vient du mouton, parce qu'il est d'un rouge plus vif; après vient celui de porc. Cette matière ne pouvant servir que solidifiée, le moyen le plus simple d'y parvenir est de le déposer pendant quelques heures à l'ombre dans du sable sec. L'écoulement de la lymphe obtenu, on peut en faire usage de suite, le plus frais étant celui que préfèrent les poissons. La manière d'amorcer le sang consiste à le couper par petits carrés d'un centimètre et à engager la pointe de l'hameçon au centre, de façon que cette substance repose sur la courbe du hain. Si la matière a été suffisamment coagulée, le sang se maintiendra assez solidement pour qu'il soit non-seulement possible de le lancer dans l'eau à une certaine distance, mais encore capable de résister quelques minutes à l'action dissolutrice du courant.

Bon pour la truite, la brême, la vandoise, le gardon, le chevenne, la perche et l'ablette, nous pouvons même dire qu'il réussit souvent quand les autres sont sans effet, notamment près les égouts d'un abattoir.

Toutefois il a des inconvénients graves; sa couleur rougit les mains, et sa malléabilité est telle qu'il oblige le pêcheur à la plus grande surveillance. Aussi doit-on toujours être muni d'un linge pour s'essuyer les doigts, et, dans l'usage, être prêt à piquer au premier indice de la flotte.

Blanc et jaune d'œuf.

Ces matières ne s'emploient que cuites. On amorce le blanc comme le sang; le jaune, après l'avoir contourné en boulettes.

Bon pour les gardons, les vandoises, les chevennes, les ablettes, etc.

Fromage.

C'est le produit du lait caillé, égoutté et solidifié. Voici leur rang pas ordre de supériorité : le Gruyère, le Marolles, le Brie, le Lodersan, le Roquefort, le

Chester, le Hollande. Les routiers augmentent leur
arome en les plongeant un instant dans l'urine. Le
fromage s'amorce en carré ou en bou-
lette. Lorsqu'il est trop malléable, on y
ajoute un peu de mie de pain. Quelques
pêcheurs remplacent l'hameçon simple
par un hameçon à boucle ouvrante et
à triple pointe. Bon pour tous les poissons blancs et la truite, notamment
pour pêcher le barbeau et le chevenne.

Fig. 52.
Hameçon à
boucle.

VIII. — Pates composées et odorantes.

On appelle ainsi certaines substances broyées et
mêlées dans des proportions convenables, que les
poissons recherchent par goût, guidés par la vue et
l'odorat. Tous les charlatans de la pêche possèdent
une recette, par eux réputée sans pareille et in-
faillible. Tous les vieux routiers se disent détenteurs
d'un secret merveilleux. Pour les premiers, c'est un
moyen de réclame, afin de vendre cher leur produit aux pêcheurs naïfs. Pour les derniers, c'est
une manière polie de soutirer les largesses
des débutants, ou parfois de faire prévaloir leur
succès. Nous avons essayé bien des composés,
mêlés d'odeurs les plus diverses : à l'exception du
musc, de l'huile d'aspic, du basilic, du miel, du
sucre, qui paraissent exercer une faible influence
sur les poissons, nous n'avons obtenu que de
médiocres résultats. Il s'ensuivrait donc pour nous
que, quelle que soit la composition des pâtes, rien

ne vaut une amorce vive et agissante et certains avantages tangibles dont sont doués quelques pêcheurs. Nous serions donc de l'avis de M. B. Poidevin, lorsqu'il dit que « tout en reconnaissant « que certaines odeurs excitent le poisson à cher- « cher, il est plus que probable que, huit fois sur dix, « il l'eût trouvé, même sans arome, si le pêcheur « avait été assez heureux pour la déposer dans le « liquide aux heures où il mange et cherche par- « tout »; qu'il suffit d'ailleurs d'un poisson qui ait découvert la pâture pour attirer ceux du voisinage, et plus particulièrement ceux qui vivent en groupe.

Pâte de mie de pain de creton et de gâteau.

Faire tremper légèrement l'une de ces substances dans du lait sucré, le placer dans un linge et le broyer, ajouter une pincée de vermillon ou d'ocre. Bon pour les gardons, les tanches, les carpes, les vandoises.

Pâte de pain et de fromage.

Pétrir dans du lait miellé, un peu de pain et du fromage râpé, le tout relevé par l'adjonction d'un peu de musc.

Bon pour les barbeaux et les chevennes.

Pâte de laitance.

On peut faire entrer cette substance dans toutes les pâtes et composés farineux, en ajoutant tant soit peu de suif et de sucre.

Pâte d'œufs de poisson.

Les corps qui se forment dans les ovaires de la femelle étant généralement recherchés par les poissons, nous avons obtenu d'assez beaux succès par leur mélange dans la fécule de pommes de terre.

Bon pour les barbeaux et chevennes.

Mastic-pâte.

Cette amorce a été créée par nous, dans le but d'imiter artificiellement les vers rouges, les larves et les vérons. Elle se compose d'une partie de blanc d'Espagne réduit en poudre, d'un tiers de fromage de Brie, d'un cinquième de farine, d'une pincée de sucre, le tout délayé dans l'huile de lin. Battu un instant avec une latte, le mélange s'amalgame et s'unit assez solidement pour former une pâte susceptible de prendre toutes les formes que le pêcheur veut bien lui donner.

S'agit-il de constituer un ver rouge, on ajoute un peu de vermillon. Veut-on faire une larve, on remplace le rouge par du jaune d'ocre.

Le mastic fait, on le dépose dans un linge légèrement imprégné d'huile pour l'empêcher de durcir. Ainsi arrangé, il peut se conserver un mois. Quant à son application pour constituer un véron-pâte, il est évident qu'on ne saurait en faire usage qu'autant qu'il soit déposé par spire sur un takle, dont l'entête est muni d'ailettes, et le corps convenablement armé, pour ne laisser entrevoir que les pointes.

Une autre composition, d'un mérite supérieur

peut-être, consiste à se servir simplement de cire
jaune, dans laquelle on verse quelques gouttes de

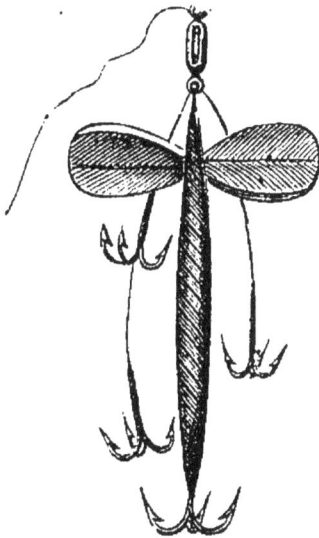

Fig. 53. Monture du véron-pâte.   Fig. 54. Véron-pâte amorcé.

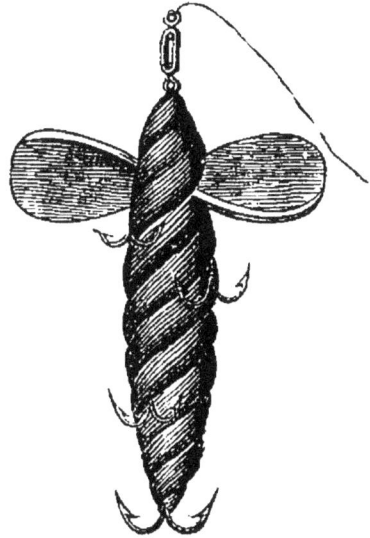

Bon pour pêcher le brochet, le barbeau, le chevenne, la truite,
le saumon. (Invention de l'auteur.)

sirop de gomme pour le sucrer et rendre ses parties
plus homogènes.

Quant à leur application comme véron-pâte, il
est évident qu'on ne saurait en faire usage qu'en se
servant d'un takle dont l'entête est muni d'ailettes,
le corps lesté de plomb, et qu'autant que l'armure
s'y rattache par ramification.

IX. — GRAMINÉES.

Sous ce titre, nous comprenons toutes les se-
mences riches en farine et gluten, assez fortes pour

être amorcées, telles que le blé, l'avoine, les pois, les haricots, les fèves, etc. Ces grains ne pouvant servir qu'à la condition d'être transperçables, il est indispensable de les faire infuser un jour ou deux dans l'eau. Une fois légèrement amollis, on les soumet à un feu doux pour les faire gonfler; ils s'amorcent en les piquant inversement au germe.

Les expériences auxquelles nous nous sommes livré ne nous ont donné que de faibles résultats. On peut néanmoins espérer quelques succès, en pêchant le gardon avec le blé, dans les ports où s'opèrent l'importation et l'exportation des céréales: le meunier et la truite, près des moulins à farine la carpe et le barbeau, avec les fèves cuites.

X. — FRUITS.

A l'exception des poissons de proie, qui ne s'alimentent généralement que de substances animales, tous les poissons aiment ce qui est sucré et doux. Il n'est donc pas étonnant qu'ils se laissent séduire par les fruits les plus savoureux et ceux qui ont le plus d'éclat; tels sont les raisins cuits, les cerises; les groseilles à maquereau, les abricots, etc.

La manière d'amorcer la cerise rouge consiste à couper et non à arracher la queue, le plus près possible de la peau. Cela fait, on engage la pointe de l'hameçon, de manière à contourner à demi le noyau. On arrive ainsi à faire reposer la partie la

plus résistante du fruit sur la courbe de l'hameçon.

Quelques pêcheurs se servent d'hameçons à
boucle, semblables à celui dont nous avons donné
le croquis pour transpercer le fromage de gruyère.
C'est un excellent moyen pour pêcher le barbeau et
le chevenne dans les rapides.

XI. — AMORCER LA PLACE.

Nous avons consacré de nombreuses pages à signaler et décrire les appâts et les amorces les plus
réputés. Nous avons dit que presque toute la science
du pêcheur consistait à bien amorcer, et à n'offrir aux
poissons que les nourritures qu'ils recherchent de
préférence, à l'instant où l'on pêche. Toutefois il
ne faudrait pas croire que le bon choix des appâts,
le parfait agencement de l'amorçage, la ténuité du
bas de ligne, l'habileté même du pêcheur, soient
des garanties de succès quotidiens. Il y a certaines
périodes de temps, certains jours et des heures où
le poisson reste de fond, ne se meut pas, ne cherche
pas, ne mange pas, comme il est des jours et des
heures où il quête partout, avide et insatiable.
L'habileté consiste donc à deviner les instants
où le poisson mord. Dans nos instructions élémentaires de la science du pêcheur, nous nous réservons
de consacrer quelques chapitres à ce sujet. En
attendant, contentons-nous de faire ressortir combien il est avantageux, lorsqu'on pêche la blan-

chaille et le fretin, tout ce qui aime à vivre en groupe, de préparer son coup, ce qui signifie, en termes de pêche, amorcer la place quelques instants avant de pêcher, en employant pour inviter les substances mêmes qu'on se propose de placer sur l'hameçon.

FIN DE LA DEUXIÈME PARTIE.

TROISIÈME PARTIE

ABRÉGÉ HISTORIQUE DES POISSONS

QUI SE PRENNENT A LA LIGNE

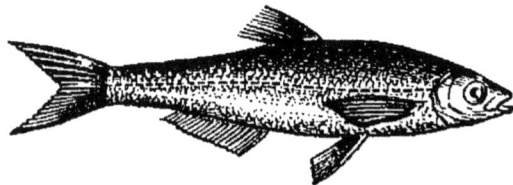

Fig. 55.

Ablette (Cyprinus alburnus).

Ce petit poisson, dont la longueur varie entre huit et douze centimètres, abonde dans les eaux douces de France. Il a le corps allongé, la tête en pointe, un peu plate en dessus, le dos d'un bleu verdâtre, les flancs argentés, le ventre blanc mat, les nageoires molles, la queue fourchue.

C'est à un Français, nommé Jamin, qu'on doit l'invention de faire avec ses écailles minces et peu adhérentes à la peau les perles fines qu'on nomme essence d'Orient.

L'ablette est un poisson de demi-fond, qui aime à vivre en groupe. Elle se plaît dans les prolongements des courants, près des ponts, des aqueducs, des vannes, des affluents, partout où les nourritures passent abondantes. Elle fraye en mai et en juin, multipliant beaucoup.

Ce poisson mord bien à l'hameçon. Aussi est-il considéré comme la ressource des pêcheurs débutants, en attendant qu'ils se sentent de force à attaquer le gros. La chair de l'ablette est molle, remplie d'arêtes, ce qui ne l'empêche pas d'être admise dans la friture aux goujons, pour peu que l'hôtelier juge à votre mine que vous n'appartenez pas à la famille des pêcheurs.

Appâts et amorces.	Hameçons.	Pêches praticables.
Vers de terreau........	15	ligne flottante et mordante.
Vers de viande.........	16	de tact à fouetter.
Vers de vase..........	18	à la gaulette, ligne ferrante
Larves aquatiques......	15	de surface.
Cloportes.............	18	—
Sang................	16	mord toute la journée.
Fromage..............	15	—
Mouches naturelles.....	18	—

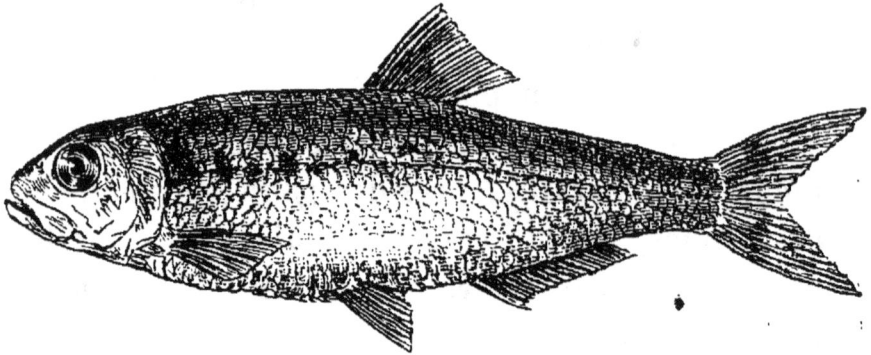

Fig. 56.

Alose (Clupea alosa).

L'alose est un poisson de mer du genre élupe, qui quitte l'Océan et la Méditerranée, pour remonter dans les fleuves un peu avant le printemps. A cette époque, on en voit un grand nombre entrer dans la Loire, la Seine, la Garonne, l'Adour, l'Yonne, la Dordogne, la Lionne, le Rhône, l'Allier, la Saône, la Noue, la Meuse, la Saverne, la Moselle, le Rhin, etc., etc., pour les quitter vers l'automne.

Ce poisson a le corps légèrement déprimé sur les côtés. La tête est large et veinée, la bouche grande, la mâchoire supérieure garnie de quelques dents. Les écailles sont fortes, rudes et dentelées. Le ventre est aminci en une sorte de carène barbelée, couverte de lames transversales, dures, tranchantes et pointues. Les opercules sont rayés, bleuâtres dans le milieu, argentins sur les bords. Le dos est vert jaunâtre, mêlé de bleu ; les côtés, blancs et tachetés. Quant aux nageoires, elles sont grises, bordées de brun, la caudale fourchue.

Poisson essentiellement de fond, l'alose aime particulièrement à se tenir dans les anses et les baies dont les eaux sont tranquilles. Nous en avons vu quelques-unes qui étaient parvenues à la longueur d'un mètre vingt-cinq centimètres; leur poids n'était pas proportionnel à leur longueur. On prétend que lorsque ce poisson est en bonne santé, ce qui ne peut arriver que dès qu'il a frayé et séjourné un certain temps dans les eaux douces, sa chair est délicate, bien que remplie d'arêtes fines et dangereuses; nous la croyons toujours médiocre.

L'alose se pêche peu à la ligne, quoiqu'elle, morde assez bien à l'hameçon; c'est à l'aide de grands filets nommés alosières qu'on la prend le plus communément.

Appâts et amorces.	Hameçons.	Pêches praticables.
Gros vers............	1	ligne flottante et revenante.
Gravettes............	5	ligne flottante et courante.
Asticots.	6	à soutenir à la gaule.
Chevrettes..........	7	à rouler.
Moules cuites.	7	—
Sang	8	mord assez bien le matin et au déclin.
Fromage...........	5	—

Fig. 57.

Anguille (Murana anguilla).

Ce poisson, par sa forme longue et l'ondulation de ses mouvements, semble former le premier anneau de la chaîne qui unit les poissons aux reptiles ; il y en a de plusieurs espèces : le peinpremau, le guiseau, le buteau, l'anguille de chien. La plus commune a la tête petite, le museau pointu, la mâchoire inférieure un peu plus longue que la supérieure. La gueule est armée de dents nombreuses, délicates et recourbées. Près des ouïes, sont deux nageoires arrondies, plus une dorsale et une ventrale, qui s'étendent sur les deux tiers du corps, pour se rejoindre à la queue. La peau de l'anguille est dépourvue d'écailles. Elle est marquée de deux lignes latérales, dont les pores transsudent une liqueur visqueuse qui rend l'anguille insaisissable avec la main. Le dos est vert olivâtre, lorsque cet animal vit dans des eaux pures et courantes ; vert brun, quand il habite les marais, les fossés et les mares.

Les mœurs de l'anguille sont aujourd'hui bien connues. On sait qu'elles sont sujettes à de petites migrations, en aller et retour. C'est en grand

nombre qu'en septembre et octobre on les voit
descendre vers la mer pour y frayer, et revenir vers
avril. Une particularité assez remarquable, c'est
que le plus souvent, lorsqu'elles émigrent, elles s'enlacent les unes les autres, de manière à former une
boule, se laissant entraîner mollement par le
courant.

C'est vers les syzygies d'avril et de mai que les
petites anguilles, nommées alvins, grosses comme
une forte épingle, quittent les baies et les petits
golfes, pour remonter dans les fleuves et se répandre dans leurs affluents. Elles arrivent en
nombre considérable, et indubitablement peuple-
raient toutes les eaux de France, si une meilleure
protection leur réservait des passages toujours
libres. Autorisé à prendre de petites anguilles dans
la Somme canalisée d'Abbeville à Saint-Valery, afin
de peupler les étangs de la filature d'Auchy-lez-
Hesdin, nous en avons recueilli en deux nuits, au
moyen de deux longs paniers en osier, serrés,
accolés à la rive, vingt-cinq kilogrammes, ce qui
peut représenter plus d'un million d'alvins. Qu'on
juge, par ce fait, de la quantité qui peut passer dans
un mois !

La puissance de locomotion de l'anguille repose
dans sa longueur et dans la flexibilité de son corps,
aidée de la disposition longitudinale de ses nageoires. Elle est bien plus grande qu'on ne le croit
généralement. Nous en avons vu qui franchissaient
des barrages haut d'un mètre, avec une grande
facilité.

Le point le plus épineux à résoudre paraît être celui de savoir comment elle se reproduit. Est-elle ovipare, comme l'affirment Aristote, Athénée, Rondelet et Muller? Est-elle ovo-vivipare ou vivipare, ainsi que le prétendent quelques savants plus modernes?

Désireux de connaître la vérité sur ce point, nous avons inspecté un grand nombre d'anguilles femelles, au moment du frai. Nous pouvons certifier, tant les preuves abondent, que ce poisson est ovo-vivipare. La plupart des jeunes, blancs et longs d'un pouce, naissent dans le ventre de la mère. Vus à la loupe, on peut distinguer facilement leurs mouvements, leur tête jaunâtre, leurs yeux noirs et une espèce de duvet qui se réunit à la queue, duvet qui ne peut être, évidemment, que les nageoires naissantes. A leur sortie, la femelle les dépose dans un trou, pour les garantir contre la rapidité du courant et la voracité des poissons. Dès qu'ils ont absorbé le contenu de leur vessie ombilicale, les alvins sont assez grands pour se suffire.

Toutes les anguilles possèdent les mêmes habitudes. Le jour, elles se cachent sous les rives souterraines, dans les interstices des grosses pierres, pour ne circuler que la nuit, à moins que les eaux ne soient tourmentées ou blondies. Pourtant en juillet, à l'époque des grandes chaleurs, il est assez commun d'en rencontrer un certain nombre suspendues aux fortes ramifications des plantes aquatiques, en vue et à peine de demi-fond.

Ce poisson est très-productif; son poids peut par-

venir à plusieurs kilogrammes. Dans les salles destinées à l'étude de la zoologie à Paris, nous en avons
vu une provenant des eaux douces de France, qui
mesurait 1 m. 70 sur 0, 32 centimètres de circonférence.

La chair de l'anguille est grasse, blanche, nourrissante, d'excellent goût, quoiqu'elle soit considérée
comme impure par les juifs. *Pisces quei non sunt,
nei policeto.*

Appâts et amorces.	Homeçons.	Pêches praticables,
Menus poissons......	0	aux traînées, lignes dormantes.
Cuisses de grenouille.	1	aux cordeaux, id.
Gros vers..........	1 à 2	ras de fond, ligne flottante.
Limaces de cave....	2	à la pelote à vermiller.
Pâtes et viandes......	3	au harpon, à la fouane.

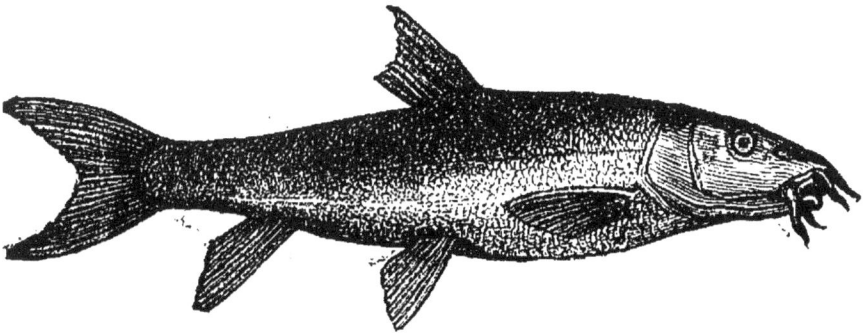

Fig. 58.

Barbeau (Cyprinus barbus).

Ce poisson tire son nom de ce qu'il porte quatre
barbillons inégaux aux lèvres, deux à l'extrémité de
la mâchoire supérieure, et deux un peu plus longs

sur les angles de la bouche. Ce sont ces filaments charnus qui lui servent de palpes à rechercher ses aliments.

Par la constitution de son corps replet, arrondi, vigoureux, autant que par son museau inférieur en écope, ainsi que par sa mâchoire supérieure qui s'avance en boutoir comme celle du porc, on voit de suite que le barbeau est un poisson de fond, dont les habitudes sont de fouiller la vase et les immondices. La couleur de sa robe est brune olive sur le dos, bleutée sur les flancs, blanche sous le ventre. Les écailles ne dépassent pas la grandeur moyenne ; elles sont tiquetées de noir et disposées en recouvrement. Quant aux nageoires, deux surtout sont remarquables : la dorsale, qui est d'un bleu rougeâtre, armée d'une forte épine par devant ; la caudale, qui est bordée de noir et anguleuse. Les barbeaux peuvent parvenir au poids de 6 à 7 kilogrammes. C'est principalement dans les grandes rivières qu'on les rencontre. Leurs lieux préférés sont les rapides, les affluents, le voisinage des villes, des égouts, des latrines, partout où leur gloutonnerie trouve d'abondantes nourrritures. Repus, ils s'abritent soit sous les herbes, soit derrière les grosses pierres où ils ruminent tranquillement leur pâture. La vie des barbeaux est de longue durée ; aussi ne sont-ils aptes à frayer qu'à quatre ans, en avril et mai. Le médecin Vallat prétend que leurs œufs sont purgatifs comme ceux du brochet ; Block et Bosc, au contraire, prétendent qu'ils sont aussi bons que ceux de la carpe ; le mieux est de s'en abstenir.

Venant des eaux pures, la chair de ces poissons est blanche et bonne ; provenant des canaux, ou selon qu'ils se sont nourris de substances putrides, elle est fade, flasque ou forte ; elle donne alors raison à ce vieux proverbe : *Neque frigidus, neque calidus, neque ossatus est bonus.*

Parmi les faits bons à relater, nous citerons celui-ci : les gros barbeaux paraissent vivre accouplés, tant il nous est arrivé de prendre le mâle et la femelle le même jour et au même lieu.

Appâts et amorces.	Hameçons.	Pêches praticables.
Petits poissons.......	0	aux traînées.
Gros vers...........	1	aux cordeaux, lig. dormantes.
Vers à queue........	7	stationnaire, ligne flottante.
Limaces............	3	à rôder, ligne courante.
Chevrettes..........	6	à soutenir à la gaule.
Asticots............	8	à soutenir au vergeon.
Bombyce blanc......	4	à soutenir dans les pelotes.
Moules cuites........	5	à rouler, ligne coulante.
Pelotes composées....	3	—
Fromage de Gruyère..	4	mord facilement le matin.
Fèves cuites.........	9	de 4 à 10 heures, et le soir, de 4 à 9 heures.
Hannetons..........	3	—
Cerises.............	4	—

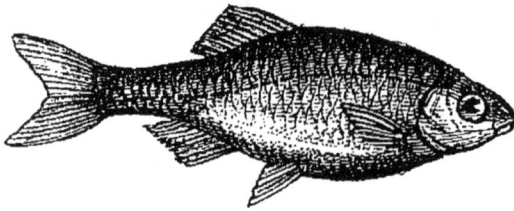

Fig. 59.

Bouvière (Cyprinus amarus).

Ce petit poisson, que nous citons seulement parce qu'il est un excellent appât pour la perche et le brochet, est assez abondant dans les rivières aux eaux courantes et pures; il en existe un certain nombre dans la Seine et la Marne. Les pêcheurs l'appellent pèteuse, sans que nous puissions soupçonner l'origine de ce surnom. La bouvière ne dépasse jamais 6 à 7 centimètres de longueur. La tête est petite, cunéiforme, les lèvres égales, les yeux moyens et noirs, les écailles grandes, le corps transparent. Le dos est vert jaunâtre, les côtés bleuâtres, le ventre blanc, les nageoires dorsales et caudales sont verdâtres, les autres légèrement rougâtres.

Ses lieux préférés sont les fonds de sable, les abords des rives. Quoiqu'elle soit peu recherchée des pêcheurs à la ligne à cause de l'amertume de sa chair, elle mord assez bien à l'hameçon, en pêchant ras de fond.

Appâts et amorces.	Hameçons.	Pêches praticables.
Vers de terreau......	12	stationnaire, ligne flottante.
Vers de vase........	18	à rouler, ligne coulante.

Appâts et amorces.	Hameçons.	Pêches praticables.
Vers de viande	15	au fretin, ligne mordante.
Porte-bois..........	10	—
Nymphes..........	18	mord toute la journée.
Sang.............	15	—
Boulette de mie de pain.	15	—

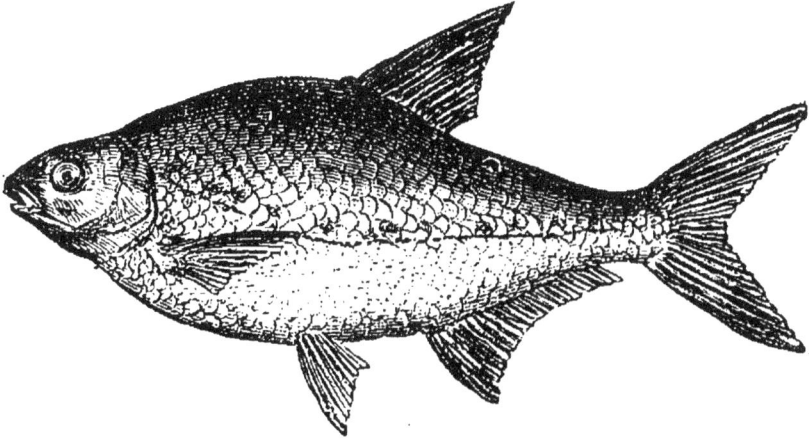

Fig. 60.

Brême (Cyprinus brama).

Ce poisson est l'un des plus communs que l'on rencontre dans les eaux fréquentées par les poissons blancs. A Paris, on le désigne sous le nom de henriot quand il est petit, sous celui de brémotte lorsqu'il est parvenu à une force moyenne.

La brême a la tête tronquée, le front large, la bouche petite, armée de plaques osseuses. Le corps est large, un peu plat, le dos arqué, les écailles grandes, la queue fourchue, la peau gluante. Sa robe est sombre sur le dos, grisâtre sur les flancs, blanche sous le ventre; suivant les eaux où ce poisson vit, un certain nombre de points noirs roux ou roses se font remarquer le long de la ligne latérale.

La nageoire dorsale est grise, celles ventrales sont violettes.

La brême aime les fonds composés de marne et de terre glaise, les fonds vaseux, les rives herbées, les extrêmes des affluents. Sa grandeur ordinaire est de 30 à 49 centimètres. Elle fraye vers la fin d'avril ou en mai ; elle multiplie beaucoup. A cette époque, il n'est pas rare d'en rencontrer des centaines réunies se tenir immobiles aux portes d'une écluse qui communique avec un étang, attendre des heures entières que les vannes soient levées, afin d'y pénétrer. C'est en vain qu'en ces instants, le pêcheur, surpris par ce qu'il pourrait considérer comme une rencontre heureuse, tenterait de les séduire par l'approche de leurs mets favoris ; absorbés par les besoins de déposer leur ponte dans des eaux tranquilles et herbées, l'amorce passe et touche leurs lèvres sans que ces poissons daignent les entr'ouvrir. Cependant, à l'état normal, la brême est vorace, peu friande, d'une pêche facile.

Comme aliment, la chair de ce poisson est peu digne de figurer sur une table confortable ; elle est molle, fade, de difficile digestion et remplie d'arêtes.

Appâts et amorces.	Hameçons.	Pêches praticables.
Vers de terreau......	7	aux traînées.
Vers de vase........	12	aux cordeaux, lig. dormantes.
Vers de viande.......	9	stationnaire, ligne flottante.
Chevrettes..........	6	à rôder, ligne courante.
Porte-bois..........	7	à la gaulette, ligne ferrante.
Sang..............	8	à rouler, ligne coulante.
Fromage...........	6	de tact et de coup.
Fèves cuites........	9	mord toute la journée.

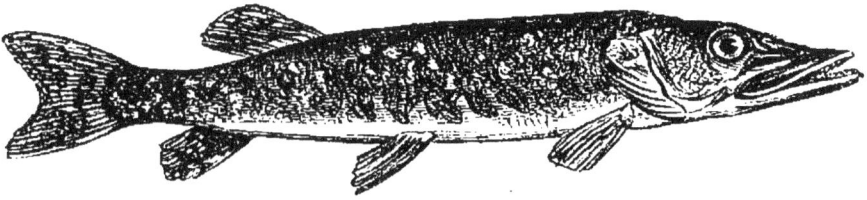

Fig. 61.

Brochet (Esox lucius).

Ce poisson a le corps allongé, le dos presque droit, le front aplati, le museau relevé et pointu, la lèvre inférieure plus longue que la supérieure. La gueule, qui est fendue jusqu'aux yeux, est armée de dents longues et recourbées qui s'étendent dans des directions longitudinales et parallèles entre elles. Le palais, la langue et l'entrée du gosier sont également garnis de pointes mobiles. On estime le nombre général de ses défenses à sept cents.

Quant aux écailles, elles sont rudes et petites, tandis que les nageoires sont molles et grandes. La dorsale et celles de l'anus se distinguent particulièrement en ce qu'elles sont peu éloignées de la caudale, qui est fourchue; toutes sont roussâtres et pointillées de brun.

De même que tous les poissons à la peau visqueuse, le corps du brochet et notamment le tour des yeux, le dessous de la mâchoire inférieure et le ventre, sont parsemés d'une infinité de petits pores, d'où s'écoule une liqueur gluante.

Les couleurs de la robe varient selon l'âge du brochet et les eaux où il vit. Jeune, le gris-blanc prédomine. Parvenu à trois ans, le dos devient vert jaunâtre ou vert brun, selon qu'il séjourne dans des eaux pures ou fangeuses; ses flancs alors s'embellissent de deux lignes de taches ovoïdes d'un jaune pâle, qui acquièrent d'autant plus d'éclat que ces poissons sont prêts à frayer.

Petit, le brochet s'appelle lanceron ou brocheton; moyen, poignard ou carreau; vieux, loup, ou simplement brochet. Timide et craintif à son jeune âge, la plus petite Perche le fait fuir; mais dès qu'il a confiance dans ses forces, il devient le tyran des eaux, et sa vie alors se passe à dévorer tous les poissons là où il s'est cantonné.

Quoique doué d'une puissance de locomotion considérable, cet animal aime les eaux tranquilles, les abords des rives, les places herbées. C'est caché sous les larges feuilles des plantes aquatiques qu'il s'élance ordinairement sur sa proie pour la prendre par surprise et l'engloutir. Mais, fait remarquable, quand il est repu, les poissons qui lui servent habituellement de pâture en ont la divination; ils passent près de lui sans crainte aucune.

Nous avons vu des brochets qui étaient parvenus au poids de 20 kilogrammes; il serait alors difficile d'énumérer les ravages annuels d'un tel monstre. Le vide se fait autour de lui, Le brochet se nourrit de vers, de limaces, de sangsues, d'écrevisses, de rats et même de palmipèdes, osant s'attaquer parfois aux jeunes loutres. Pour aller en chasse et en guerre, il faut qu'il soit excité par des besoins impérieux. Dans ce cas il prend le large, et sa course de quelques cent mètres en aller et retour devient vertigineuse. Malheur alors au poisson qu'il rencontre en nageant presque à fleur d'eau, afin de mieux dominer et inspecter la couche liquide, où il trace son sillon ! il le poursuit sans relâche, jusqu'à ce que, d'un bond puissant, il arrive à s'en saisir. Parvenu au fond des eaux, il retourne sa proie, le perfore, l'amollit et l'avale. Bien que le brochet préfère les eaux fraîches et douces des rivières, des lacs et des étangs, on le rencontre aussi dans les mares dues aux débordements de la mer. Ce poisson fraye en février et mars. La femelle dépose ses œufs dans les eaux calmes, en les fixant de préférence aux feuilles des plantes aquatiques. Fourcroy et Vallat assurent qu'ils excitent des nausées et purgent violemment ; Block prétend le contraire. Devant ces opinions diverses, le mieux est de s'en abstenir.

La chair du brochet de rivière est blanche, feuilletée, savoureuse, de facile digestion.

C'est à un Anglais nommé Samuel Tull qu'on doit l'idée de la castration du brochet et de la carpe, afin de les engraisser plus vite. Mais, quoique le brochet soit productif et d'une vente facile, beaucoup d'éleveurs ont dû l'enlever de leurs pêcheries, à cause de sa voracité.

Appâts et amorces.	Hameçons.	Pêches praticables.
Poissons vivants......	griffon	cordeaux dormants.
Poissons morts.......	multiples	aux tendues, lig. pêchantes
Poissons artificiels....	multiples	à lancer le vif.
Cuisses de grenouille..	1	au véron naturel.
Gros vers..........	1	au véron artificiel.
Limaces...........	2	à la ligne flottante.
—		au lacet.
		à la fouane.

Mord toute la journée, quoiqu'il soit préférable de le pêcher au matin et au commencement du déclin.

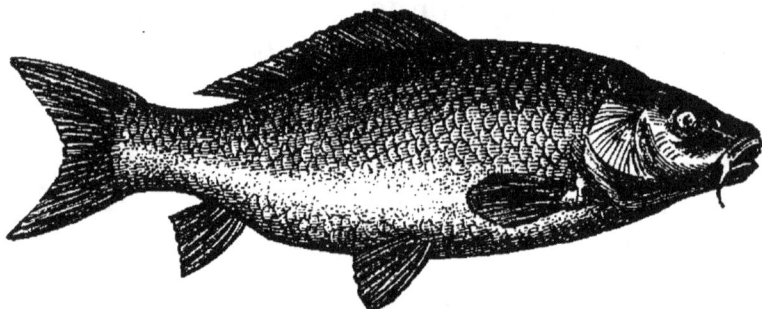

Fig. 62.

Carpe (Cyprinus carpio).

Il y a différentes sortes de carpes : la carpe franche, la carpe carassin et la carpe miroir, surnommée la reine des étangs. Notre abrégé historique n'étant pas un cours d'histoire naturelle, mais un simple memento, nous nous bornerons à décrire la plus commune. La carpe ordinaire a la tête grosse et obtuse, le front large, les lèvres charnues. La bouche porte quatre barbillons, deux à la lèvre supérieure et deux aux angles de la gueule; elle est dépourvue de dents.

Le corps, quoique épais, est allongé et de forme ovale; il est couvert de grandes écailles arrondies, striées longitudinalement. Le dos est vert obscur, les flancs jaunâtres, mêlés de bleu, le ventre blanc. Indépendamment de ses barbillons, les signes les plus caractéristiques de ce poisson résident dans les nageoires ventrales, qui sont violettes ; dans les anales, qui sont brunes; dans la dorsale, qui est longue, puissante et bleuâtre, et notamment dans la caudale, qui se termine en forme de croissant bordé de noir.

Les carpes sont assez abondantes en France, parti-

culièrement dans les rivières et les étangs de l'est et
du sud.

Comme presque tous les poissons, la carpe porte
des noms appropriés à son âge. On appelle feuilles
les petites; tiercelets, celles de deux ou trois ans, etc.

Les lieux préférés par ces poissons sont les fonds
vaseux, gras et fertiles; les tournants, les crônes,
les extrêmes des rapides. Bien que la carpe soit un
poisson fouilleur, qui cherche sa nourriture dans la
vase et vit d'herbes et de jeunes pousses aquatiques,
en été, elle remonte parfois à la surface pour s'é-
battre et moucheronner.

Ces poissons ont la réputation de multiplier beaucoup. Malthus prétend avoir trouvé 342,000 œufs
dans une carpe de 48 centimètres, et Block 240,000
dans une femelle d'un demi-kilogramme. Les carpes
frayent en bandes vers le mois de juin, en fixant le
produit de leur ponte aux herbes les mieux exposées
aux rayons du soleil.

Les savants prétendent que ces poissons sont doués
d'organes respiratoires plus compliqués que ceux
des autres cyprins, estimant au nombre de 17,400
les os, muscles, nerfs, artères, veines et vaisseaux
qui concourent à ce but. Nous ignorons jusqu'à
quel point cela est exact; mais ce que nous savons,
c'est que les carpes, pourvu qu'elles soient étendues
sur le dos dans un lit d'herbes fraîches, avec quelques brins placés dans les ouïes, vivent très-longtemps hors de l'eau. C'est ainsi qu'on opère quand
on veut les transporter et peupler des étangs qui
en sont dépourvus.

Dans nos excursions, nous avons rencontré quelques éleveurs qui poussaient leurs soins jusqu'à pratiquer la castration, pour les engraisser plus vite, en les nourrissant de débris de pain, de haricots, de lentilles, de légumes cuits et de fruits avariés. Nous devons dire qu'invités par eux à goûter leurs produits, nous avons trouvé que ces carpes, déposées généralement dans des eaux dormantes au fond vaseux, étaient loin d'égaler celles que nous avions pêchées dans la Seine, la Loire, la Marne, la Meuse, la Saône et le Rhône.

En France, il est excessivement rare que ces poissons dépassent plus de 60 centimètres de l'œil à la queue. Nous en avons néanmoins vu une provenant du Rhin, qui mesurait 1 m. 10 c. Elle fut regardée par tous les pêcheurs comme étant d'une grosseur exceptionnelle. Nous ne pouvons donc que mettre nos lecteurs en défiance contre ces récits exagérés où il est dit que dans le lac de Zugg en Suisse et dans l'Oder (Allemagne), il en existe de 45 kilogrammes.

La chair de la carpe jouit d'une réputation méritée lorsque, ayant vécu dans des eaux courantes, elle est grasse et en dehors de l'époque où elle effectue sa ponte.

Prise dans des eaux lentes, elle a généralement un goût de bourbe très-prononcé, qu'on ne peut enlever en partie qu'en la lavant dans l'eau salée, ou en lui faisant boire un peu de vinaigre.

Appâts et amorces.	Hameçons.	Pêches praticables.
Vers de terreau......	5	traînées et cordeaux.
Vers de vase........	12	stationnaire, ligne flottante.
Vers de viande.......	10	à rôder, ligne courante.
Porte-bois..........	5	à rouler, ligne coulante.
Chevrettes..........	4	à soutenir à la gaule.
Insectes divers.......	5 à 6	à soutenir au vergeon.
Fromage de Gruyère..	7	à soutenir dans les pelotes.
Pâtes et viandes......	7 à 8	de jet ou de surface.
Fèves cuites.........	7	—
Cerises rouges.......	4	mord toute la journée.
Raisins secs.........	5	dans les mois de mars, avril, août, sept., nov. et oct.
Sang coagulé........	7	—
Mouches naturelles ...	6 à 8	—

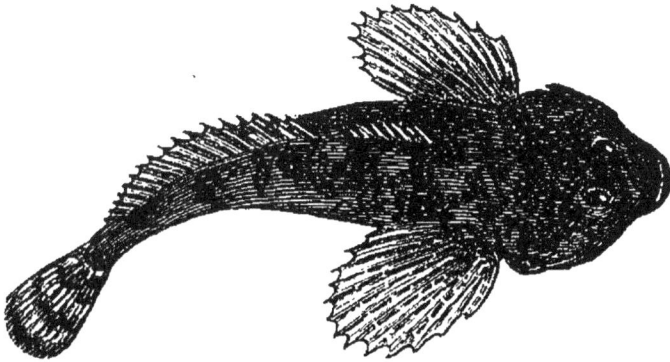

Fig. 63.

Chabot (Cottus gobio).

Ce petit poisson, dont la longueur ne dépasse pas 10 centimètres, est l'un des plus communs que l'on rencontre dans les rivières et les ruisseaux où l'eau coule en murmurant. De l'avis de tous les pêcheurs, c'est le meilleur appât pour pêcher, lignes de fond et de nuit, les truites et les anguilles.

Le chabot est remarquable par sa tête large et épatée à laquelle se rattache un corps qui fuit coniquement à partir de la naissance de ses nageoires latérales. La bouche est grande, garnie de petites dents aiguës. La peau, qui est visqueuse, est revêtue d'écailles à peine visibles. Mieux armé encore que la perche goujonnière, ses opercules et ses nageoires sont hérissées de pointes; il n'y a que la caudale, qui est arrondie et bordée de bandes noires, qui en soit dépourvue.

Le dos est gris sombre, les flancs jaunâtres, le ventre blanc; quelques taches brunes embellissent la partie supérieure du corps.

Les lieux préférés par le chabot sont les courants de peu de profondeur, les rives herbées, les endroits où les autres poissons vont déposer leur ponte, là où les animalcules se tiennent, ne pouvant lutter contre les rapides. C'est derrière les pierres ou dans les interstices des roches que le chabot se tient au gîte et au guet, prêt à s'élancer sur les nourritures flottantes qui passent à sa portée.

Le chabot fraye en mars et en avril; il multiplie beaucoup.

La chair de ce petit animal est grasse, rosée, estimée des gourmets.

Trop faible pour être pêché à la ligne, c'est ordinairement à l'aide de l'épuisette, de la nasse, de la trouble, qu'on le prend.

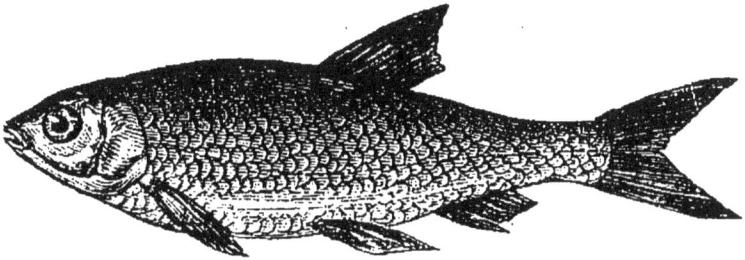

Fig. 64.

Chevenne (Cyprinus jeses).

Le chevenne ou chevanne, aussi appelé meunier, est un poisson au corps robuste et bien proportionné. La tête est petite, le front large, le museau arrondi, la bouche dépourvue de dents. Les écailles sont grandes, rudes et brillantes. Sa robe est argentine, bleutée sur le dos, plus claire sur les flancs, blanche sous le ventre. Quant aux nageoires, la dorsale et les ventrales sont d'un blanc jaunâtre, tandis que les anales, et la caudale qui est fourchue, sont d'un gris cendré.

En résumé, le chevenne est un assez beau poisson, et si parfois on lui donne le nom de vilain, c'est qu'on le confond avec le Lenciscus jeses, dont les couleurs sont plus ternes.

Le vrai chevenne aime les eaux pures et vives; ses lieux préférés sont les rapides, les affluents, les chutes, les alentours des moulins, des ponts, des abreuvoirs.

Jeune, il est vif, pétulant, avide pendant l'été de mouches aquatiques qui volent à la surface des eaux.

Vieux, il devient plus massif et moucheronne moins.

La taille de ce poisson ne dépasse pas ordinairement 40 centimètres, quoique, sous le nom de caverne, nous en ayons pris assez souvent dans la Somme du poids de 4 à 5 kilogrammes.

Ces poissons frayent en bande, au mois de mai, sur les graviers ; ils multiplient beaucoup.

Presque omnivores, leur nourriture se compose des substances les plus diverses, à l'exception qu'ils ne prennent pas le fretin.

La chair du chevenne est grasse, molle, jaunâtre, remplie d'arêtes. Elle a besoin, pour être mangeable, d'être fortement marinée. Aussi, dans les pays où l'on pêche la truite, qui fréquente parfois les mêmes eaux, prendre un meunier est un dépit, une raillerie de la part du pêcheur voisin.

Quelques auteurs prétendent que le chevenne est la providence des pêcheurs novices, parce que, disent-ils, il mord avidement à tous les appâts. Le fait est vrai par rapport aux amorces de fond et de demi-fond ; il est faux pour les pêches de surface, le meunier ne se laissant séduire que par des mouches naturelles, fraîches et vivantes, et seulement par exception par des mouches ou des chenilles artificielles.

Appâts et amorces.	Hameçons.	Pêches praticables.
Vers de terre........	6	aux traînées, lignes dormantes.
Vers de vase........	12	aux cordeaux, id.
Vers de viande......	10	stationnaire, ligne flottante.
Vers de farine.......	5	à suivre, ligne courante.

Appâts et amorces.	Hameçons.	Pêches praticables.
Porte-bois..........	7	de tact et de coup.
Larves diverses......	7	à rouler, ligne coulante.
Chevrettes........ ..	8	de jet, mouche naturelle.
Mouches naturelles...	6 à 7	—
Le hanneton........	4	mord toute la journée.
Le corps des papillons.	3	aux lignes de fond et de demi-fond.
Le sang............	9	—
Les pâtes..........	8	de même que la truite.
Le fromage........	7	pour les pêches de surface.
Les cerises.........	5	—
Les raisins.........	8	—
Les fèves cuites......	7	—
La mie de pain......	9	—

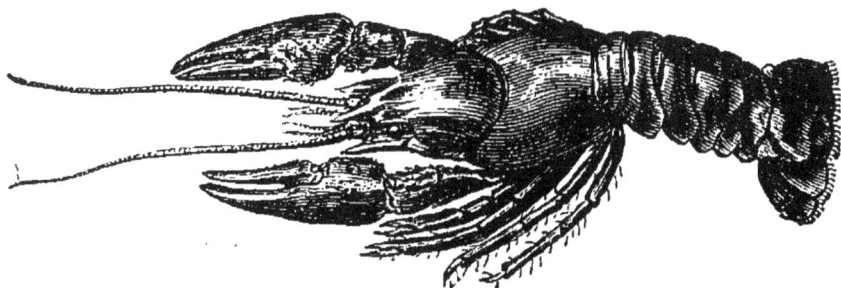

Fig. 65.

Écrevisse (Astacus fluviatilis).

Nous reconnaissons volontiers avec le lecteur que l'écrevisse n'est pas un poisson proprement dit, qu'elle est un petit animal qui appartient au genre des crustacés de la famille des macrocères, de la tribu des homards. Si ce crustacé figure dans notre historique, ce n'est pas évidemment à titre d'analogie, mais seulement parce qu'il se rencontre en abondance dans les rivières ; que sa pêche, toute spéciale qu'elle soit, est une occasion de plaisir, et son produit un mets excellent.

Il en existe de deux sortes : l'une appelée commune, qui est plus forte ; l'autre à pattes blanches.

Dans son état naturel, l'écrevisse est d'un brun jaunâtre ; elle porte une armure appelée test, qui lui sert de cuirasse défensive. Cette enveloppe tombe et se renouvelle au fur et à mesure que son accroissement se développe.

Ce travail de rénovation, qui le plus souvent, a lieu après l'acte de génération, est très-pénible pour elle. Désarmée de son test, c'est en vain qu'elle tente de se réfugier sous les rives souterraines, où elle ne bouge plus ; ses plus acharnés destructeurs, le brochet et la loutre, savent bien la découvrir.

Cet animal, que tout le monde connaît, présente ces phénomènes particuliers : 1° que les pattes de devant sont plus grandes que celles de derrière ; 2° que les yeux peuvent rentrer ou sortir à volonté de la cavité qui les contient ; 3° que les anneaux qui composent la queue sont garnis de lames transversales, où la femelle attache ses œufs sous forme de grappe ; 4° que l'accouplement de ces animaux se fait ventre à ventre ; 5° que l'organe du mâle consiste dans un mamelon charnu renfermé dans l'article radical des deux pattes de derrière, et chez la femelle, en une ouverture génitale qui sert de passage aux œufs, qui sont d'un brun rougeâtre.

L'écrevisse aime les eaux courantes et pures. Le jour, elle se réfugie sous les roches et les excava-

8.

tions des berges, pour n'en sortir que la nuit. Elle cherche alors sa nourriture en tâtonnant, guidée bien plus par le tact que par la vue. Se sentant moins exposée à être entraînée par les rapides, en voyageant près des rives, c'est là surtout qu'il faut la chercher pour en faire d'amples captures.

Ce crustacé est excessivement vorace. A défaut d'insectes, de vers, de larves, d'animalcules, d'œufs de poisson, il ne dédaigne pas les viandes en putréfaction.

La chair est apéritive et de bon goût. On fait avec elle des garnitures d'entrées, d'un très-bel effet sur les tables. Quant à la couleur rouge orange que revêt son test, cette nuance n'est obtenue que par la cuisson dans le vinaigre.

Appâts et amorcer.	Pêches praticables.
Cuisses de grenouille ..	à la main.
Intestins de volaille...	aux fagots.
Foie de bœuf.........	aux paniers.
Débris de poissons....	aux pêchettes ou balances.
Viandes corrompues...	mord bien le soir de juillet à nov.

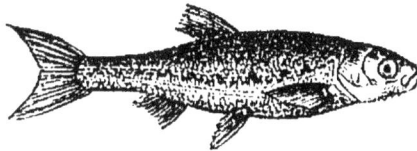

Fig. 66.

Éperlan bâtard (Cyprinus bipunctatus).

De l'éperlan de mer véritable (*salmo eperlanus*), petit poisson qui provient des golfes et des lacs qui avoisinent les départements maritimes, nous ne dirons rien, ce salmone n'étant pêché à l'embouchure des fleuves qu'avec des filets. Il n'en est pas de même de l'éperlan bâtard, nommé spirlin, très-abondant dans la Seine et quelques autres fleuves, qui se prend ordinairement à la ligne, en pêchant le fretin.

Ce menu poisson, dont la taille ne dépasse pas 7 à 8 centimètres, ressemble beaucoup à la jeune ablette. Il n'en diffère que parce qu'il est un peu moins allongé, et porte sur sa ligne latérale quelques points bruns, plus ou moins prononcés, qui s'effacent en partie dès qu'il est sorti de l'eau.

La saveur de sa chair est agréable, sans arriver néanmoins à la délicatesse de celle de l'éperlan de mer, qui répand, dit-on, une odeur de violette, bien que cette émanation soit contestée par nous et par Dorbigny, médecin et homme de lettres.

Appâts et amorces.	Hameçons.	Pêches praticables.
Vers de terreau.....	12	ligne flottante et mordante.
Vers de vase........	18	de tact, ligne coulante.
Vers de viande.....	18	à fouetter, ligne ferrante.
Larves aquatiques ...	15	à la gaulette, id.
Mouches naturelles..	18	de jet.
Fromage	15	mord toute la journée.

Nous avons essayé de pêcher à l'embouchure des fleuves le petit éperlan de mer, en nous servant de lignes ténues et de chevrettes salées, dépouillées de leurs écailles. Nous avons obtenu des succès remarquables.

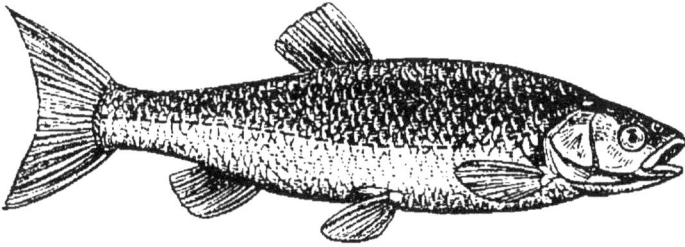

Fig. 67.

Gardon (Cyprinus rutilus).

Le nom de ce poisson varie selon les pays et suivant son âge. Ainsi on l'appelle roche en Picardie et dans l'Artois, vingeron dans quelques départements, gardonneau ou rochette, quand il est jeune; roche de fond, lorsqu'il est vieux.

Le nom de gardon lui viendrait de ce qu'il peut se garder très-longtemps, lorsqu'on le dépose dans un vase rempli d'eau. Ce poisson a le corps court et épais, la tête moyenne, les lèvres charnues, les iris dorés, les pupilles noires, la bouche petite, dépourvue de dents, les écailles grandes et rudes, la queue fourchue. Sa robe est vert brun sur le dos, blanc verdâtre sur les flancs, blanc rosé sous le ventre. Les nageoires sont rouges, d'où le nom de cyprin rose de France, qu'il porte parfois.

Jeune, le gardon est remuant, vit en bande, se mêlant volontiers aux autres poissons blancs. Il donne lieu alors à ce proverbe bien connu : Il est vif et frais comme un gardon. Vieux, il est à méconnaître, il devient massif, ses écailles se ternissent, il vit solitaire près des rives et de fond, de sorte qu'on pourrait croire qu'il en est de plusieurs espèces.

Très-commun dans toutes les eaux de la France, son poids ne dépasse que rarement un kilogramme. Il fraye en mai et juin, au milieu des herbes aquatiques les plus chaudes. Block prétend que la ponte de la femelle peut s'élever à quatre-vingt mille œufs.

La chair du gardon est fade, molle, jaunâtre et remplie d'arêtes.

Appâts et amorces.	Hameçons.	Pêches praticables.
Vers de terreau.....	5	aux traînées.
Vers de vase.......	12	aux cordeaux dormants.
Vers de viande.. ...	10	stationnaire, ligne flottante.
Chevrettes........	8	à suivre, ligne courante.
Porte-bois........	9	à fouetter, ligne ferrante.
Larves diverses.....	4	à la gaulette, id.
Sang	9	à rouler, ligne coulante.
Pâtes et pelotes....	10	de jet et de surface.
Fèves cuites.......	12	—
Fromage.........	9	mord bien toute la journée.
Mouche snaturelles..	8	—

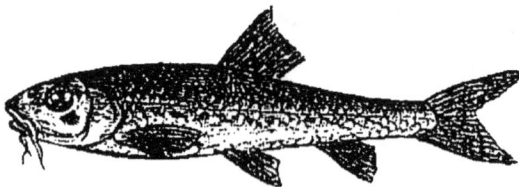

Fig. 68.

Goujon (Cyprinus gobio).

Ce même poisson est assez abondant dans un certain nombre de rivières aux eaux fraîches et pures et dont le fond est sablonneux. Le corps est arrondi et fuyant, la tête allongée, l'œil petit, la prunelle noirâtre, l'iris jaune, la bouche munie de deux barbillons, les écailles relativement grandes.

Sa couleur est d'un vert bleu sur le dos, jaunâtre sur les flancs, blanche sous le ventre. Les nageoires sont rouge jaunâtre, avec ces différences bien marquées, que la dorsale et les anales sont tiquetées de noir, et la caudale, qui est fourchue, ornée de trois bandelettes brunes.

La grandeur moyenne du goujon est de 8 centimètres. La femelle fraye en juin et juillet. Ses œufs, qu'elle dépose dans les interstices des graviers, sont considérables. Les lieux préférés par le goujon sont les rives recouvertes d'une nouvelle couche de sable, parce qu'il s'y trouve un plus grand nombre d'animalcules. Après viennent les légers courants; le dessous des ponts, les endroits où s'amassent les graviers.

Poisson éminemment de fond, c'est retranché derrière les petits cailloux qu'il se tient à l'affût, prêt à s'élancer sur les nourritures flottantes qui passent à sa portée, pour revenir aussitôt à son gîte dès qu'il a atteint la pâture qu'il convoitait.

La chair du goujon est délicate et croquante, recherchée des amateurs de friture. Mais comme il en faut une cinquantaine pour remplir à demi la poêle à frire, et que le cent de goujon se vend 6 francs à Paris, c'est un mets de luxe qui n'arrive plus qu'aux privilégiés et aux intimes des hôteliers.

Appâts et amorces.	Hameçons.	Pêches praticables.
Vers rouges de terreau.	10	ligne flottante et mordante.
Vers de vase........	15	à fouetter, ligne coulante.
Vers de viande......	18	à la gaulette, ligne ferrante.
Larves aquatiques....	12	au pilonage.
Caset ou ver d'eau...	10	à la boutcille.
Fromage..........	15	à l'épuisette, etc.
Sang............	15	mord bien toute la journée.

Ls goujon est un excellent appât pour les lignes de fond de nuit.

Fig. 69.

Loche (Cobitis).

Il y a deux sortes de loches, la loche épineuse (*cobitis tænia*) et la loche franche (*cobitis barbatula*). Le nom de la première provient de ce qu'elle porte un aiguillon à l'angle de chaque œil.

La loche épineuse a le corps cylindrique à ce point qu'elle apparaît, à la première impression, comme le lien qui réunit l'anguille aux divers autres poissons.

La tête est petite, tant soit peu tronquée. Les lèvres, qui sont disposées comme pour la succion, portent six barbillons, deux à la lèvre supérieure, quatre à la lèvre inférieure.

La couleur du dos est gris cendré, avec des taches brunes peu marquantes. Les nageoires sont grisâtres, sauf ces différences que la dorsale est tâchetée, et que la caudale, qui est large et arrondie, est ornementée de quatre bandelettes noires. Le ventre est blanc, la peau visqueuse.

Quant à la loche franche, que quelques pêcheurs appellent franche barbotte, on ne la rencontre que dans les eaux les plus fraîches et les plus pures. Ce qui la distingue de la précédente, c'est d'abord sa petitesse ; c'est ensuite qu'elle est dépourvue d'épines ; c'est enfin que ses barbillons sont tous situés sur la lèvre supérieure.

Du reste, mêmes habitudes. L'une et l'autre se cachent dans la vase pour saisir leur proie. Leur moyens de séduction consistent à laisser passer leurs filaments hors du sable, en les agitant comme des vers. Trompé par l'apparence, le fretin vient pour s'en emparer. Aussitôt qu'il est à portée, la loche sort du limon, s'élance, saisit le plus proche et ne le lâche plus.

Mais ces poissons diffèrent essentiellement, quant à l'époque du frai. Ainsi, tandis que la loche épineuse fraye habituellement en septembre sur les végétaux et dans des eaux tranquilles, la loche franche, au contraire, dont la chair est excellente, effectue sa ponte en avril et mai sur le gravier lavé incessamment par des eaux courantes.

La chair de la loche franche est réputée bien supérieure à celle de la loche épineuse.

Appâts et amorces.	Hameçons.	Pêches praticables.
Vers de terre.......	5 à 7	aux cordeaux dormants.
Asticots............	10 à 12	aux batteries dormantes.
Chevrettes.........	5 à 7	ligne flottante ras de fond.
Moules cuites........	5 à 6	—
Sang.............	8	mord difficilement à la ligne.
Fromage...........	7 à 9	—
Menus poissons......	2 à 4	—

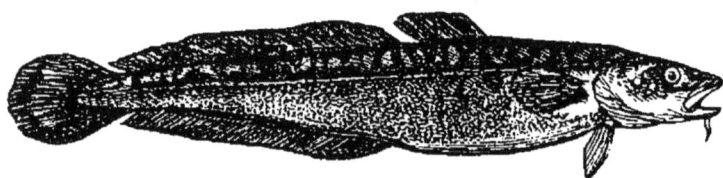

Fig   70.

Lotte (Gradus Iota).

Ce poisson appartient à la famille des godoïdes; il est le seul de son genre qui remonte assez loin dans les fleuves pour y frayer.

La lotte a le corps épais, comprimé au début, conique long vers sa fin. La tête est forte, élargie et aplatie. La bouche est grande, les mâchoires garnies de sept rangées de dents petites et aiguës. La lèvre inférieure porte un barbillon, parfois deux. Les écailles sont minces et molles, les nageoires basses et longues, la queue terminée en losange, la peau abondamment visqueuse. Quant à ses couleurs, le dos est jaune sale; les flancs plus clairs, décorés de marbrures d'un jaune brun; le ventre blanc mat.

Ce poisson aime les eaux courantes et limpides.

9

Il est assez commun dans l'Arve, la Saône, le Rhône, la Seine, le Rhin, etc.; nous en avons trouvé dans quelques lacs bordant les départements maritimes.

Comme l'anguille, la lotte se tient dans les trous des berges, sous les herbages, dans les limons, ne sortant qu'après le soleil couché, à moins que les eaux ne soient blondies.

Sa longueur moyenne est de 40 à 50 centimètres; il en existe cependant de bien plus fortes, puisqu'on cite dans les annales des banquets une lotte de 20 kilos, vendue, en 1829, 600 francs à la ville de Bordeaux.

Ce poisson fraye de novembre à janvier; il multiplie beaucoup. De même que la loche, la lotte a recours au même moyen pour saisir sa proie. Se creusant un trou dans la vase, elle s'y blottit, agite son barbillon comme un ver; les petits poissons s'approchent, et la lotte s'en saisit.

Quoique très-vorace, ce poisson mord peu à la ligne. C'est à l'aide de bires et de nasses qu'on le prend le plus communément.

Remis des pertes du frai, la chair est bonne, blanche et feuilletée; le foie a la réputation d'être excellent.

Appâts et amorces.	Hameçons.	Pêches praticables.
Petits poissons......	0 à 1	traînées et cordeaux dormants.
Gros vers..........	1 à 2	aux jeux de fond.
Limaces...........	2 à 3	aux batteries.
Cuisses de grenouille.	1 à 2	au *pater noster*.
Gravettes..........	4 à 5	stationnaire, ligne flottante.
Moules cuites.......	4 à 5	à soutenir à la gaule.

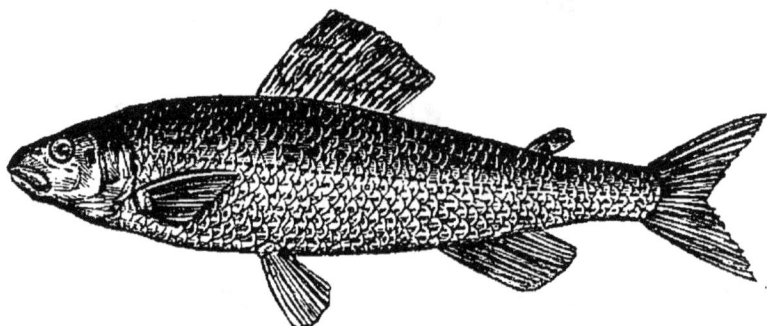

Fig. 71.

L'Ombre (Salmo thymaltus).

On compte deux espèces d'ombre : l'ombre chevalier (*salmo umbla*) et l'ombre commune (*salmo
thymaltus*).

Le premier, que saint Ambroise appelait la fleur
des poissons, aime les eaux vives qui courent sur les
graviers et les cailloux ; il est assez abondant dans
les lacs de Neuchâtel, du Bourget, de Zurich, de
Genève, etc. Ce poisson se distingue par un corps
épais en avant, mince en arrière ; par sa robe
tigrée, dont les taches plus ou moins grandes
sont irrégulières et noirâtres sur un fond blanc qui
les fait ressortir. Il a la prunelle entourée d'un cercle
argenté, les nageoires unicolores, et la caudale
échancrée, bien qu'elles soient arrondies sur ses
extrêmes.

Ce poisson fraye de novembre en mars ; ses habitudes sont celles de la truite.

Quant à l'ombre des rivières qu'on rencontre fré-

quemment dans les cours d'eau de la Savoie et de
l'Auvergne, le corps est allongé, la tête petite et
arrondie, la mâchoire supérieure un peu plus avancée
que l'inférieure. La bouche est hérissée de pointes
aiguës. Les écailles sont petites, rhomboïdales et
marquées longitudinalement d'une ligne brunâtre.

Considérée par ses couleurs, le dos est vert noirâtre, les flancs grisâtres, le ventre légèrement bleuté,
le corps parsemé de quelques points noirs. Examinée
dans ses détails, la nageoire dorsale est grande,
haute, carrée, verdâtre, rayée de brun violet. Quant
aux anales et à la caudale, elles sont rougeâtres,
avec cette différence entre elles, que cette dernière
est terminée en croissant.

Ce poisson, ainsi que l'ombre chevalier, aime les
eaux pures qui descendent des montagnes. Il en diffère cependant essentiellement, en ce qu'il n'effectue
sa ponte qu'en avril et mai.

L'ombre commune ou des rivières ne parvient
jamais à de bien grandes dimensions; il est rare que
sa longueur dépasse plus de 30 centimètres.

Le nom d'ombre que ces deux poissons portent
paraît leur venir de leur vitesse de marche; il fuit
comme l'ombre, *effugiens oculos celeri levis umbra
natatu*.

L'ombre des rivières a l'habitude de tous les salmones. Il est de fond en hiver et pendant les grandes
chaleurs; de demi-fond au printemps; de surface au
déclin du soleil, c'est-à-dire qu'il moucheronne
comme la truite à l'instant où les mouches aquatiques
sortent de leurs larves.

La chair de ce petit poisson ne peut mieux se comparer qu'à celle de la truitette des montagnes; elle est douce, feuilletée, légèrement rosée.

Appâts et amorces.	Hameçons.	Pêches praticables.
Vers bariolés du terreau.	6	aux traînées.
Vers du sapin........	7	aux cordeaux dormants.
Vers de farine.... ...	6	aux batteries, id.
Vers de viande........	10	stationnaire, ligne flottante.
Larves aquatiques.....	7	à roder, ligne courante.
Porte-bois.......... ..	7	de tact et de coup.
Sauterelles	5	de jet, gaule détendante.
Cloportes...........	9	à la volée, ligne flottante.
Fromage...........	7	mord assez bien.
Sang...............	9	le matin et le soir.
Insectes divers........	—	

Nous ferons observer aux pêcheurs à la mouche artificielle qu'on ne réussit jamais mieux qu'en se servant d'une ligne ténue et d'un bas de ligne couleur vert eau, dont l'hameçon est amorcé soit d'un petit cousin gris, soit d'une petite chenille noire.

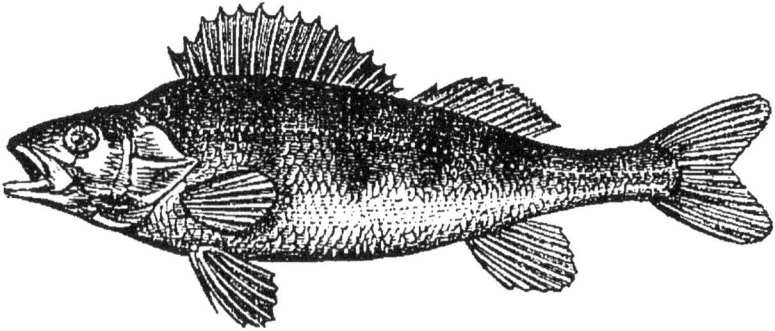

Fig. 72.

La Perche (Perca fluviatilis).

Ce poisson est l'un des plus beaux qui vivent dans les étangs, les lacs et les rivières. Nous ne dirons pas, comme certains historiens fantaisistes, que la perche a l'éclat de l'émeraude, qu'elle a les reflets de l'opale et de la nacre et des teintes de rubis. Nous maintenant simplement dans la vérité, nous nous bornerons à la dépeindre telle qu'elle est, robuste et brillante !

La perche est facile à reconnaître à ses deux nageoires dorsales peu éloignées l'une de l'autre, armées d'aiguillons, dont les pointes sont assez puissantes pour faire des blessures dangereuses. La première en possède quinze, la seconde onze.

Ce poisson n'atteint jamais une longueur considérable ; le plus fort que nous ayons vu ne dépassait pas plus de 2 kilogrammes. Le corps est arqué et trapu, la tête fuyante, les lèvres égales, la bouche armée de dents pointues et recourbées, qui s'étendent profondément dans la gorge. Les yeux sont noirs, cerclés d'or ; les écailles petites, dentelées, rugueuses et âpres au toucher. La queue, qui est large, apparaît découpée comme un éventail ouvert. Sous le rapport des couleurs, le dos a l'éclat du vert cuivre bronzé, que relèvent sept bandes tranversales plus ou moins brunes. Les flancs sont jaune clair ; le ventre blanc rosé. Quant aux nageoires, les supérieures sont teintées de blanc violet, les inférieures rouges.

Les lieux préférés par la perche sont les rives, les aqueducs, les affluents, l'arche des ponts, les biez. C'est cachée sous les herbes qu'elle s'élance, pourpre de colère et de désirs, sur la proie assez imprévoyante pour passer près d'elle. Son attaque est tellement vive qu'elle réussit presque toujours à la prendre au premier bond. Si l'agression n'a pas été heureuse, elle ne se déconcerte pas ; la fureur la rend assez agile pour poursuivre le poisson le plus rapide, l'atteindre, le broyer et l'avaler.

La perche a un ennemi mortel dans le brochet ; ce tyran des eaux ne souffre pas qu'elle habite et chasse dans les lieux où il s'est cantonné. Si parfois il s'y résigne. c'est qu'il ne se sent pas encore de force à obtenir la victoire sûrement, la perche ne craignant pas un brochet triple de son poids. Nous avons vu souvent cette dernière accepter le combat avec témérité. Ne pouvant lutter d'agilité et de souplesse avec son ennemi, elle s'adosse à la rive, elle hérisse sa crête épineuse, qu'elle présente sans cesse à l'assaillant, de sorte que le plus souvent elle finit par le blesser et le fatiguer assez puissamment pour

qu'il songe à s'écarter. Mais quand celui qui la me-
nace est un de ces monstres devant lesquels la résistance est impossible, la perche, à bout de force, finit
par succomber, chargeant ses pointes, que le brochet
ne peut digérer, de la venger.

Les femelles frayent en groupe au mois d'avril.
Leur ponte a lieu en masse, sous forme de chaîne
allongée, qu'elles enlacent soit aux racines des vieux
troncs, soit aux branchages submergés, soit encore
aux fortes tiges des plantes aquatiques qui naissent
dans les eaux tranquilles et chaudes des anses peu
profondes.

Ce n'est que vers la troisième année que les perches sont aptes à reproduire. Gesner place leur chair
au-dessus de celle du brochet. Brillat-Savarin la
désigne aux gourmets sous le nom de perdrix d'eau
douce. Sans lui assigner tant de mérite, nous croyons
qu'il serait plus exact de dire qu'elle est bonne,
ferme, saine et nourrissante.

Appâts et amorces.	Hameçons.	Pêches praticables.
Menus poissons morts.	multiples	aux cordeaux, lig. dormante.
Menus poissons vivants.	3	à lancer le vif.
Vérons artificiels.....	multiples	aux tendues, lignes pêchantes.
Vers de terreau......	5	au véron artificiel.
Caset ou porte-bois...	7	au tue-diable.
Chevrettes..........	7	au poisson d'étain sinuant.
Moules cuites........	5	stationnaire, ligne flottante.
Sang..............	7	—
Fromage...........	7	mord toute la journée.

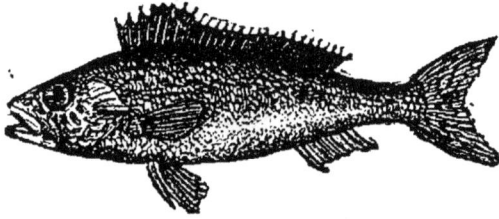

Fig. 73.

Perche goujonnière (Perca gabio).

Ce petit poisson, dont la taille ne dépasse pas 12 à 15 centimètres, ressemble beaucoup à la perche et au goujon, d'où le nom qu'il porte.

Le corps est replet et vigoureux. Le dos légèrement busqué, la tête anguleuse, les lèvres égales, les yeux noirs, la bouche armée de dents fines et nombreuses. Les nageoires sont longues, la dorsale susceptible de se dresser à volonté, en crête épineuse. La caudale terminée en croissant.

La peau, qui est visqueuse et âpre au toucher, est revêtue d'écailles à peine visibles.

La couleur de sa robe est vert doré sur le dos, jaunâtre et marbrée sur les flancs, jaune rosé sous le ventre.

Toute petite que soit la perche goujonnière, elle est de fond et de demi-fond. Sa vie se passe à chasser le menu fretin et les animalcules. Plus rare que la perche ordinaire, on ne la rencontre que sur les rives sablonneuses, près des herbes, des aqueducs, des affluents, dans les haies, dans les eaux les plus fraîches et les plus pures.

Ce poisson fraye en avril et mai, en ayant soin de fixer ses œufs aux plantes aquatiques les mieux exposées au soleil.

Sa chair est bonne et saine, quoique moins estimée que celle de la perche commune et du goujon.

Appâts et amorces.	Hameçons.	Pêches praticables.
Vers de terreau.....	8	stationnaire, ligne flottante.
Vers de viande......	12	à rouler, ligne sondante.
Vers de vase........	15	—
Porte-bois.........	9	mord toute la journée.
Sang.............	12	—
Fromage..........	10	—

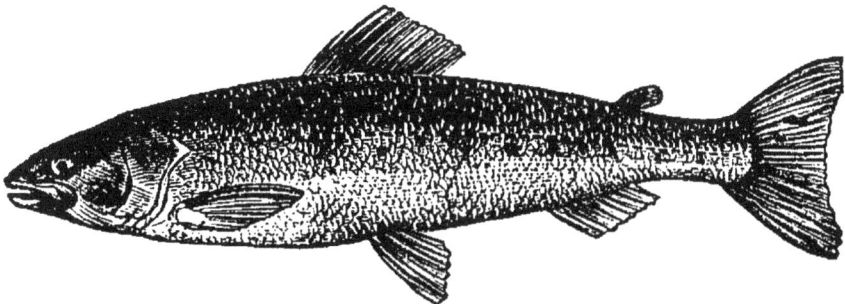

Fig. 74.

Saumon (Solmo).

Ce poisson est le plus grand des salmonides qui fréquentent nos fleuves. Son historique est assez bien connu. Un point seul est encore obscur, celui de l'époque où la femelle effectue sa ponte. Ainsi, selon Lacépède, Bay, Walton et l'abbé Bonataire, le saumon naîtrait dans les eaux douces, passerait la belle saison dans nos fleuves, pour se réfugier dans l'Océan

l'hiver. Si nous consultons la *Pisceptologie* par J.C.,
les ouvrages de N. Guillemard, d'A. Karr, de Rène
et Lierzel, du praticien B. Poidevin, nous trouvons
qu'ils partagent la même opinion. Il résulterait donc
de là que ces poissons frayeraient au printemps,
contrairement à ce qui a lieu pour la truite, tandis
que, si nous nous reportons au *Guide pratique du
pisciculteur,* par Pierre Carbonnier, nous trouvons
que ce n'est que vers la fin d'octobre et jusqu'à la
première huitaine du mois de novembre que les
saumons se rallient à l'embouchure des fleuves pour
les remonter et y frayer.

Obligé de nous prononcer au milieu de ces con-
tradictions, nous ne pouvons le faire qu'en pêcheur
investigateur, et non en savant. Eh bien, malgré
notre insuffisance, nous ne craignons pas d'affirmer,
tant nos preuves abondent, que le pisciculteur P.
Carbonnier est le seul dans le vrai. A notre avis,
tous les saumons qui nous arrivent par le Pas-de-
Calais, pour se répandre dans l'Authie, la Somme,
la Seine, le Blavet, l'Orne, la Loire, l'Yonne, la
Vienne, l'Allier, la Dordogne et la Garonne, etc.,
n'ont qu'une règle bien simple : quitter les eaux de
la mer du Nord et des grands lacs d'Écosse, quand
le thermomètre se rapproche de zéro ou glace, parce
que ces poissons, avec leur instinct de prévoyance,
savent bien qu'en décembre et janvier, la température de ces pays pouvant descendre jusqu'à quinze
degrés et même au delà, leur existence serait com-
promise par l'amoncellement des glaces que les
flots charrient, et l'acte du frai rendu impossible.

D'où, pour ces poissons, l'obligation de rechercher des contrées tempérées, comme celles de la France, où le degré de température est presque constamment marqué en hiver par une différence de huit à dix degrés moins froids. Mais vienne l'équinoxe de mars, l'heure où ils prévoient que les chaleurs de notre climat peuvent devenir aussi funestes pour eux que les rigueurs hivernales des mers du Nord, on les voit alors s'empresser de retourner aux agitations des flots salés, qui paraissent mieux convenir à leur tempérament.

Maintenant, ajoutons à la valeur de ces appréciations climatériques ce fait incontestable. Depuis quelques années, l'Authie, qui est un petit fleuve situé près de la ville que nous habitons, est fréquenté par un certain nombre de saumons que nous avons pu étudier avec soin. Eh bien! nous pouvons affirmer sans crainte d'erreur que tous arrivent vers la fin d'octobre, environ six à huit jours après leur départ des contrées septentrionales. Avant d'entrer dans ce petit fleuve, les mouvements de la troupe sont indécis, craintifs. Mais dès que l'élan est pris, leur vitesse de marche s'accroît dans les eaux profondes jusqu'à ce qu'ils soient parvenus au moulin de Labroyes où ils s'arrêtent, ne pouvant franchir le barrage de retenue, haut de 2 mètres 30 centimètres. Forcés par la prudence à reculer, ils n'exécutent leur retraite qu'après s'être assurés, en contournant la fosse plusieurs fois, qu'il n'est pas d'autre issue. Ils se divisent alors, cherchant des eaux et un fond à leur convenance. Dès qu'ils l'ont trouvé, ils s'y creusent un grand nid dans le gravier, font leur ponte qu'ils recouvrent légèrement de sable. L'œuvre de reproduction accomplie, ils séjournent encore quelques jours dans les eaux douces, à l'effet de recouvrer leur force, et un peu avant le printemps, ils rétrogradent lentement, semblant par leur mollesse encourager les plus jeunes et les inexercés à les suivre.

Arrivés à l'embouchure du fleuve, ils se groupent en colonnes, avec ordre; les plus gros tiennent la tête, et bientôt on les voit disparaître dans la mer avec une vitesse qu'on peut estimer à celle de nos wagons les plus rapides.

Nous n'ignorons pas qu'on peut objecter à ces constatations, faites cependant *de visu,* que tous les saumons ne quittent pas la France à la même époque, puisque, dans la plupart des fleuves, on en rencontre encore quelques-uns en mai, juin, juillet, et même plus tard ! Mais l'exception ne détruit pas la règle. Et d'ailleurs, nous sommes certain, tant nous avons vu au mois d'août de saumons flotter et se débattre à la surface des eaux, que la plupart de ces attardés sont blessés ou malades, et par suite leur chair molle, fade et de mauvaise qualité.

Mais quel que soit l'intérêt que le lecteur puisse attacher à ces déductions, que nous ne faisons prévaloir que dans l'intérêt de la vérité, le saumon est, de l'appréciation de tous les pêcheurs, le plus magnifique poisson susceptible de mordre à la ligne. Le corps est allongé coniquement, la tête petite, le museau pointu, les lèvres égales. La bouche est pourvue de dents aiguës, disposées dans le même ordre que celles de la truite. Le dos est rond, les écailles moyennes, les nageoires molles, la plus petite charnue, la queue terminée en croissant.

La couleur de ces poissons varie selon les eaux où ils vivent. Plus elles sont vives et limpides, plus elle a d'éclat. Il en est donc de gris perle, d'argentés, de blanchâtres, de gris foncé, plus ou moins marqués sur le dos et les flancs de grandes taches noirâtres ou roses. Visitant les plus grands marchés de Londres et de Paris, les plus communs avaient le dos gris ardoisé, parsemé de petites taches brunes au fond rosé; la gorge jaunâtre, les branchies violettes, la nageoire dorsale grise, la caudale rose, les flancs bleuâtres, le ventre blanc.

Suivant leur âge, les saumons portent différents noms : saumoneau jusqu'à deux ans ; tacon à trois; fortkail à quatre; halffesch à cinq; salmone à leur complet développement.

Les Anglais, très-compétents dans l'étude de ces poissons, assurent qu'ils croissent de 3 à 4 kilos par année, jusqu'à ce qu'ils soient parvenus à 12 kilogrammes; qu'à partir de ce poids, leur augmentation se ralentit beaucoup; qu'il faudrait un demi-siècle pour qu'ils parvinssent à 25 kilogrammes.

Dans les eaux de France, le saumon en bonne santé paraît rechercher les grands affluents au fond de gravier, les lits supérieurs aux lits inférieurs, les eaux rapides aux eaux lentes.

Depuis quarante ans que nous pêchons, nous avons pu constater que le nombre de ceux qui arrivaient dans nos eaux a sensiblement diminué. Cela tient sans nul doute aux perfectionnements des engins qui servent à les prendre, à leur entrée plutôt qu'à leur sortie, ces poissons n'étant jamais meilleurs qu'alors qu'ils arrivent. Nous pourrions ajouter encore les difficultés qui se multiplient sur leur route.

Un fait remarquable est celui-ci : nous n'avons jamais pu prendre un saumon à la ligne, en retour ou en départ, tant ils sont sous la dépendance du but qu'ils poursuivent : remonter, frayer et redescendre. Cependant, dans le court intervalle qui sépare leur entrée de leur sortie, et alors qu'ils sont remis des pertes du frai, ces poissons chassent bien, quoique toujours circonspects et prudents. C'est pour avoir ignoré cette période favorable que nous avons eu peu de succès à nos débuts. Croyant au mauvais choix de nos amorces, nous nous sommes livré à une inspection minutieuse de leurs intestins, afin de savoir de quels aliments les saumons se nourrissaient. A notre grande surprise, nous n'y avons jamais rencontré qu'un liquide jaune et pâteux d'une nature indéterminable. Concluant de cet examen qu'une fois entrés dans nos fleuves, les saumons en frai ne vivaient plus que des substances organiques contenues dans les eaux, nous allions renoncer à les pêcher à la ligne, lorsque le hasard nous fit capturer à l'aide d'un vers un tacon de 9 kilogrammes, qui expulsa à sa sortie de l'eau tout ce que contenait son estomac, de sorte qu'aujourd'hui nous sommes bien forcé de reconnaître que ces poissons se nourrissent absolument comme les autres salmonides.

Parmi les dernières recommandations qu'il nous reste à faire, nous ne saurions trop engager les pêcheurs aux saumoneaux et tacons de ne se servir que de bons et solides instruments, ayant dû plusieurs fois lancer notre armement à flot, tant il nous était impossible de vaincre leur résistance acharnée et même de les suivre dans la rapidité de leur fuite.

Appâts et amorces.	Hameçons.	Pêches praticables.
Gros vers de terre...	0	à roder, ligne flottante.
Limaces..........	2	de tact à dérouler.
Gravettes de mer....	2	à lancer le vif.
Chevrettes.........	2	aux cordeaux dormants.
Moules cuites.......	3	au *pater noster*.
Fromage...........	2	au véron naturel.
Poissons morts......	1	au véron artificiel.
Poissons vivants.....	griffon	à la volée, grandes mouches.
Poissons artificiels...	multiples	mord difficilement.
Insectes et mouches	2 à 3	—

Aussitôt un saumon pris, les vieux praticiens ont l'habitude de lui percer la queue à sa naissance, afin de le faire mourir plus vite. Nous avons observé, en effet, que cette opération conserve à la chair toutes ses qualités.

Un autre fait non moins intéressant à signaler, c'est que dans tous les fleuves ou rivières de France, que les saumons remontent, le nombre des truites diminuent.

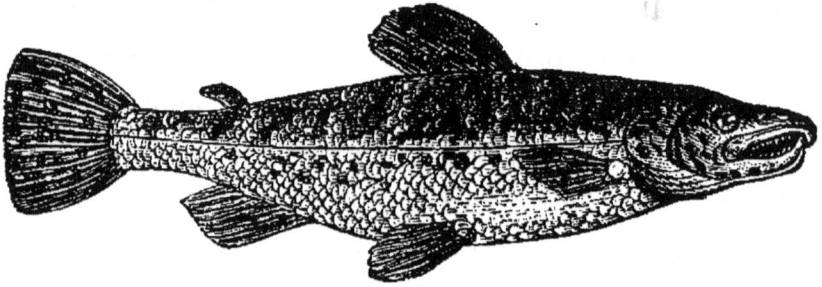

Fig. 75.

Saumon béquard.

Entre le saumon ordinaire et le saumon béquard, il existe des différences tellement sensibles qu'il est impossible de les confondre.

Dans le premier, le corps fuit coniquement, la tête est petite, les lèvres égales, la robe gris cendré et argentée, tiquetée de points bruns au fond rosé, qui ne dépassent pas la ligne latérale, et marquée çà et là de trois ou quatre grandes tâches noirâtres ou rosées, tandis que dans le saumon béquard, appelé par Lacépède illanquin, le corps est large et épais, le dos rond, la tête forte et allongée comme le museau du lévrier, avec cette différence bien caractéristique que la lèvre inférieure est surmontée d'un fort crochet recourbé et charnu, dont l'extrême s'enfonce dans une cavité que porte la lèvre inférieure ; de sorte que la bouche de ce poisson n'est jamais fermée vers son centre.

Vivant dans des eaux claires, la tête et le dos sont d'un gris verdâtre, maillés de nombreuses taches rouges, jusqu'à ce que, arrivées près des flancs, dont la couleur est jaune clair, ces taches se transforment en marbrures roses, d'un très-bel effet, courant irrégulièrement en zigzag sur le reste du corps, que relèvent encore quarante points noirs irrégulièrement semés.

Examiné dans ses détails, les iris sont bruns mêlés d'argent, les pupilles noires, les opercules blanches marquées de brun ; les écailles douces et faibles. Les nageoires sont molles, charnues, nuancées de jaune verdâtre. La queue large, fortement marbrée de rose. Quant à la gueule, nous avons compté jusqu'à quatre-vingt-dix dents, divisées ainsi : quarante-quatre à la bordure des gencives de la mâchoire supérieure, vingt sur le tissu osseux du palais ; trente à la lèvre inférieure, dont six bien prononcées à l'extrémité de la langue, le gosier absolument dépourvu d'épines.

En parlant du saumon ordinaire, nous avons dit combien son accroissement se développait vite. Celui du saumon béquard n'est pas moins rapide, puisqu'arrivé au poids de 7 à 8 kilogrammes, la bouche de ce poisson n'est encore armée que d'aspérités osseuses. Il faut qu'il ait atteint le poids de 12 kilogrammes pour que ses dents soient puissantes et redoutables.

Les habitudes des saumons béquards sont les mêmes que celles des saumons aux lèvres égales. Arrivés dans nos fleuves et rivières, ils recherchent ordinairement les hauts fonds sablonneux et graveleux, s'engageant parfois dans des ruisseaux si faibles qu'il devient possible de les prendre à la main. Rétablis de leur perte, c'est le contraire ; ils recherchent les élargissements des fleuves, les confluents, les rapides.

On prétend que lorsque les mâles se rencontrent près d'une femelle couchée dans son auge en train de frayer, ils se combattent avec acharnement. Ce fait ayant lieu pour les truites, nous sommes disposés à l'admettre pour vrai, ayant eu l'occasion, en décembre et janvier, de voir ces poissons se poursuivre, s'attaquer avec furie, et les faibles bondir au-dessus de l'eau pour échapper au combat. Et puisque nous sommes sur le terrain de nos constatations personnelles, nous ajouterons que la force d'élan de ces poissons est loin d'être aussi considérable qu'on le croit communément. Ainsi à l'usine de Labroyes, sur l'Authie, dont la hauteur de la chute ne dépasse pas 2 mètres 30 centimètres. Parmi une douzaine de saumons béquards, qui venaient d'arriver et essayaient de franchir la digue, pour gagner le cours d'amont, un seul parvint à passer, bien que tous prissent 3 ou 4 mètres d'élan en se contractant et se débandant comme un ressort à l'instant de bondir, et quoiqu'il existât un petit filet d'eau tombant du haut du déversoir.

La chair du saumon béquard mâle est supérieure à celle de la femelle ; elle passe pour excellente lorsqu'il est en bonne santé, surtout découpée en tranche et grillée.

La robe de la femelle ressemble beaucoup à celle du mâle. Il en est de même de sa forme, quoique la

mâchoire inférieure soit moins relevée en crochet.
Ces œufs sont rouges.

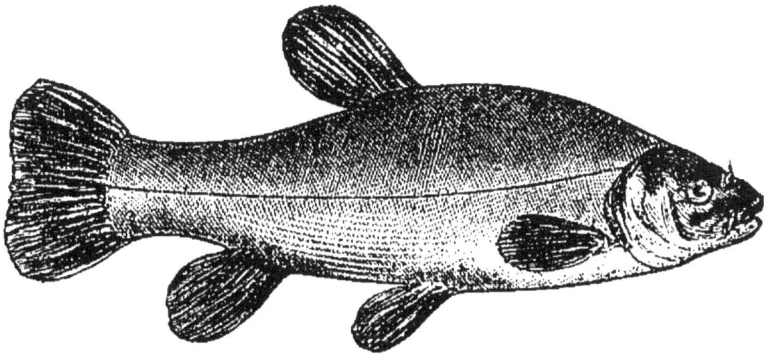

Fig. 76.

Tanche (Cyprinus tinca).

C'est un poisson très-commun dans les eaux plan-
tureuses et vaseuses, telles que les étangs, les mares,
les tourbières, et même dans quelques rivières peu
courantes.

Le corps de ce cyprin est épais et large, le dos est
arqué, la tête moyenne, l'œil petit, les prunelles rougeâtres, l'iris jaune. Les lèvres sont égales, la bouche
dépourvue de dents. Les écailles sont petites, les
nageoires grandes et molles, la peau visqueuse, la
queue arrondie sur les angles. Le dos est bronzé, les
flancs plus clairs et comme saupoudrés d'or, le
ventre d'un blanc jaunâtre.

La longueur de ce poisson ne dépasse pas ordinairement 50 centimètres, bien que nous en ayons
rencontré quelques-uns qui étaient parvenus au
poids de 3 kilogrammes.

La femelle fait sa ponte en juin, parfois en juillet ; il lui faut près de vingt degrés de chaleur pour qu'elle s'effectue dans de bonnes conditions ; aussi recherche-t-elle alors les hauts fonds herbés, le soleil, la surface.

Block estime le produit de la ponte d'une tanche de 2 kilogrammes à 290,000 œufs ; leur couleur est verdâtre.

La tanche paraît sensible aux grands froids. L'hiver, elle s'embourbe comme la carpe, parfois même, elle se creuse un refuge sous la rive qui se prolonge de deux à trois mètres. Elle vit alors en partie, soit d'animalcules qu'elle rencontre à la bordure de son repaire, soit des pousses hâtives qui l'avoisinent. Un peu avant le printemps, elles se rassemblent en groupe, et bientôt on les voit s'ébattre comme le gardon, en moucheronnant sur les insectes.

La chair de ce poisson est grasse, molle, de difficile digestion, souvent imprégnée d'une odeur de vase désagréable. C'est en vain que les pêcheurs se hâtent, à chaque tanche prise, de lui faire avaler quelques gouttes de vinaigre ou d'eau-de-vie, afin d'amoindrir son odeur et son mauvais goût, par l'effet d'une exsudation abondante. Aucun bon résultat ne sera obtenu, à moins de la déposer avant la cuisson dans une saumure fortement aromatisée.

La tanche a la réputation de vivre longtemps dès qu'elle est sortie de l'eau, de sorte qu'on peut la transporter à de grandes distances, comme la carpe.

Appâts et amorces.	Hameçons.	Pêches praticables.
Vers de terreau.....	6	aux traînées et cordeaux.
Vers de vase........	12	stationnaire, ligne flottante.
Vers de viande......	10	à rouler, ligne plongeante.
Limaces de caves et de jardins........	6	—
Sauterelles.........	7	mord difficilement le jour.
Porte-bois.........	7	assez bien.
Sang.............	9	au matin et au déclin.
Fromage..........	8	—
Pâtes et viandes.....	8	—
Fèves cuites........	7	—
Cerises...........	5	—

Les truites.

Le rôle que jouent les truites dans la pêche est si important qu'on nous pardonnera de faire précéder leur historique par quelques considérations sur leur constitution générale.

Toutes les truites, selon Lacépède, l'abbé Bonnataire et Block, se ressemblent par des caractères communs, qui font qu'on ne saurait les confondre avec ceux d'un autre genre. Corps lancéolé, comprimé sur les côtés; taches sur le dos, parfois sur les flancs; écailles petites. Tête ovoïde, bouche grande, dents aiguës, attachées aux mâchoires, à la langue et au palais. Opercules lisses, arrondis, se composant de quatre pièces. Huit nageoires, dont une charnue, la dorsale pointillée.

Mais si, comme nous venons de le dire, le genre qui les distingue est assez sensible pour qu'il n'y ait pas lieu de les confondre avec les poissons qui appartiennent à une autre famille, elles diffèrent tellement entre elles en poids, en longueur, en nuances, qu'il est impossible de ne pas admettre qu'il en existe un grand nombre de variétés. Cela est facile à comprendre. Toutes les truites étant aptes à se féconder, et la France hydrographique se composant seulement de quelques grands bassins, formés d'une infinité d'affluents, la plupart de ces poissons se rencontrant, ils doivent naturellement se croiser en formant sans cesse des types divers.

C'est ainsi, par exemple, que dans la Canche, petit fleuve du Pas-de-Calais, qui compte à peine quelques ramifications, on trouve néanmoins des truites si différentes qu'il serait peut-être impossible d'en réunir deux absolument semblables. Aussi en existe-t-il de minces et allongées, comme dans l'Arve; de courtes, arrondies et jaunâtres, comme dans le Narboie; de longues avec le dos voûté, comme dans le ruisseau de Quigrou (Cantal); de grises et de légèrement tachetées, comme dans l'Enlan; de pointillées sur les joues, comme celles du Rhône; des vertes et des grises, comme dans l'Authie; de brunes pointillées de rose, comme la petite espèce des Alpes; d'ardoisées, comme celles de la Ternoise; de belles et de fortes, comme celles des vallées de l'Écosse, de l'Irlande, et notamment du Derbyshire, etc., bien que la Canche soit particulièrement réputée pour contenir un plus grand nombre de truites moyennées et saumonées.

Qu'on nous comprenne bien, nous ne voulons pas dire que chaque rivière n'ait pas son espèce prédo-

minante, ainsi que le prouvent suffisamment les
citations que nous venons de faire. Ce que nous
avons à cœur de faire prévaloir, ayant pêché dans
presque tous les cours d'eau qui se déversent
dans la Manche et la mer de France, depuis le
golfe de Gris-Nez jusqu'au golfe de Gascogne, et
du côté du Rhône, depuis les Alpes de Provence
jusqu'aux monts Faucilles, c'est qu'aucune rivière ne
possède un type unique.

Or, devant l'impossibilité de placer les truites
avec méthode et homogénéité, dans un ouvrage
succinct, qui n'a d'autre visée que d'être un livre
de pêche pratique, nous imiterons nos devanciers,
nous bornant à faire l'historique des deux espèces
les plus répandues, les mieux caractérisées et les
plus dissemblantes.

C'est nommer la truite blanche : *Truita,* et la
truite saumonée : *Truita salar.*

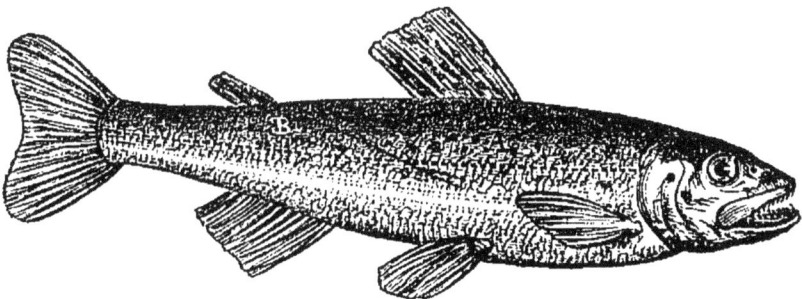

Fig. 77.

La truite blanche (Truita).

Toutes les truites appartiennent au genre des
salmones; celle dont nous nous occupons s'appelle

blanche ou commune. Blanche! par allusion à la nuance de sa robe et à la couleur de sa chair. Commune! parce qu'elle est plus abondante que les autres. Le corps est allongé, le dos rond, la tête courte, les yeux argentins, les prunelles noires, la bouche grande, les dents fines et recourbées, les écailles petites, la queue terminée en croissant.

Considérée d'après ses couleurs, le dos est gris bleuté, les flancs plus clairs, le ventre d'un blanc jaunâtre.

Les nageoires sont au nombre de huit en y comprenant la plus petite, qui est charnue. Elles sont minces, molles, gris jaunâtre, à l'exception de la dorsale, qui est pointillée de brun et de rose. Le corps de ce poisson porte également de petites taches sphériques d'un brun peu prononcé sur le dos, avec un plus grand nombre d'astérisques rouges, qui partent du dessus de la ligne latérale, pour s'étendre jusqu'à la queue.

Comme tous les salmonides, la truite blanche aime les eaux claires, vives, pures, qui roulent sur un lit de sable ou de gravier; de même qu'elle préfère les moyens et petits cours d'eau aux grandes rivières.

Non sujette aux migrations lointaines, elle naît, vit et meurt dans nos eaux, c'est-à-dire qu'il est rare qu'elle quitte le bassin et les affluents où elle a prisnaissance.

L'époque de la ponte de la femelle varie selon la situation des rivières, la nature des eaux et la rigueur des saisons. Pour le plus grand nombre, cet acte a lieu d'octobre à décembre, bien que nous ayons rencontré des retardataires qui n'avaient pas encore complétement frayé en mai. La température qui paraît être la plus convenable à leur constitution est celle où le thermomètre plongé dans les eaux ne monte pas à plus de 17 degrés en été, et ne descend pas au delà de 4 au-dessous de zéro, en hiver. Avant de frayer, les truites quittent les profondeurs et les crônes où elles se sont réfugiées après septembre. Elles se rassemblent alors par groupes, recherchant les hauts fonds pierreux, les rapides et parfois les fossés aux eaux vives. L'instant de la ponte arrivé, elles se creusent un nid, s'y couchent mollement, puis se frottent le ventre sur les aspérités des cailloux afin de faciliter la sortie des œufs. Le mâle vient alors y déposer sa laite, qu'il recouvre d'un peu de sable, de manière cependant qu'elle soit incessamment lavée par des eaux fraîches et courantes.

Les œufs de la truite commune sont d'un blanc jaunâtre. Les petits qui en proviennent prennent le nom d'alvins. Incapables en naissant de chercher leur nourriture, la nature a suppléé à leur impuissance en plaçant sous leur abdomen une poche, appelée vésicule ombilicale, remplie d'une substance laiteuse, qui suffit près de trente jours à leurs besoins.

Quand la truite a bu les eaux bienfaisantes d'avril, et ressenti les premiers rayons du soleil de mai, elle est complétement guérie de ses pertes. Elle sent alors un besoin de mouvement, qui la fait cir-

culer pour chercher un gîte d'été. Dans ses excursions plus ou moins longues, qui se font presque
toujours au matin ou au déclin, l'œil pénétrant et
habile du pêcheur peut la voir franchir des obstacles hauts d'un mètre cinquante centimètres, pourvu
qu'il existe un petit filet d'eau tombant qui lui
vienne en aide. C'est ainsi qu'elle remonte le cours
des fleuves et des rivières, pour ne s'arrêter qu'aux
lieux où la couche liquide s'approprie le mieux à sa
force, à ses goûts, à ses besoins. Telles sont les
rives anguleuses, courbées, souterraines, boisées,
herbées, l'arche d'un pont, l'arrière d'une racine,
le dessous d'une branche pendante. Son gîte choisi,
la truite y vit tout l'été solitaire. Et si parfois il lui
arrive de s'en éloigner de quelque cent mètres,
c'est qu'alors elle sent le besoin de rechercher
momentanément des lieux où les nourritures arrivent plus copieusement, ou que, suivant les modifications fugitives de l'ombre et du soleil, la fraîcheur
et la chaleur sont plus ou moins nécessaires à son
bien-être.

Ainsi que le saumon et l'ombre, la truite est
d'une circonspection excessive. Le son de la pa-
role, le bruit des pas sur le sol, une branche qui
vacille, l'ombre d'une gaule qui se reflète dans les
eaux, suffisent pour qu'elle s'enfonce effrayée dans
les profondeurs.

La truite blanche ou commune n'arrive jamais à
la taille ni au poids des truites saumonées; il est
rare qu'elle dépasse quarante centimètres, ou sept
hectogrammes.

L'expérience ayant fait reconnaître que, selon les saisons, les jours, les heures, la position des vents et du soleil, la nature, la couleur et la hauteur des eaux, ce poisson avait des préférences pour se tenir tantôt de fond, tantôt de demi-fond, de surface, tantôt à la rive ou au large, le génie du pêcheur a tout inventé pour que les engins dont il se sert arrivent à toutes les portées, se prêtent à tous les aliments que la truite préfère. De sorte qu'en définitive, aucune ne résiste avec le temps aux conceptions et à l'habileté des pêcheurs expérimentés.

La chair de la truite commune est, nous l'avons dit au début, blanche. Nous ajoutons qu'elle est toujours de bon goût, et bien au-dessus de celle des poissons blancs qui frayent l'été. Nous disons plus : c'est que selon les substances dont la truite commune se nourrit, selon les eaux qu'elle habite, les lieux qu'elle fréquente, sa chair est susceptible d'égaler en qualité celle des meilleures truites saumonées qui nous arrivent de la mer. Mais alors il est à remarquer que la couleur blanche de sa chair se transforme en jaune beurré, indice que ce poisson est plus carnivore qu'insectivore ; qu'il a vécu dans des eaux peu troublées par les orages, ou des chasses trop fréquentes, les eaux de crues chargées de limon modifiant essentiellement la qualité de ces poissons.

Appâts et amorces.	Hameçons.	Pêches praticables.
Menus poissons morts.	0	traînées et cordeaux dormants.
Menus poissons vivants.	griffons	au *pater noster*.
Cuisses de grenouille.	2	au vif, lignes pêchantes.
Gros vers..........	2	à lancer le vif.
Limaces.	3	au véron artificiel.
Vers de terreau.....	6	au véron naturel.
Vers de farine......	3	au véron-pâte.
Vers de viande......	7	stationnaire, ligne flottante.
Larves aquatiques...	2	à suivre, ligne courante.
Sauterelles.........	3	de jet, gaule détendante.
Porte-bois.........	3	à la volée, ligne flottante.
Hannetons.........	2	à la main.
Cloportes.........	10	au dard, à la fouane.
Sang.............	10	à l'arbalète, au fusil.
Mouches naturelles..	6 à 9	mord bien le matin et au déclin.
Chenilles..........	10 à 15	l'amorcement des insectes par
Mouches artificielles.	6 à 7	perforation réclame toujours des
Vérons artificiels....	multiples.	hameçons d'un fort numéro.

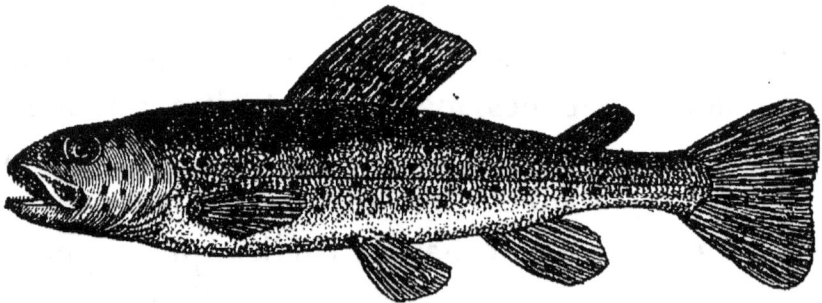

Fig. 78.

La truite saumonée (Truita salar).

Ce poisson tient le milieu pour la taille et le poids entre le saumon aux lèvres égales et la truite blanche ordinaire, de sorte que quelques naturalistes ont été conduits à le considérer comme un métis provenant du croisement de ces deux espèces.

Plus vrais et plus compétents, les honorables Block et B. Poidevin prétendent, au contraire, qu'il forme une espèce distincte et particulière, qui nous viendrait de la mer. Nous partageons cette opinion par deux raisons péremptoires : la première, c'est que la truite saumonée n'a nullement la forme conique du saumon. La seconde, c'est que nous avons constaté que les truites saumonées ne sont jamais plus considérables dans nos fleuves et leurs affluents que lorsque les rivières ont subi des crues dans l'automne et l'hiver, qui ont facilité leur montée, en obligeant les éclusiers à tenir quelques vannes ouvertes.

Cependant, il convient d'ajouter, dans l'intérêt de la vérité réelle, que les truites saumonées ne nous semblent pas assujetties, comme le saumon, à des migrations printanières et automnales fixes, notamment dans le départ, tant nous avons vu de ces poissons rester toute l'année dans les eaux douces, n'en pas souffrir et leur chair rester excellente. Nous pourrions même affirmer qu'en général ils s'y trouvent bien, que c'est la règle des plus petits.

Du reste, et quant à l'espèce, nous sommes disposé à en admettre de plusieurs variétés, ainsi que cela a lieu pour les truites blanches ; de courtes, de massives, de longues, d'arquées, aux lèvres égales et légèrement béquardes. Ne pouvant les décrire toutes, nous prendrons pour type celles de la Canche, à cause de leur beauté et de leur qualité, d'autant plus qu'elles ne forment pas une exception, puisqu'on les rencontre dans presque tous les petits fleuves qui se déversent dans l'océan Atlantique. Corps allongé, dos rond, tête cunéiforme, bouche grande, lèvre supérieure dépassant l'inférieure. Les mâchoires armées de dents pointues et recourbées disposées ainsi : deux rangées à la mâchoire supérieure, une à l'inférieure, plus six dents sur l'extrémité de la langue. Les yeux nuancés de jaune brun, les pupilles noires. Les écailles petites, la queue large et ouverte. La couleur de ce poisson est plus foncée que celle de la truite blanche, quoiqu'elle soit douée de plus d'éclat et de reflets plus brillants. Ordinairement, le dos est vert bleuté entremêlé d'azur, d'or et d'argent. Les flancs sont blancs rosés ; le ventre jaune pâle. Les nageoires sont verdâtres, la dorsale pointillée de brun. Les points qui maillent le corps sont noirs chez les uns, brun de feu chez les autres. Ils varient en nombre, bien que la plupart en portent cent vingt jusqu'à la ligne latérale, plus quarante mouchetures roses à la partie supérieure des flancs. Ces indices se rencontrent aussi bien sur les truites jeunes que sur les vieilles ; il n'y a d'exception que pour celles qui vivent sur un lit vaseux, où ces nuances deviennent plus ternes.

On voit que ce qui distingue essentiellement une truite saumonée de celle qui ne l'est pas, c'est d'abord que la première est susceptible de parvenir à une grande dimension et d'arriver au poids de sept à huit kilogrammes. C'est ensuite, en ne la considérant qu'extérieurement, qu'elle est plus brune,

plus dorée, plus maillée, les points noirs beaucoup
plus nombreux que les roses. C'est enfin que la nageoire dorsale est plus carrée, la caudale plus
large et moins anguleuse. Nous ajoutons, comme
signe plus évident encore, que les œufs de la femelle
sont rouges au lieu d'être jaunâtres. La chair de la
truite saumonée n'est jamais rosée comme celle du
saumon, mais elle tend à s'en rapprocher par une
nuance rose chamois. Elle est ferme, savoureuse,
nourrissante, se divise en écailles après la cuisson.

Bien que les règles générales soient souvent
trompeuses, nous croyons pouvoir émettre celles-ci,
comme applicables à tous les salmonides, hormis la
truitette brune des montagnes de l'Auvergne et des
Alpes, qui fait exception par sa bonté.

Toute truite dont le poids dépasse deux kilogrammes est saumonée. Les truites les plus grosses
sont celles qu'on prend en mai, juin et juillet. Les
truites les meilleures, celles d'août, septembre et
octobre. Les truites qui vivent d'insectes et de
larves ne sont jamais aussi friandes que celles qui
se nourrissent de menus poissons. Passé deux kilogrammes, les truites ne moucheronnent plus que
rarement. Rien n'est préférable aux truites dont le
dos est arqué. Du reste, mêmes habitudes, mêmes
appâts et amorces, et même manière de pêcher les
unes comme les autres, en se souvenant pourtant
que partout où il existe des truites saumonées, le
pêcheur doit augmenter tant soit peu la force du
matériel.

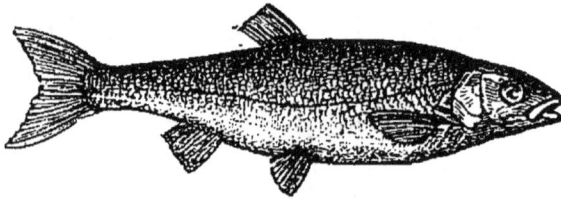

Fig. 67.

Vandoise. (Cyprinus lenciscus).

Ce poisson qu'on nomme dard en quelques pays, par allusion à la rapidité avec laquelle il nage, est très-commun dans les eaux douces qui coulent sur un lit de sable, de vase, argileux et fertile. Il en existe abondamment dans la Seine, la Marne, la Loire et la Somme.

Son corps est allongé, la tête petite, le museau légèrement pointu, la bouche dépourvue de dents. Les yeux sont noirs, les iris jaunes, les écailles fortes et brillantes, la queue longue et fourchue.

La couleur de ce poisson est argentée comme celle du meunier jeune. Le dos est vert brun, les flancs argentins, le ventre blanc mat. Les nageoires sont rosées, parfois grisâtres. Ordinairement la longueur de la vandoise ne dépasse pas 40 centimètres, et son poids celui de quatre à cinq hectogrammes.

La femelle fraye au commencement de juin sur les herbages ; elle multiplie beaucoup. Ses œufs sont petits et verdâtres.

A l'exception des menus poissons, toute pâture convient à la vandoise, tant elle ne semble dirigée dans le choix de ses places que par l'abondance des nourritures qui y passent. Aussi la rencontre-t-on partout de fond, de demi-fond, de surface.

Ce poisson est vif et pétulant. Il vit par groupes, se mêlant volontiers aux autres cyprins. Au printemps il moucheronne comme le meunier, et de même que l'ablette, il semble avoir la compréhension des vides que le pêcheur fait dans ses rangs.

Il est fâcheux qu'ainsi que le chub, si agréable à pêcher en Angleterre, la chair de la vandoise soit de médiocre qualité et remplie d'arêtes; sans cela, elle ferait les délices d'été des pêcheurs à la volée, dans les rivières dépourvues de truites.

Appâts et amorces.	Hameçons.	Pêches praticables.
Vers de terreau......	6	aux traînées, ligne dormante.
Vers de vase........	12	aux cordeaux.
Vers de viande......	10	aux jeux.
Vers de farine......	5	aux batteries.
Porte-bois..........	3	aux grelots.
Chevrettes.........	7	stationnaire, ligne flottante.
Sauterelles	7	à roder, ligne courante.
Hannetons dépouillés.	4	de tact, ligne sondante.
Insectes divers......	8 à 21	à rouler, ligne coulante.
Sang...............	8	à fouetter, ligne ferrante.
Pâtes et viandes.....	7 à 8	de jet, gaule détendante.
Fèves cuites........	7	à la volée, ligne fouettante.
Cerises............	4	à la mouche de liége.
Mouches naturelles..	7 à 8	—
Mouches artificielles..	6 à 7	mord toute la journée.

Fig 80.

Véron (Cyprinus phoxinus).

C'est l'un des plus petits poissons qui fréquentent les rivières, les ruisseaux et les fossés aux eaux courantes et pures. Assez abondant dans la Seine, la Marne et la Loire, etc., il est un grand nombre de fleuves qui en sont dépourvus. Sa taille ne dépasse pas 10 centimètres.

Le corps du véron est allongé, la tête ovoïde, la mâchoire bordée de rouge, les écailles petites, la queue fourchue.

La couleur de sa robe est variée et très-agréable à l'œil. Le dos est bleu foncé avec des nuances qu s'adoucissent finement en descendant sur les flancs. La gorge part du rouge vif pour se transformer en rose pâle sur la poitrine et se prolonger en blanc doré sous le ventre. Les nageoires sont bleuâtres, piquetées de rose.

Il en existe de plusieurs espèces. Nous en avons rencontré dont le dos était olivâtre, avec une ligne droite et dorée, s'étendant sur les côtés, de la tête à la queue.

Pêchant dans la petite rivière de la Lys, près le moulin de Vincly (Pas-de-Calais), nous avons capturé une truite dont le poids ne dépassait pas six hecto-

grammes, qui en avait englouti dix-huit. Mais, particularité remarquable, tous ces vérons avaient le
dos brun, les flancs rouges, le ventre jaunâtre.

Le véron, que quelques naturalistes appellent
vairon, comme s'ils voulaient ainsi mieux exprimer
la couleur de ses yeux et de son corps, vit par
groupes. Ses lieux préférés sont les fonds herbés et
de sable, où il peut à la fois trouver les animalcules
dont il aime à se nourrir, et se cacher dans le danger.

La femelle fraye en juin. Le mâle est alors dans
toute sa beauté.

On remarque depuis quelques années que ce joli
petit poisson tend à devenir de plus en plus rare dans
quelques départements. Cette diminution progressive
s'explique par diverses causes. Sa couleur séduit le
poisson de proie et les oiseaux pêcheurs ; son éclat,
les enfants ; sa bonté comme amorce, les pêcheurs à
la ligne. Et comme mal irrémédiable toujours croissant, le desséchement des vallées et des prairies lui
enlève les petites rigoles aux eaux de source, où il
aimait à frayer et se réfugier. Le véron ne se pêche
ordinairement qu'à l'épuisette, quoiqu'il morde
parfaitement à l'hameçon amorcé de vers.

Arrangé en friture, la chair est croquante comme
celle du goujon ; elle est délicieuse. Mais combien
en faut-il pour remplir la poêle à frire ? une cen-
taine peut-être, et le cent vaut actuellement dix
francs, pour les pêcheurs aux salmones comme
pour les gastronomes.

FIN DE LA TROISIÈME PARTIE.

QUATRIÈME PARTIE

APERÇUS THÉORIQUES ET NOTIONS ÉLÉMENTAIRES

I. — DES EAUX POISSONNEUSES EN FRANCE.

Avant la perte de l'Alsace et de la Lorraine, notre pays possédait 637,299,32 ares carrés en cours d'eau, rivières, lacs, étangs, canaux et mares, dont un certain nombre, à raison de leur longueur, largeur et embouchure, sont considérés par la science hydrographique comme de grands et de petits fleuves.

Nous pouvons les décomposer ainsi :

Mares et canaux,	17,400,94	ares carrés.
Étangs,	178,728,28	—
Rivières et lacs,	441,170,10	—
Nombre égal :	637,299,32	ares carrés.

Il résulterait donc de cette heureuse division que la France n'a pas à envier les pays les mieux dotés, et serait amplement pourvue d'eaux douces et salubres, éminemment convenables à l'existence des poissons les plus estimés.

En effet, si le lecteur veut bien se donner la peine

d'en rechercher la preuve avec nous, en les divisant par ordre de mérite, et en quelque sorte proportionnellement aux espèces de poissons que ces eaux sont susceptibles de contenir et d'alimenter, on arrive forcément à ces magnifiques résultats :

1° Un cinquième environ se composerait d'eaux courantes, froides et pures, coulant sur un lit de sable, de graviers et de roches, avec une température ne dépassant pas 16 degrés centigrades en été, et ne descendant pas au-dessous de 4 en hiver; conditions éminemment favorables à la reproduction de la truite et du saumon, etc.

2° D'environ deux cinquièmes d'eaux, également courantes, fraîches et franches, roulant sur un fond d'argile, de sable et de craie, dont la température ne s'élève pas en été au delà de 18 degrés, et par cela même favorables et propices à tous les poissons délicats et médiocres indigènes à notre pays, ce qui comprend évidemment la truite commune.

3° Enfin, de deux cinquièmes d'eaux stagnantes ou coulant mollement sur un fond vaseux, telles que celles des étangs, des canaux et des mares, dont la température au moment des grandes chaleurs peut s'élever jusqu'à 20 degrés et plus, et ne convenant qu'aux poissons blancs.

Dans ce classement des eaux et des poissons, on peut voir que nous avons négligé à dessein de mentionner le brochet et l'anguille, ces poissons vigoureux pouvant vivre partout. Il en est de même, quoique pour d'autres causes, de l'alose, du carrelet, du flez, de la plie, de la limande, etc., poissons de mer qui ne fréquentent nos fleuves que pour s'y abriter contre leurs ennemis pendant l'époque du frai et ne dépassent pas habituellement le point où le flux et le reflux des marées cessent leurs mouvements périodiques.

Dans ces conditions essentiellement avantageuses, comment se fait-il donc que les poissons délicats et utiles à l'alimentation ne figurent qu'à raison arithmétique, 1, 2, 3, 4, 5 ; tandis que les médiocres s'y trouvent en raison géométrique, 1, 2, 4, 8, 16 ?... La réponse à cette question nous obligeant à développer nos idées sur les lois qui concernent la pêche, ainsi que sur les moyens de réforme que nous croyons utile de propager, afin d'obtenir le concours des opinions, dont la force peut tout, on nous permettra donc de nous y arrêter particulièrement.

II. — LE MAL ET LE REMÈDE.

Dans le chapitre qui sert de point de départ à nos aperçus théoriques, nous avons dit que les quatre cinquièmes des eaux poissonneuses de la France étaient envahies par des poissons de médiocre qualité et de peu de valeur comme aliment, alors qu'il serait possible de peupler les trois cinquièmes de nos lacs, fleuves et rivières, de poissons de bon goût et nourrissants, au grand avantage de la consommation générale. Prouvons ces dires, en examinant d'abor les causes du mal.

Selon ceux qui argumentent à la façon naïve de feu la Palisse, le dépeuplement des bonnes espèces proviendrait tout simplement de ce que les poissons délicats étant plus demandés, et par cela même d'une vente plus facile et plus productive, ils seraient plus recherchés des pêcheurs qui en font un commerce.

Selon quelques pisciculteurs, le mal n'aurait pas d'autre origine que les lois mêmes qui régissent la reproduction des poissons. Ainsi, alors qu'on peut estimer au plus bas la ponte de la brème, de la vandoise, du gardon, du chevenne, etc., à cent mille œufs, et la durée de leur incubation de quinze à vingt jours seulement, la truite, par exemple, n'en produirait qu'une douzaine de mille, le temps de son incubation s'étendrait à plus d'un mois, et les alvins qui en proviendraient seraient près de trente jours incapables de nager avec assez de célérité pour se dérober à leurs ennemis.

Quant à nous, sans nier ni même tenter d'affaiblir la puissance de ces raisons, ni l'influence qu'elles peuvent exercer sur le dépeuplement de bonnes espèces et leur reproduction, nous sommes porté à croire que le mal, et notamment la rareté des salmones et des anguilles dans nos fleuves et rivières, tient principalement, nous ne dirons pas du manque d'échelles telles qu'il en existe dans la Moselle, la Dordogne, la Vienne, le Blavet, qui seraient assez coûteuses à constituer, vu le grand nombre nécessaire pour en doter tous les cours d'eaux, mais de simples passages amortis, pratiqués à la base des barrages, vannes et déversoirs, qui permettraient aux poissons migrateurs ou excursionnaires de se répandre partout,

selon qu'ils seraient dirigés par leur instinct de conservation.

Que cette vérité simple soit comprise par nos mi-
nistres et nos législateurs avec assez de force pour
en faire une question d'intérêt public. Qu'ils
décrètent que les usiniers seront tenus, moyennant
indemnité, d'établir entre l'aval et l'amont des eaux
des passages toujours libres, au fur et à mesure qu'il
est un barrage de retenue, ou un déversoir à recon-
stituer, et bientôt nous verrons les poissons blancs,
non armés, reculer dans les eaux lentes, stagnantes
et moins pures des étangs et des mares, pour faire
place aux salmonides.

Ce principe fondamental admis, voyons maintenant
quels sont les articles les plus défectueux de nos lois
sur la pêche, quelles réformes sont possibles, et
si les conséquences qui résulteraient de nos aperçus
et propositions ne se trouveraient pas résumées dans
ces quelques lignes :

Liberté de circulation pour les poissons.
Liberté de pêcher avec toute ligne tenue en main.
Interdiction de tous les filets traînants ou fouil-
lant les herbes.

III. — DES LOIS SUR LA PÊCHE.

Les lois qui réglementent la police de la pêche
sont au nombre de trois : la loi du 15 avril 1829,
la loi du 31 mai 1865, le décret du 10 août 1875.

Parmi les articles qui les composent, quelques-uns renferment de bonnes dispositions, comme il en est de mauvaises. Mais qu'importe qu'elles soient bonnes ou mauvaises, si elles ne sont pas exécutées? Des délits sont commis journellement au vu, su et connu de tout le monde !

Où sont les procès-verbaux de contravention? où sont les jugements portant condamnation, si l'on déduit ceux prononcés pour des causes futiles aux pêcheurs à la ligne, les plus anodins destructeurs ? Il n'en existe pas!... Or, nous avons le droit de dire que si chaque année les lois sont rappelées, affichées et publiées, en fait, ces lois sont lettres mortes. Pourquoi en est-il ainsi ? C'est qu'en général les contraventions graves ne sont commises que par des pêcheurs-vendeurs peu fortunés, et qu'il suffit, quand par extraordinaire un délit a été porté en jugement, que le délinquant prouve, par un certificat d'indigence délivré par le maire de sa commune, que le coupable ne possède rien, pour qu'il soit dispensé de payer l'amende et les frais, et exempt de toute peine correctionnelle, si la première ne s'élève pas au delà de quinze francs. Qu'arrive-t-il? C'est que l'impuni, se moquant des lois qui ne peuvent l'atteindre, recommence le lendemain à pêcher ostensiblement en fraude.

Quant à l'agent verbalisateur, comme en faisant son devoir il en a été pour ses frais d'écriture et ses fatigues de voyages, qu'il n'a pas même touché la faible prime à laquelle il avait droit, si l'amende avait été payée par le condamné, une autre fois, il passe et ne dit mot; c'est ainsi que le mal va croissant.

Les législateurs qui ont fait la loi sur la chasse du 3 mai 1844 ont été bien mieux inspirés, en attribuant à l'agent verbalisateur une prime ou gratification, variant suivant la nature du délit, qui lui est acquise par le fait même de la contravention, sans qu'il y ait lieu d'examiner si l'amende prononcée a été payée ou non. Il nous paraît donc urgent, si l'on veut faire cesser l'apathie des agents, d'étendre cette disposition à la pêche, comme elle existe pour la chasse.

Mais n'est-il pas évident encore que du moment où le législateur a voulu qu'une peine soit prononcée pour tout délit dûment constaté, c'est qu'il a entendu et voulu que, quelle que soit l'aisance ou la pauvreté du délinquant, le coupable soit puni? Or, n'est-ce pas une dérision, une atteinte portée contre l'égalité de tous, devant la loi et la justice, que le premier seul soit frappé, tandis que le second peut se libérer et se mettre au-dessus des règlements au moyen d'un certificat d'indigence?

Mais en dehors des deux faits que nous venons de signaler, il est une autre disposition de la loi non moins défectueuse. C'est l'article 13 du décret du 10 août 1875, d'après lequel tous les filets traînants, à l'exception du petit épervier jeté à la main et manœuvré par un seul homme, sont prohibés. Quelque bonne que soit cette disposition, elle est insuffisante, du moment où elle n'est pas complétée par ces mots : ceux qui comme l'épuisette et le

ravelin peuvent être plongés et coulés à fond sous
l'effet d'une force quelconque, seront punis d'une
amende de... etc., et les filets confisqués. Cette seule
et dernière addition, on peut nous croire, produirait plus d'effet que toutes les réserves inscrites
dans la loi, et que les projets de reproduction artificielle dont on semble s'occuper sans que, jusqu'ici,
il y ait lieu de constater des résultats considérables.

Mais si, d'un côté, nous considérons comme nécessaire plus de sévérité dans les lois, plus de zèle dans
leur surveillance et leur exécution, d'autre part nous
trouvons que les lois actuelles sont par trop vexatoires,
en ce qui touche les lignes tenues à la main, ce qui
exclut le nombre et la dévastation. Ainsi, il suffira
que le pêcheur ait ajouté un peu plus de lest à sa
ligne, ou encore qu'il s'attarde un instant après le
soleil couché, alors qu'il voit encore assez clair pour
diriger sa mouche, pour qu'il soit en délit. Cette sévérité est absolument ridicule. Il semble qu'on ignore
que tous les pêcheurs à la ligne d'un canton, qu'ils
pêchent de fond, de demi-fond, de surface, à lancer
le vif, ou au véron, ne prennent pas autant de poissons qu'un seul pêcheur au filet, ou même qu'une
loutre peut en détruire en quinze jours. Il serait
donc nécessaire de prolonger la durée des heures
de pêche jusqu'à ce demi-jour crépusculaire, qui en
juin, juillet et août, est le seul moment où il est
permis d'espérer quelques succès. De même on
pourrait autoriser tout pêcheur-chasseur, muni d'un
port d'arme, à chasser la loutre à toute heure et en
tout temps, à la condition de ne pas s'écarter des

bords des cours d'eau de plus de dix mètres, en rangeant la loutre dans la catégorie des animaux nuisibles.

Mais, indépendamment des idées et moyens que nous venons de faire prévaloir pour obtenir des améliorations réelles, il en est un qui, après la constitution des échelles et des libres passages que nous avons recommandés dans le chapitre précédent, pourrait les dominer tous : celui d'encourager des sociétés particulières à s'organiser en vue d'arrêter le braconnage, en leur allouant quelques primes à décerner aux agents qui auraient le mieux rempli leur devoir, à la condition, par ces sociétés, de ne pas s'instituer en corps privilégié, par l'abus des réserves qu'ils pourraient obtenir de la puissance de leur organisation.

C'est en vain qu'on pourrait nous objecter que les créations, les réformes, les améliorations et la surveillance que nous demandons dans l'intérêt de la consommation et des plaisir des pêcheurs, entraîneraient l'État à un surcroît de dépenses; nous allons non-seulement prouver que non, mais encore démontrer que l'État aurait profit à entrer dans la voie que nous lui proposons.

Il y a en France près d'un million de pêcheurs, et ce nombre serait bien plus grand, si nos fleuves et rivières contenaient plus de poissons utiles et particulièrement des salmonides. Eh bien ! qu'on annule tous les règlements, décrets et ordonnances pour leur substituer l'ébauche suivante esquissée à grands traits et éminemment modifiable, les

moyens pratiques de faire et d'améliorer seront
trouvés.

L'État indemnisé.

La pêche est exercée au profit de l'État dans tous
les cours d'eau qui dépendent du domaine public.

Nul ne peut pêcher qu'à la condition de justifier
d'un permis de port d'arme de pêche.

Ces permis seront délivrés par le percepteur,
moyennant le versement d'une somme de 10 francs
pour les pêches dites de main et tarifés à 15 francs
pour la pêche au filet qui comprendrait le droit de
pêcher à la ligne.

Droits du pêcheur.

La possession de l'un de ces permis donnerait
droit aux avantages suivants :

1º De pêcher avec toute ligne tenue en main, lestée
ou non, qu'elle soit de fond, de demi-fond, de surface.

2º Soit de pêcher à la ligne ou avec des filets simples non traînants, ni fouillant les herbes, depuis le
lever du soleil jusqu'à son coucher, pourvu que les
filets employés ne barrent pas plus des deux tiers
des eaux ; que la dimension des mailles ne soit pas
moindre de quarante millimètres, pour tous les
poissons sédentaires et de vingt-cinq millimètres
pour l'anguille, à la condition encore que l'empla-

cement des filets soit marqué par un liége indicateur.

3° De pêcher de nuit, avec des filets stationnaires
et fixes, les poissons en départ, tels que le saumon,
qui viennent temporairement dans les eaux douces
pour y frayer, à la condition que la grandeur des
mailles ne soit pas inférieure à 50 millimètres
carrés.

Toutefois l'exercice de ces droits resterait soumis
aux interdictions temporaires et prohibitions ci-après,
que justifient la sauve garde de la reproduction et
les soins de conservation commandés par l'intérêt
général.

Interdictions temporaires.

Les époques pendant lesquelles la pêche est
interdite sont fixées comme suit :

Du 15 octobre au 15 février, pour le saumon, la
truite, l'ombre chevalier et l'anguille; du 15 février au
15 avril, pour le brochet, la perche et l'écrevisse; du
15 avril au 15 juin, pour les autres poissons.

Prohibitions absolues.

Sont interdits toute l'année les modes de pêcher,
les artifices, les moyens et engins suivants : 1° les
lignes pêchantes par elles-mêmes, les cordeaux,
les tendues, les traînées, qu'elles soient actives ou
dormantes; 2° les filets traînants susceptibles d'être
promenés, plongés et coulés sous l'action d'une
force quelconque, ou servant à sonder les herbes et
les bordures des rives, à l'exception du petit éper-

vier manœuvré par un seul homme ; 3° l'accolement
aux écluses, digues, barrages, déversoirs, chutes,
coursiers, pertuis, échelles, des filets mordants, des
guideaux, bires, nasses, louves, paniers, caisses,
piéges, s'ils ne sont pas éloignés de ces lieux par une
distance de 30 mètres ; 4° les pêches par les eaux de
crues et troubles, ou accidentellement abaissées,
pour y opérer des curages ou des travaux quelcon-
ques ; 5° les pêches au feu, à la main, à la bouteille
et sous la glace ; 6° l'emploi du fusil, de l'arbalète,
du dard, de la fouane, des lacets, de collets et des
perches propres à faire des battues ou forcer le
poisson à fuir ; 7° l'usage des substances explosives
ou enivrantes ; 8° l'écoulement des eaux insalubres
et non déféquées dans les rivières et leurs affluents,
ainsi que les dépôts et le rouissage de plantes réputées nuisibles.

Conclusions.

Qu'on ajoute à cette ébauche imparfaite, qui mo-
difierait pourtant essentiellement les lois qui régissent la pêche fluviale, la nomenclature des amendes
et peines correctionnelles applicables aux contre-
venants, la manière dont les poursuites seraient
exercées, l'énonciation des agents ayant droit de
verbaliser, et nos idées de réglementation, toutes
succinctes qu'elles soient, suffiront pour repeupler
nos rivières, avec d'autant plus de profit que les
poissons ne coûtent absolument rien à alimenter.
Mais qui ne voit qu'en même temps que la conservation des poissons serait assurée, la liberté des pê-

cheurs à la ligne serait agrandie, 1° par l'absence de limites restrictives aux pêches tenues à la main, 2° par l'abandonnement des adjudications par cantonnement et des licences exceptionnelles octroyées ; qu'en un mot, il n'y aurait plus de fermiers de pêche ? Mais, d'un autre côté, qui ne voit que le produit du permis, qu'on peut ici appeler taxe volontaire et indemnisatrice, serait plus que suffisant pour que l'État pût payer largement les surveillants qu'il emploie, et l'excédant servir à toutes les améliorations dont nous nous faisons le conseiller et l'initiateur ?

IV. — Des sociétés de répression contre le braconnage.

Dans le chapitre précédent, nous avons indiqué quelles étaient, selon nous, les parties vicieuses des lois qui régissent la pêche fluviale. Nous avons fait plus ; anticipant sur l'avenir, nous avons fait prévoir les changements probables qu'elles subiraient un jour. Mais combien de bonnes choses sont exposées à rester dans l'attente, avant qu'elles soient comprises ou parviennent à conquérir l'opinion ! Telle est pourtant la réglementation de la pêche, que nous proposons, qu'on n'ose aborder radicalement, par crainte d'entrer dans des voies impopulaires alors que, pour nous, son appropriation suivant notre programme serait à la fois la mise en pratique de l'indemnité à laquelle le gouvernement a droit, et le régime de l'égalité et de la liberté des pêcheurs. Quoi qu'il arrive de ces idées, les pêcheurs de la ville d'Hesdin, réduits à se faire les gardiens conservateurs des poissons et des moyens d'assurer leurs plaisirs, ont pensé qu'il y avait urgence à se constituer en société de protection contre le braconnage, tout en respectant le droit d'indépendance de ceux qui n'entendraient pas y participer.

C'est ainsi qu'ils ont pris les premiers l'initiative de solliciter de M. le ministre des travaux publics et notamment du préfet de leur département (qui paraît être seul compétent pour délivrer une autorisation) le droit de fonctionner légalement. Or, les moyens dont ils se sont servis n'ayant pas paru contraires aux règlements et décrets qui régissent la pêche fluviale, une approbation a couronné leur demande. Eh bien! comme il nous paraît impossible que cet exemple ne rencontre pas en France de nombreux imitateurs, nous croyons qu'on saura gré à notre éditeur de n'avoir pas reculé devant la mise en pages de leurs statuts.

Société des pêcheurs d'Hesdin.

STATUTS.

1º Une Société est formée pour aider à la répression du braconnage dans les rivières de la Canche, de la Ternoise et de leurs affluents, entre toutes les personnes qui adhèrent aux présents statuts....... Cette Société prend le nom de Société des pêcheurs d'Hesdin.

2º La Société est constituée pour trois années, qui commenceront le premier janvier 1876, et finiront le premier janvier

1879. A l'expiration de ce délai, l'assemblée générale, à la majorité des membres présents, pourra prolonger la durée de l'association.

3° Les ressources de la Société consisteront dans les dons qui pourront lui être offerts, et dans une cotisation annuelle de dix francs, payés par les sociétaires.

Chaque sociétaire pourra souscrire pour plusieurs cotisations.

Toutes les cotisations partiront de leur inscription, sans fractionnement possible.

4° Afin d'encourager la surveillance des propriétés et la constatation des délits de braconnage, colportage et vente de poissons en temps prohibé, la Société donnera des primes : 1° aux agents de la force publique, ou placés sous ses ordres, qui auront constaté des délits de braconnage, suivis de condamnation, ou qui auront honorablement fait preuve de zèle dans l'exercice de leur fonction ; 2° à toutes les personnes qui auront aidé efficacement à la découverte ou à la répression des mêmes délits.

5° Dans le but de repeupler les rivières dévastées, la Société décernera aussi des primes à toutes les personnes qui justifieront de la destruction d'une ou plusieurs loutres.

6° Les primes seront proportionnées à l'importance des services rendus et à l'avoir de la Société ; la taxe en sera fixée par le conseil d'administration. Elles seront décernées : 1° pour la destruction des loutres ; 2° suivant la quantité des délits, classés comme suit : braconnage à l'aide d'engins prohibés, filets traînants, dards et lacets, pêche à la main par les eaux basses, pêche en temps interdit, vente, recel et colportage du poisson prohibé.

7° La Société est administrée par un président, investi du pouvoir de confiance le plus étendu, de manière qu'il puisse prendre de concert avec le vice-président telle mesure qu'ils jugeront utile pour arriver au but de l'association. Il en résulte que par le seul fait de leur adhésion, les souscripteurs donnent pouvoir spécial et général au président d'ester en justice pour les représenter et faire tous actes nécessaires relativement au but de la Société.

8° Le président est aidé par un vice-président et un secrétaire-trésorier. En cas d'absence ou d'empêchement du président, le vice-président le remplace, mais il ne peut ester en justice que de l'avis, et après avoir convoqué les sociétaires. Le secrétaire-trésorier est chargé du maniement des fonds de la Société, de la tenue des livres et de la convocation des assemblées ; il inscrira sur un livre spécial les procès-verbaux des actes desdites assemblées.

9° Le président rend compte de sa gestion tous les ans, en assemblée générale, ce qui aura lieu dans le courant de janvier.

10° Les membres du conseil d'administration, composé du président, du vice-président et du secrétaire-trésorier, sont nommés pour un an ; ils peuvent être réélus.

11° Lesdits membres arrêtent chaque année les comptes sociaux et fixent le taux et la quantité des primes à donner.

12° Pour avoir droit aux primes, les agents de la force publique et les gardes spéciaux de la Société devront justifier d'un extrait de chaque jugement de condamnation ; quant aux demandes de primes pour avoir tué une ou plusieurs loutres, la peau de l'animal devra être représentée au président, ou, en cas d'absence, au vice-président, qui la poinçonnera par une empreinte capable d'éviter la fraude d'une seconde représentation.

13° Les modifications aux présents statuts ne peuvent être faites qu'en assemblée générale, et à la majorité des membres présents.

En cas de partage égal des voix, la voix du président sera prépondérante.

Fait en assemblée générale le, etc., à Hesdin, arrondissement de Montreuil-sur-Mer (Pas-de-Calais).

Suivent les signatures.

Réponse de M. le ministre des travaux publics :

Versailles, le 7 février 1876.

Monsieur le préfet, vous m'avez fait l'honneur de m'adresser, le 17 octobre dernier, avec un rapport de MM. les ingénieurs, le projet des statuts d'une Société que plusieurs pêcheurs d'Hesdin se proposent de fonder en vue de la répression du braconnage sur certains cours d'eau non navigables ni flottables de votre département.

Les ressources de la Société consisteraient dans des cotisations annuelles de tous les membres adhérents et dans les dons qui pourraient être offerts.

Les fonds ainsi recueillis seraient employés en primes accordées, soit aux agents de la force publique ayant fait preuve de zèle ou constaté des délits suivis de condamnation, ainsi qu'aux individus ayant aidé efficacement à la répression de délits, soit aux individus qui justifieraient de la destruction d'une ou plusieurs loutres.

M. l'ingénieur en chef fait observer que la Société serait formée dans des conditions analogues à celles d'autres sociétés qui existent dans le Pas-de-Calais, pour aider à la répression du braconnage en matière de chasse ; il pense qu'on ne saurait trop favoriser l'élan spontané de personnes disposées à unir leurs efforts pour lutter contre la destruction du poisson ; il propose d'approuver les statuts de la Société.

Vous appuierez ces propositions, Monsieur le préfet.

Je vous prie de vouloir bien faire connaître à la Société en formation qu'il ne m'appartient en aucune manière d'approuver ses statuts, mais que je suis tout disposé à encourager ses efforts *par une subvention*. Le chiffre de cette subvention, eu égard aux charges qui pèsent sur mon budget, sera nécessairement fort modeste ; mais je témoignerai ainsi de l'intérêt que porte l'administration au but que poursuivent les fondateurs de la Société en question.

Le ministre des travaux publics,

Signé : E. CAILLAUX.

La lettre de M. le ministre des travaux publics étant considérée comme satisfaisante, il n'y avait plus qu'à demander l'affirmation du préfet ; c'est ce que firent les pêcheurs d'Hesdin.

Appendice.

Pour arriver facilement à obtenir l'approbation préfectorale aux statuts qui précèdent, nous croyons que le lecteur nous saura gré d'ajouter ces détails :

« Toute demande doit relater dans les statuts « qu'il est interdit aux membres de la société de se « livrer à toute discussion politique ou religieuse.

« Toute demande doit être appuyée d'au moins « trente signatures ; cette liste doit comprendre les « nom, prénoms, profession et domicile des socié- « taires, le tout légalisé par le maire.

« Les demandes doivent être faites en triple expé- « dition, dont une sur timbre.

« Elles doivent être signées par le président de « la société. »

Quant à la nomination et à l'assermentation du garde-pêche, il est indispensable qu'il soit muni des pièces suivantes :

1° D'une lettre faite par le président de la société adressée au tribunal de première instance, constatant son pouvoir autorisé.

Cette lettre doit être faite sur timbre et enregistrée.

2° L'acte de naissance du garde également sur timbre.

3° Un certificat de bonnes vie et mœurs, délivré par le maire du lieu où le préposé a sa résidence.

4° Un extrait de son casier judiciaire pris au greffe du tribunal du lieu de sa naissance.

Modèle pour la nomination d'un garde-pêche :

Je soussigné (*nom, prénoms, profession et domicile*), agissant comme président de la Société de répression du braconnage en matière de pêche, société dont les statuts ont été approuvés par M. le préfet en date du, etc.

Commissionne par ces présentes le sieur (*nom, prénoms, profession, domicile actuel, lieu et date de la naissance*), pour exercer les fonctions de garde-pêche sur les rivières de ... et leurs affluents.

A charge par lui de se faire agréer par qui de droit, de prêter serment et faire enregistrer sa commission, comme de se conformer aux lois, décrets et instructions sur la pêche.

Signature du président.

Nota. — Tout garde doit faire enregistrer sa commission et l'acte de sa prestation de serment au greffe des tribunaux dans le ressort desquels il devra exercer ses fonctions. (Art. 7 de la loi du 15 avril 1829.)

Au moment où nous écrivons ces lignes, nous apprenons que les pêcheurs à la ligne de Boulogne-sur-Mer sont en instance pour arriver au même but.

On voit par ce fait que nous avions raison de dire que les pêcheurs de la Canche auraient des imitateurs. L'idée n'est qu'en germe, mais elle grandira.

Les pêcheries d'Angleterre, d'Écosse et d'Irlande.

La loi du 31 mai 1865 avait été précédée d'un rapport dû aux investigations de M. Coste, membre de l'Institut. On aurait donc pu croire que le gou-

vernement impérial se serait approprié tous les bons
conseils que ce savant avait récoltés chez nos voisins
d'outre-Manche ; que désormais nos rivières n'eussent plus été abandonnées à une espèce de stérilité,
en ce sens que les poissons de non-valeur y prennent presque partout la place des poissons alimen-
taires et de bon goût. Mais en n'adoptant que des
mesures insuffisantes, le gouvernement impérial a
manqué son but, de sorte que, ainsi que nous l'avons
dit dans nos aperçus sur les cours d'eau de la
France et dans nos essais de réforme, tout reste de
nouveau à refondre et à recomposer... Ce n'est pas
que nous prétendions affirmer que tout soit parfait
dans les diverses réglementations de l'Angleterre.
Leurs lois manquent d'unité et d'homogénéité. Ainsi
celles de l'Angleterre ne sont pas celles de l'Écosse,
et celles de cette dernière, celles de l'Irlande. De
sorte que tout varie, les principes et les taxes, selon
les fleuves et les districts. Quoi qu'il en soit, en les
examinant avec attention, on peut dire néanmoins
qu'il en ressort ces règles protectrices que l'on rencontre actuellement presque partout :

1º Tout pêcheur à la ligne est tenu de payer une taxe.

2º L'ouverture de la pêche aux salmonides n'a généralement
lieu qu'au 1er mars, et sa fermeture au 1er octobre.

3º Tous les petits filets fixes sont interdits.

4º Tout colportage de saumon pendant l'époque du frai
est passible d'une amende de 2 livres par poisson pris ou vendu.

5º Aucun filet servant à la pêche du saumon ne peut avoir
de maille inférieure à deux pouces un quart, d'un nœud à l'autre.

6º Il est expressément défendu de battre l'eau, de la blanchir,
d'y déverser des substances nuisibles.

7º Aucun barrage, aucune digue, aucune écluse ne peuvent être construits sans laisser un passage libre aux poissons.

8º Tout sergent de rivière a le droit d'arrêter les personnes en contravention.

9º Tout superintendant a le droit d'inspecter et saisir les filets prohibés, ou dont les mailles n'ont pas la dimension voulue, même dans les maisons habitées et les jardins clos de mur, à la condition d'obtenir une autorisation du juge de paix.

10º Toutes les pêcheries du domaine public sont louées à raison de leur rapport.

11º La surveillance est partout rigoureuse.

12º Les pêcheries exclusives ne sont pas absolument à l'abri des taxes, et les propriétaires comme les fermiers sont tenus à ne se servir que des engins autorisés.

On voit combien sont puissantes et autoritaires les lois qui régissent la pêche dans les trois royaumes unis.

Mais par compensation l'État y trouve un revenu de dix-sept millions, et la consommation une ressource inépuisable.

Citons quelques exemples : le Barrow rapporte dix-huit mille livres ; le Slanez, deux mille ; le Shannon, vingt mille ; le Blackwater, quatre mille ; le Liffey produit sept mille saumons ; la Foyle, cinquante-trois mille ; le Ballinahnich, cinq mille, et quatorze mille trois cent quatre-vingt-cinq livres de truites, etc., etc.

C'est qu'en Angleterre, en Écosse et en Irlande, dit l'honorable M. Coste, tout n'est pas abandonné au hasard. L'élevage du saumon et de la truite y est considéré à l'égal de celui du bœuf et du mouton ; tandis qu'en France, au contraire, où toutes les espèces vivent confondues dans un même abandon, c'est à peine si l'amodiation de tous les cours d'eau, malgré leur plus grande contenance, donne à l'État le modique tribut de six cent mille francs, qui ne couvre pas la dépense qu'en exige la perception.

Ainsi donc, d'un côté la richesse, par cela seul qu'il y a surveillance, culture, aménagement ; de l'autre la ruine, parce que les règles d'une exploitation rationnelle ne sont point observées.

Qu'on remarque bien, ajoute M. Coste, que cette différence au profit de nos voisins ne tient pas à une vertu particulière de leurs eaux, car le dépeuplement, quand on n'y obvie pas, s'en accomplit avec autant de rapidité qu'en aucune autre contrée. La Tweed par exemple, l'une des rivières les plus réputées de l'Écosse par le nombre et la qualité de ses saumons, donnait en 1814, à son embouchure, sur un simple parcours de vingt kilomètres, un demi-million de rente. Mais par suite d'incurie, elle tomba peu à peu dans un tel appauvrissement que le produit de cette même partie de son lit n'était déjà plus en 1838 que de cent mille francs, et aurait fini par se réduire à néant, si un nouvel acte du Parlement n'avait mis aux mains des propriétaires les moyens de défendre leur récolte contre les causes naturelles ou artificielles de destruction.

Pour pouvoir nous rapprocher des bons résultats obtenus en Angleterre, que proposait alors M. Coste? A bien peu de choses près, ce que nous proposons aujourd'hui nous-même : 1° la révision des lois qui régissent la pêche fluviale et la suppression radicale des abus ; 2° recourir à l'idée de Cooper, en établissant partout où il est nécessaire des échelles qui facilitent la circulation des poissons ; 3° retirer la police de la pêche de l'administration des eaux et forêts pour la reporter *entière* aux mains des ponts et chaussées ; 4° ne permettre de curages qu'autant qu'ils s'opèrent par sections de rivières ; 5° n'autoriser le faucardement des herbes qu'alors que le frai et les œufs sont éclos ; 6° fonder des établissements de pisciculture dans les conditions de celui d'Huningue ; 7° posséder des parcs d'alvinage capables de se transformer en piscines de conservation, jusqu'à l'heure où le poisson peut être abandonné sans danger à lui-même ; 8° n'ensemencer que les espèces utiles et de bon goût. Pour arriver à ce but, M. Coste comptait sur le rapport des pêcheries mises en adjudication ; mais cela suppose un repeuplement préalable, autrement aucun fermier ne ferait la sottise de louer cher des parties de rivières qui ne lui rapporteraient rien.

Or, comme de longtemps le gouvernement de la France ne sera pas disposé à avancer les fonds nécessaires à ces améliorations, il y a lieu, si l'on veut sérieusement élever une branche d'industrie à l'égal de celle des trois royaumes unis, qui s'élève à près de cent quatre-vingt millions, de recourir, ainsi que nous l'avons dit, à une taxe sur tous les pêcheurs, qui aura l'avantage de produire à ses débuts la somme indispensable pour effectuer ces créations.

Mais alors même que nos législateurs entreraient dans la voie féconde que nous leur traçons, qu'on le remarque bien ! il n'y a d'espoir de succès réel, ainsi que nous l'écrivions dernièrement à la Société d'acclimatation, qu'autant qu'on ne place pas la charrue avant les bœufs, ce qui signifie qu'on doit préparer le terrain en enlevant tout d'abord les choses et les causes parasites qui peuvent être un obstacle ; qu'autant que l'ensemencement repose d'une manière absolue sur des espèces vivaces et de bonne qualité, capables de vivre toute l'année dans les eaux douces; tels sont le Fera, la truite, le saumon et le heuch à la chair blanche, qui est d'une croissance des plus rapides.

Maintenant que nos aperçus théoriques sont terminés, nous engageons nos lecteurs à nous suivre dans l'étude élémentaire qui doit les préparer à la définition des cinquante pêches qui représentent le domaine du praticien.

V. — Des Pêches.

Pêches du matin.

Quand l'aurore succède au crépuscule, dit le dictionnaire de la Châtre, tout objet ou toute chose reprend la couleur qui lui est propre. Lorsque ce phénomène a lieu, on voit se dresser au levant une teinte orangée qui s'accentue graduellement, les nuages se colorent des plus vives nuances d'or et de pourpre, le soleil apparaît ! c'est ce qu'on appelle le matin réel.

Appliquée à la pêche, cette définition n'est pas

limitée à cette heure stricte, et le matin comprendrait toute la période où le soleil n'a pas dépassé le quart de sa course. Il résulterait donc que sa durée du matin se composerait de trois ou quatre heures, selon la variation des saisons et les instants où le soleil se montre. Ainsi il serait pour le printemps de six à dix ; en été, de quatre à neuf ; pour l'automne, de six à dix ; tandis qu'il reculerait en hiver de huit à onze.

Des pêches du matin pendant l'hiver, nous ne dirons rien, tant il faut être osé pour affronter ses rigueurs, et tant d'ailleurs les poissons réfugiés dans les profondeurs mordent peu. Il n'en est pas de même pour les autres mois de l'année. Nous estimons comme très-productives les pêches matinales de fond, de demi-fond, pêchantes, flottantes, courantes, sondantes, tournantes, à lancer le vif, et même de surface en juin, en se servant pour cette dernière de mouches naturelles récoltées la veille ; nous disons la veille, parce qu'il est absolument impossible de s'en procurer le matin. Ce qui est de toute évidence pour nous, et cette opinion est partagée par les pêcheurs expérimentés et diligents, c'est que le matin est une heure de besoins réels pour les poissons en bonne santé. Tel noble brochet, truite, chévenne ou barbeau, battu et rebattu la veille avec insuccès, considéré par le pêcheur comme imprenable le jour, se laissera séduire le matin, oubliant toute prudence. Nous ne saurions donc partager l'opinion de l'honorable M. B. Poidevin, lorsqu'il écrit dans son livre de pêche « que c'est aux pêcheurs

« poëtes que l'on doit cette croyance que l'aube du
« jour est propice à la pêche : le plus simple rai-
« sonnement, la logique et l'expérience prouvent
« cependant le contraire. En effet, pourquoi la loi
« défend-elle de pêcher après et avant le lever du
« soleil ? Uniquement pour éviter les engins prohibés
« à l'heure où le poisson, principalement le gros,
« est en quête de sa nourriture. Donc si c'est la nuit
« qu'il se la procure, il est repu le matin, et, quand
« on arrive le matin au point du jour, il est déjà
« rentré dans ses refuges. » Raisonnement qui sert
de base à l'auteur pour conseiller de pêcher de huit
heures à midi ; ce qui est pour nous une grosse
erreur, les meilleurs moments de pêcher (sauf pour la
pêche de surface) étant en été de cinq heures du matin
à dix. Par une raison décisive, dirons-nous à notre
tour, c'est qu'à l'exception de quelques nuits fortement constellées, les poissons ne voient pas, étant
généralement plus diurnes que nocturnes. Or, si ce
que nous avançons ici est exact, il découle naturellement que, pour les poissons, ce sont les heures matinales qui représentent le mieux ce demi-jour voilé,
pendant lequel tout est encore silencieux, qui conviennent le mieux à leur besoin et à leur prudence.
Quant à l'interdiction de la loi, que l'honorable
M. Poidevin invoque à l'effet de fortifier ses affirmations, nous n'y voyons rien de plus que ceci : c'est que
si la loi défend de pêcher la nuit, ce n'est pas parce
que les poissons cherchent leur nourriture dans les
ténèbres, mais parce que ces animaux n'y voyant
pas, ils sont sans défense contre les piéges qu'on

leur tend, et que d'ailleurs toute répression, toute surveillance active est impossible de nuit.

Pêches de midi.

Pris dans son sens exact, le midi signifie le milieu du jour, le point intermédiaire où le soleil se tient à une égale distance du levant et du couchant; ou encore le moment où le soleil se trouve le plus élevé sur l'horizon, alors que ses rayons tombent perpendiculairement sur la terre et la surface des eaux. Pour les mêmes raisons de prolongement que celles que nous avons émises sur le matin, les pêcheurs appellent pêches de midi, ou indifféremment pêches de jour, toutes celles qui commencent de dix heures du matin et finissent vers quatre heures du soir.

On se souvient que, en parlant de la truite, nous avons dit qu'il résultait de nos constatations que la température qui convenait le mieux à la nature de ce poisson était celle où le thermomètre se maintenait entre douze à seize degrés dans les eaux courantes. Si le fait est vrai, la question controversée des heures favorables pour pêcher les salmonides se dégagerait complétement de son obscurité. C'est ainsi que, relativement aux jeux des saisons, on arriverait à se convaincre qu'il est certains jours d'avril, de mai, de septembre et d'octobre assez propices à pêcher en plein jour. Nous nous abstenons de parler des mois brûlants de juillet et août, les pêches pendant ces deux mois étant presque nulles, tant la

chaleur énerve les poissons, tant la transparence
des eaux oblige les salmones à se tenir prudemment
cachés sous les longues bandes des herbes aquatiques
où ils ne bougent plus, quelle que soit l'amorce qu'on
leur présente.

Quant aux poissons blancs et communs, bien qu'ils
soient également sensibles à la chaleur, lorsqu'arrivent les mois brûlants, l'influence qu'ils exercent sur
eux ne va pas jusqu'à les empêcher de happer les
substances qui passent à leur portée. Ils cherchent
moins que le matin, cela est vrai, mais encore avec
un peu de patience et des amorces fraîches finit-on
par en prendre.

Pêches au couchant.

Le couchant est l'instant où le soleil est prêt à
disparaître au-dessous de l'horizon. Pour les pêcheurs,
cette définition est plus large; elle s'étend jusqu'à
ce demi-jour crépusculaire où la lumière s'affaiblit,
ne laissant plus entrevoir que l'extrême des rayons
du soleil.

Suivant la loi, l'autorisation de pêcher cesse au
moment où le soleil se couche, bien qu'aux derniers
jours du printemps et pendant l'été, la clarté du
ciel soit encore assez grande pour que le pêcheur
puisse distinguer sa flotte ou sa mouche. Cette interdiction est prématurée; elle rend la pêche des salmones impossible en juillet et août; aussi est-elle
une cause incessante de conflit entre les pêcheurs
et les gardes-pêche.

Quoi qu'il en soit, la pêche au couchant, dans les mois de mai, de juin et de septembre, réunit à tous les avantages des pêches du matin l'incomparable supériorité des pêches de surface. Elle n'a qu'un défaut, c'est que sa période de durée est trop courte Cependant en s'exposant en août et les mois suivants à enfreindre les règlements sur les heures de la pêche, en persévérant à rechercher les poissons moucheronnants depuis sept heures jusqu'à neuf heures du soir, en ayant soin surtout de ne faire usage que de chenilles et cousins artificiels en rapport de petitesse avec les moucherons gris et noirs qui s'ébattent à la surface de l'eau, on peut encore espérer faire deux ou trois captures, d'où ce vieux proverbe : Le coup du soir, c'est le coup d'espoir. Quant aux poissons blancs, ainsi que les brochets, les perches et les anguilles, ils mordent au déclin avec une avidité qui n'est surpassée que par leur voracité du matin.

VI. — DES USINES HYDRAULIQUES.

Les divers lieux qui avoisinent, soit une usine, soit une fabrique, soit un moulin à moudre le blé, mu par une force hydraulique, jouent un rôle trop important dans la pêche pour ne pas leur consacrer un chapitre spécial.

Ordinairement les usines sont classées en quatre catégories : les bienfaisantes, les neutres, les insalubres, les dangereuses.

12.

Sont réputés *bienfaisants*, les moulins à moudre le blé, l'avoine, la pamelle, l'escourgeon, les fèves, ainsi que les fabriques d'huile et les tanneries.

Neutres, les filatures de coton, de chanvre et de lin.

Malsaines, les fabriques de sucre.

Dangereuses, les fabriques de papier, de tapis, de draps, les teintureries, en un mot toutes celles qui déversent dans les rivières des eaux chargées de résidus altérés ou imprégnés d'acides et de sulfates sans les avoir préalablement déféquées.

C'est donc au pêcheur à ne pas s'aventurer vers celles qui sont nuisibles, les poissons s'y trouvant moins nombreux, s'y tenant de fond, leur chair étant de mauvaise qualité.

Toutes les usines hydrauliques ont des points de ressemblance frappants. Ainsi on y rencontre presque toujours un barrage, un déversoir, des eaux de retenue, des vannes, des chutes, des passages, des pertuis, des treillis, des talus, une fosse environnée de rives tournantes plus ou moins accidentées. Voyons, en les définissant, quelle est l'influence de ces diverses places.

On appelle *barrage* les digues construites à travers un cours d'eau, afin d'en élever le niveau de façon à obtenir une masse liquide plus considérable.

Déversoir, l'endroit où se perd l'excédant de l'eau qui a dépassé son niveau normal.

De ces deux constructions absolument différentes, il n'y a guère que celle d'immersion qui soit utile aux poissons, lorsque sa hauteur ne dépasse pas plus de 1 mètre 50 centimètres, parce que dans ces conditions ils peuvent la franchir en profitant du filet d'eau tombant pour passer de l'aval en amont, ou de l'amont en aval. Nous pouvons classer au même titre l'action des *vannes* du barrage lorsqu'elles sont ouvertes, les poissons vigoureux ne redoutant pas de s'élancer dans ces eaux impétueuses. Quant aux *eaux de retenue,* appelées plus communément eaux d'amont, il est rare que ces eaux grossies et contenues ne servent pas de séjour aux poissons craintifs qui n'osent pas se précipiter en aval, du haut du déversoir, ou qui s'y trouvent bien, par l'amoncellement des substances de fond qui s'y arrêtent. Mais comme, alors qu'on y pêche, l'appât que supporte la ligne est subordonné à la lenteur des eaux de retenue ; que le poisson a le temps de rejoindre l'appât, de le flairer, de le lécher, de le mordiller, afin de s'assurer qu'il est bon, la pêche y est toujours difficultueuse.

Reste en amont les passages qui tiennent lieu de conduits aux eaux et servent de force motrice à l'usine. On appelle *passage de pertuis* l'avaloir dans laquelle les eaux s'engagent, avant de frapper les roues du moulin ; *passage de turbine*, le canal qui dirige les eaux sur les aubes en opposition de la turbine.

En général, ces ouvertures sont réputées dangereuses pour les poissons qui ont l'imprudence d'y pénétrer ; mais comme le plus souvent l'intérêt de l'usinier lui commande d'y placer un grillage à petites mailles, propre à arrêter les herbes et les corps flottants qui pourraient occasionner des dommages à la roue ou à la turbine, le mal que ces lieux produisent n'est pas aussi considérable qu'on le croit communément.

Maintenant que nous avons parcouru les travaux situés en amont du barrage, examinons non moins attentivement les déclivités et les dépendances inférieures de l'usine.

On nomme *chute* l'endroit où l'eau tombe avec force du haut du barrage, des vannes ou du déversoir, et creuse le sol inférieur, quand l'effet de la masse liquide n'est pas ralenti par une construction quelconque. Pour le pêcheur inexpérimenté, le bas d'une chute est toujours une place excellente, à la condition que la masse d'eau tombante ne soit pas trop considérable. L'erreur du débutant consisterait à pêcher en plein tourbillon, là où l'eau rebondit en écumant. C'est ordinairement à la base des fuites du barrage que les poissons sont le plus abondants. Il n'y a d'exception que pour les poissons de surface ou moucheronnant. On appelle *treillis* l'ouvrage en bois qui a pour objet d'amoindrir les effets du poids de la chute, afin de diminuer autant que possible l'encaissement permanent de la fosse ; *talus*, une agrégation de matériaux composée de gros moellons, qu'on dépose presque au hasard aux endroits où tombent les eaux d'amont. Parfois, au lieu de pierres, ce sont de forts pieux enfoncés perpendiculairement dans le sol jusqu'à la moitié de leur longueur qui coupent et divisent les eaux qui se précipitent du treillis. Quoi qu'il en soit de ces distinctions, ces places remplies d'obstacles passent pour être éminemment bonnes, mais aussi bien dangereuses pour le matériel.

Reste la fosse qui, nous n'avons pas besoin de le dire, est le lieu creusé par les eaux qui dévalent du barrage. C'est là une station éminemment recherchée par les poissons de poids qui se nourrissent de substances animales ou flottantes que les eaux entraînent et submergent un instant dans les profondeurs de la fosse, en attendant qu'elles remontent, entraînées par le courant.

On voit par cette revue des attenants d'une usine hydraulique qu'à l'exception des passages de pertuis, les eaux qui desservent une usine réputée salubre sont éminemment productives et avantageuses à toutes les manières de pêcher. Et cependant, malgré nos détails minutieux, il nous semble que nous n'aurions rien dit encore si nous ne racontions aux pêcheurs à la truite comment nous fûmes initié à nos débuts à en reconnaître l'excellence.

A chaque printemps, du 15 mai à fin juin, les vallées de la Canche, de la Ternoise et de l'Authie étaient fréquentées par un capitaine de marine écossais, nommé sir Mac Kouil, qui ne tarda pas à se faire remarquer parmi les pêcheurs d'élite par ses succès et ses bonheurs. Il était aimable et joyeux compagnon. De sorte que, nous rencontrant fréquemment, nous ne tardâmes pas à devenir des amis assez intimes pour avoir droit à ses conseils. Voici quelle était sa manière de pêcher : il avait remarqué qu'au début de la mouche de mai, les

truites qui fréquentaient les alentours d'une usine
moucheronnaient presque constamment une heure
plus tôt que dans tout autre lieu ; de sorte qu'il
devait la moitié de ses succès à son habitude de se
rendre directement à un moulin avant d'explorer le
cours de la rivière. Sa manière de faire était métho-
dique, ses moyens toujours les mêmes ; seules les
heures variaient selon la durée des jours et les
modifications du temps. Ainsi, d'ordinaire, il commençait presque toujours par battre près d'une
heure les eaux d'amont, en se servant d'une ligne
flottante tenue amorcée soit de vers rouges, soit de vers
blancs, soit de cloportes, soit de casets ou de corps
de mouches, soit, et mieux encore, de larves
d'éphémère, lorsqu'il lui avait été possible de se
procurer cette dernière amorce. Ce temps écoulé,
il changeait de vergeon et de bas de ligne, appropriant son matériel pour pêcher au véron artificiel.
Puis il explorait pas à pas les rives, les talus, les
treillis, les angles et les fuites de la fosse. Dès que
ces divers lieux avaient été suffisamment sondés, il
se plaçait alternativement aux deux ou trois émi-
nences qui surmontent presque toujours une fosse,
développant par degrés son cercle d'action. Lorsque
ce pêcheur avait tout exploré, avec un art, une facilité, une prudence qui ne laissaient rien à désirer,
le capitaine interrogeait sa grosse montre marine
aussi exacte qu'un chronomètre. Aussitôt que l'aiguille coïncidait avec l'heure de sortie de la
mouche, la gaule de force était remplacée par celle
de jet, délicate, roide, flexible, qu'il était heureux

et fier de montrer comme un produit inimitable de son pays. Puis ajoutant une petite chenille noire appelée par lui *fly black,* il déployait sa ligne sur les eaux, que la truite moucheronnàt ou non.

Pour se rendre bien compte de son adresse à lancer la mouche, de la justesse et de la portée de ses coups, de la régularité mesurée du retrait, de l'attention soutenue de ses regards, il eût fallu, ainsi que nous, être le témoin oculaire de toutes ses actions. Ce que nous pouvons affirmer, c'est qu'alors que tous les pêcheurs débutaient, recherchant leur première victime, le panier de notre ami était déjà à moitié rempli.

Évidemment, nous ne tardâmes pas à imiter le capitaine de notre mieux, et bientôt nous eûmes des succès inespérés, quoiqu'à notre honte, nous l'avouons, nous ne pûmes jamais égaler le sang-froid et la dextérité de ce maître de rencontre.

Parmi les remarques bonnes à signaler, nous citerons celles-ci :

Les poissons ne sont jamais plus abondants dans une fosse que lorsque les eaux se maintiennent à leur élévation normale et alors que les roues tournent, ce qui a fait dire que le tic-tac des batteries appellent le poisson. Il suffit, en effet, que les eaux d'amont s'abaissent, que les roues s'arrêtent, pour que les poissons s'enfuient dans les profondeurs des alentours de l'usine. Mais que bientôt les eaux se gonflent, que le moulin reprenne sa marche régulière, on les voit soudain revenir.

C'est absolument le contraire quand les eaux

sont trop abondantes, alors que les usines sont obli-
gées d'ouvrir subitement une vanne ou deux. L'eau
tombe et se précipite en torrent, troublant la transparence des eaux. C'est en vain que par ces chasses
encore fréquentes en mai et en juin, les pêcheurs
tenteraient de pêcher. Les poissons, effrayés ou
goûtant peu les eaux blondies, ne mordent plus.
Mais voici que les eaux se clarifient, que l'astre du
jour a parcouru les trois quarts de sa course, que
la rivière se perle d'insectes de toutes couleurs.
Hâtez-vous de quitter les environs de l'usine pour
remonter ou descendre le cours des eaux. Nous
disons remonter avant de descendre, parce que dans
les pêches de surface il convient toujours, quand on
le peut, de s'avancer et de jeter la ligne en se tenant
à l'arrière du poisson.

VII. — Considérations sur les rives, les cours et les vents.

Les parties qui bordent un cours d'eau recoivent
différents noms, suivant que leur aspect ou leur
forme change. Ainsi, quand on veut exprimer
d'une manière générale les bords d'une rivière,
on emploie les mots rives; s'il s'agit d'une pente
douce, celui de talus; d'une pente à pic, celui de
berge. C'est ainsi encore qu'on appelle souterraine
la rive creusée; tournante, celle qui forme un
coude prolongé; anguleuse, celle dont les coins
sont fortement brisés; herbée, celle bordée de

plantes aquatiques ; boisée, celle couverte d'arbres ou d'arbustes.

L'étude de la conformation des rives est d'une grande importance au point de vue des succès du pêcheur. C'est par elle qu'on acquiert la science de deviner les plus fréquentées, l'endroit précis où le poisson se tient, soit au gîte, soit à l'affût ; par conséquent, la rive à préférer et le meilleur mode de pêcher.

Cela étant, on conçoit que la première question que le pêcheur doit se poser, lorsqu'il arrive près d'un cours d'eau, c'est, après l'inspection de la couleur et de la hauteur des eaux, celle de savoir s'il doit pêcher le soleil en face ou derrière lui, le vent debout ou dorsum, parce que, ces questions résolues, elles obligent le pêcheur à la mouche à pêcher soit à la rive, soit au large, c'est-à-dire ligne posante et détendante avec la mouche naturelle, ou ligne volante avec un insecte artificiel.

Mais quelles que soient les opinions qui pourraient nous être opposées, notre avis est qu'il est toujours préférable, malgré la gêne que le soleil peut occasionner, de pêcher en ayant ses rayons de face, parce que l'ombre du pêcheur et de la gaule se trouve reportées sur le sol, au lieu de l'être sur les eaux.

Quant à la couleur des eaux, elle est dans la meilleure condition possible, pour pêcher de surface et aux poissons naturels et artificiels, lorsqu'elle est vert clair, sans être bleutée ; verdâtre blondie pour les autres pêches ; jaunâtre pour l'anguille.

Tant qu'aux vents, on estime que ceux de l'est et du nord-est sont les plus mauvais par rapport au littoral en regard de la Manche et de la mer de France, et il en est à peu près de même pour les départements du centre; tandis qu'au contraire, dans la longue étendue des bassins de la Garonne et du Rhône, ce sont les vents de bise, de l'est et du nord, qui rafraîchissent l'air et les eaux, qui sont considérés comme bons.

Nous pourrions ajouter que lorsque les vents sont modérés et situés à l'arrière du pêcheur, ils favorisent le jet de la mouche; que lorsqu'ils rident légèrement la surface des eaux, ils sont profitables aux pêches flottantes et tournantes; que lorsque le ciel est gris et sombre, l'air sans agitation, le pêcheur ne doit être guidé, dans le choix d'une rive, que par les facilités qu'offre son parcours.

Toutefois, c'est là une règle générale qu'une rive est d'autant plus fréquentée par les poissons qu'elle témoigne des ravages faits par le frottement des eaux.

Donc, et autant qu'il est possible au pêcheur aux salmones, c'est à battre et à sonder les angles, les excavations, les branchages, les racines dénudées des vieux troncs, les abris, les pieux et les repaires, que nous l'invitons.

VIII. — DES ORAGES.

Presque tous les auteurs qui ont écrit sur la pêche sont d'avis que les orages sont favorables aux pêcheurs. Aussi l'un des plus compétents, l'honorable M. de Massas, prétend-il que lorsque ce phénomène a lieu, les poissons mordent plus facilement.

« La raison en est simple, dit-il; ce sont alors « l'ébranlement de l'air, le choc des vents, qui pré- « cipitent sur l'eau et la mouche qui voyage et « l'insecte suspendu aux arbres de la rive. » Il y a du vrai et du faux dans ces affirmations. Ce qui est vrai, 1° c'est que par un temps gris et sombre, chargé d'électricité, par des eaux tièdes et de moins de reflet, les mouches aquatiques sortent de leurs larves plus abondamment; 2° c'est qu'alors que ces insectes ont pris leur vol, la chaleur qui règne dans l'air les prédispose à revenir se baigner sur l'élément qui fut leur berceau; 3° c'est encore que, lorsque l'orage s'annonce par de larges gouttes de pluie, les poissons sont avides de boire ces eaux froides en clochettes, qui proviennent des couches supérieures; 4° c'est enfin qu'en tombant, ces larges gouttes précipitent ordinairement dans la rivière les insectes qui bordent les rives, ceux qui sont fixés aux branches des arbustes, les mâles qui exécutent leur vol ascendant et descendant autour de la femelle, et ceux qui voltigent à la surface des eaux. Toutes causes qui doivent évidemment faire monter les poissons d'autant plus volontiers qu'en se baignant, les insectes se présentent à ces animaux comme une proie facile à saisir. Mais c'est à la condition que l'orage ne se transforme pas en tempête; que les vents ne soient pas impétueux; que les deux nuages électrisés ne soient pas déchirés dans leur frottement, avec le triple effet de l'éclair, du tonnerre, de la foudre; ces effets n'étant jamais plus puissants que lorsque les orages passent au-dessus des rivières et se répercutent dans les eaux.

D'où, pour nous, ces conclusions bien différentes:

1° Il n'y a que les orages modérés, au bruit peu éclatant et lointain, précédés ou accompagnés d'une pluie fine ou par gouttelettes, qui soient favorables à la pêche ;

2° Tous les orages où les nuages s'entre-déchirent avec fracas, en répandant par torrents les eaux qu'ils contiennent, empêchent les poissons de moucheronner, tant ils ont peur ;

3° Tous vents impétueux, emportant les mouches au delà des eaux et des rives, ne sont nullement profitables aux pêcheurs.

Quant au calme qui succède le plus souvent à l'orage, il sera d'autant plus propice que les eaux, sans être essentiellement troublées, seront devenues louches ou vertes blondes.

Ces considérations s'appliquent à toutes les pêches possibles.

Cependant, comme il arrive parfois qu'après un fort orage accompagné d'une pluie abondante les ruisseaux se gonflent en roulant des eaux jaunâtres, tout pêcheur doit savoir qu'aucun poisson ne mord pas en eau trouble. Il n'y a d'exception que pour l'anguille, qui trouve dans les crues subites, blondies et vaseuses, un moyen plus prompt de circulation et de recherches.

FIN DE LA QUATRIÈME PARTIE.

CINQUIÈME PARTIE

L'ART DE PÊCHER

EXPLICATIONS PRÉALABLES.

Avant d'essayer de diviser les pêches par analogies et catégories de similitudes, avant de traiter de l'art de pêcher et des moyens de prendre les poissons qui fréquentent les eaux douces de la France, nous croyons devoir expliquer comment, dans le cours de cet ouvrage, nous avons parfois appelé ces animaux tantôt poissons de fond, de demi-fond, de surface, tantôt poissons chasseurs ou de proie.

En réalité, la plupart de ces dénominations, quoique consacrées par l'usage, sont fausses. Et s'il existe quelques exceptions, elles ne sont applicables qu'au brochet et à la perche, qui sont incontestablement de proie, ainsi qu'à l'anguille et à la lamproie, qu'on peut admettre comme essentiellement de fond.

Hors ces réserves, tous les poissons fréquentent

presque indifféremment toutes les parties de la couche
liquide, n'ayant qu'un but : satisfaire à leurs besoins,
en se nourrissant des aliments qui s'offrent le plus
abondamment, c'est-à-dire à raison des saisons qui
les font apparaître ou éclore. Ce n'est pas cependant
que nous voulions nier que les poissons n'aient pas de
préférence pour un mets plutôt que pour un autre, et
par suite pour les lieux où ces substances s'accumulent en plus grand nombre. Mais comme la plupart de ces nourritures n'apparaissent que successivement par époques déterminées, nous ne voyons
que deux épithètes qui soient vraies et puissent
s'appliquer à toutes les espèces de poissons : celles
de poissons quêteurs et chasseurs.

Ainsi, pour ne citer qu'un exemple bien caractéristique, la truite, que la généralité des auteurs
classent comme poisson de proie, parce qu'elle
est pourvue de dents et vit parfois de petits poissons,
est alternativement, selon ses rencontres, de fond,
de demi-fond, de surface, herbivore, vermivore
et carnivore. Or comme tous les poissons, un peu
plus ou un peu moins, lui ressemblent sous ce
rapport, si l'on retranche les cyprins, qui ne s'alimentent *pas* de poissons morts ou vivants, bien
qu'ils recherchent également les viandes et le sang;
si l'on tient compte qu'aucun d'eux n'est guidé
par un goût, un besoin et une habitude unique,
on peut assurer que tout écrivain qui tentera d'é-
lever ces expressions d'usage à la hauteur d'une
classification se heurtera à des difficultés insur-
montables pour la rendre vraie et juste. Nous n'au-

rons donc pas de classement quand même et uniquement pour plaire au lecteur, sachant bien que nous l'entraînerions dans la plus grande des confusions.

Quant à diviser les poissons par ordre d'utilité, eu égard à leur mérite devant l'économie publique, nous croyons être assez exact en les graduant ainsi :

Première catégorie, les poissons de non-valeur.

L'ablette, la bouvière, l'épinoche, la loche épineuse, les lamproies, le rotengle, etc.

Deuxième catégorie, les poissons médiocres.

L'alose, le barbeau, la brème, le chevenne, le gardon, le mulet, le muge, la tanche, la vandoise, le vilain. ,

Troisième catégorie, les poissons de bon goût.

L'anguille, la perche et le brochet des étangs, la carpe, la lotte, le goujon, le véron.

Quatrième catégorie, les poissons savoureux.

L'anguille, la perche et le brochet des fleuves et rivières, l'écrevisse, le lavaret, le féra, l'ombre commun, l'ombre chevalier, les saumons, la truitette de montagnes, la truite blanche, la grande truite des lacs, la truite saumonée

NOTRE MÉTHODE.

Toutes les pêches se renouent les unes aux autres par des différences presque insensibles. Et cependant quand on arrive à parcourir tous les échelons qui les relient, depuis la base jusqu'au sommet, on arrive à des extrêmes si opposés que la fin est le contraire du commencement.

Aussi le traducteur de Virgile, poëte toujours, pêcheur à la ligne parfois, a-t-il pu grouper les pêches dans un même tableau et les chanter ainsi :

Sous les saules touffus, dans le feuillage sombre,
A la fraîcheur du lieu, joint la fraîcheur de l'ombre,
Le pêcheur patient prend son poste sans bruit,
Tient la ligne tremblante, et sur l'onde la suit.
Penché, l'œil immobile, il observe avec joie
Le liége qui s'enfonce et le roseau qui ploie.
Quel imprudent, surpris au piége inattendu,
A l'hameçon fatal demeure suspendu?
Est-ce la truite agile, ou la carpe dorée,
Ou la perche éclatant sa nageoire pourprée,
Ou l'anguille argentée, errant en longs anneaux,
Ou le brochet glouton qui dépeuple les eaux?...

Mais ce qui était permis au pêcheur-poëte d'oublier et ne peut l'être par nous, à moins d'être taxé avec raison d'ignorance, c'est que les poissons ne se prennent ni avec la même gaule, ni avec la même ligne, ni le même hameçon, ni le même appât. Or comme il existe au moins une cinquantaine de manières de pêcher plus ou moins différentes, qui s'appliquent aux quarante et quelques poissons qui vivent continuellement ou temporairement dans les eaux douces de France, notre embarras devient grand, quand il s'agit de décrire pour chacun d'eux l'art de les pêcher, les moyens à employer, et surtout la science de les prendre.

Imiterons-nous nos devanciers, en consacrant à chaque poisson un exposé succinct des pêches qui s'y rattachent? Mais alors, c'est la sujétion pour l'auteur, et l'ennui pour le lecteur, de descriptions incessamment répétées avec quelques variantes; tant, nous l'avons dit, les pêches ne diffèrent que par des nuances insensibles, quoique très-réelles et efficaces dans la pratique. Certes! les imiter rendrait notre tâche facile, puisque les travaux de ceux qui nous ont précédé pourraient nous servir de guide et d'exemple.

Mais ne serait-ce pas aussi tomber dans les mêmes errements d'abréviations, en ne donnant pas au grand nombre de pêches qui servent au même poisson et à ses similaires le cadre et le développement que leur sujet comporte?... Eh bien, c'est à ces divers titres, et notamment parce que les dénominations d'usage qui servent à désigner au pêcheur ses divers procédés de faire, comme celle de pêche à la truite, de pêche au barbeau, etc., n'expliquent absolument qu'une chose générale, et par cela confuse, que, dans l'intérêt de ceux qui ont mis en nous leur confiance, nous croyons devoir *les modifier par des appellations plus caractéristiques, puisées dans leur action principale.*

C'est enfin que, comme il importe au débutant que les renseignements qu'on lui donne soient toujours simples et significatifs, afin qu'il puisse mieux se reconnaître, nous allons tenter de rassembler dans un même tableau toutes les manières de faire par corrélation, sauf à les diviser et classer ensuite

par catégories distinctes, de façon qu'en les parcourant on puisse en saisir les degrés qui les rapprochent et ceux qui les séparent.

Ferons-nous bien? Nous en avons l'espoir, parce
que, à notre avis, c'est le seul moyen de révéler aux
nouveaux venus toutes les ressources dont les pè-
cheurs disposent, l'unique mode pour nous de
faire de la simplification en restant précis et complet;
que c'est d'ailleurs le seul expédient qui apparaisse
à notre entendement pour arriver à ce but :

« Grouper et spécifier dans un petit nombre de
« pages tous les éléments et les détails nécessaires
« au pêcheur afin qu'il puisse, sans le concours de
« personne, passer de l'étude à la pratique et d'une
« pêche à une autre, avec la certitude qu'il n'aura
« choisi que les meilleurs procédés et ceux parti-
« culièrement applicables au poisson qu'il se pro-
« pose de pêcher. » Mais c'est à la condition toutefois de consulter notre ouvrage dans l'ordre
ci-après, *que nous considérons comme la clef de
notre méthode et de nos enseignements :* 1° Selon
le mois courant, se reporter à notre calendrier terminal, à l'effet de savoir quelle est l'influence du
mois, celle du temps, celle des eaux, les poissons
autorisés, les poissons mordants, les moyens applicables et les amorces du jour; 2° se reporter à l'historique du poisson qu'on doit pêcher, afin d'en
connaître les mœurs et les habitudes, les lieux où
on le trouve plus communément, les pêches qui lui
sont applicables, les appâts qui lui conviennent et
les hameçons à préférer; 3° lire avec soin la des-

cription de la pêche pour laquelle on a opté, afin de savoir avec plus de précision et plus de détails quel est le matériel qui lui est propre, l'art de l'agencer et de s'en servir, et par complément l'acquit de toutes les notions, ruses et ressources qui ne s'obtiennent que par une longue expérience.

TABLEAU GÉNÉRAL ET DIVISIONNAIRE DES PÊCHES.

—

Première division : les pêches de fond.

1º Aux cordeaux, lignes dormantes.
2º Aux jeux de fond,   id.
3º Aux traînées,   id.
4º Aux batteries,   id.
5º Aux grelots,   id.
6º Au *pater noster*, ligne verticale dormante.

Deuxième division : les pêches au vif.

1º A tendre le vif, lignes pêchantes.
2º A la planchette,   id.
3º Au trimmer,   id.
4º Aux vessies flottantes, id.
5º Aux liéges cachés,   id.
6º A lancer le vif, ligne courante.
7º A soutenir le vif, à deux gaules.

Troisième division : les pêches flottantes.

1º Stationnaires, ligne flottante et revenante.
2º A rôder ou à suivre, ligne flottante et courante.
3º Au fretin, ligne flottante et mordante.
4º A la gaulette, ligne flottante et ferrante.

Quatrième division : les pêches de tact et de coup.

1º De tact et de coup, ligne ondulante et plongeante.
2º A fouetter, ligne coulante et mordante.
3º A rouler, ligne coulante et rasante.
4º A soutenir à la gaule, ligne posante.
5º A soutenir au vergeon,   id.
6º A soutenir dans les pelotes,   id.
7º Au cadre ou à rouet, ligne plongeante.

Cinquième division : les pêches tournantes.

1º Au véron naturel, amorce tournante.
2º Au véron artificiel,   id.
3º Au tue-diable,   id.

Sixième division : les pêches de surface.

1º De jet, mouche naturelle, gaule détendante.
2º A la sautinette, ligne bordante et soutenante.
3º A la volée, mouche artificielle, ligne fouettante.
4º De surprise, mouches de jeux.
5º A la mouche en liége, ligne flottante.

Septième division : les pêches exceptionnelles.

1º Aux fagots, aux paniers, aux balances (écrevisses).
2º A la pelote à vermiller, etc.   (anguilles).
3º Au lacet ou collet.
4º A lancer le dard ou le harpon.
5º A la fouâne de fond et entre deux eaux.
6º A la bouteille aux goujons.
7º A la main.
8º A l'arbalète.
9º Au fusil.
10º Sous la glace.
11º Au poisson d'étain sinuant.

1re DIVISION : LES PÊCHES DE FOND.

1° Aux cordeaux, lignes dormantes.

Cette pêche est l'une des plus simples que nous connaissions. Son matériel se compose : 1° d'un petit morceau de bois long de quinze centimètres, à la base taillée en pointe, appelé piquet ; 2° d'une ligne, en tenu-chasseron, longue de cinq à six mètres qui s'y relie à son milieu ; 3° d'un bas de ligne un peu moins voyant que la corde principale ; 4° d'une balle, ou plombée servant de lest, fixée à environ trente-cinq centimètres de l'hameçon.

La pêche aux cordeaux dormants ayant ordinairement pour but de pêcher sur de longues étendues les poissons de fond, gros et moyens, il est essentiel, vu le grand nombre de lignes qu'on tend habituellement, de faire une ample provision d'amorces.

Les appâts les plus réputés pour pêcher de nuit l'anguille, le barbeau, le brochet, la perche et la truite, sont : les goujons, les vérons, le chabot, les cuisses de grenouille. Pour le jour, les gros vers, les limaces, les pelotes, le fromage.

Ayant indiqué au chapitre des appâts la manière d'amorcer chacun d'eux, il suffira au lecteur de s'y reporter.

Quant à la façon de poser les tendues, rien n'est plus simple. Parcourant les rives d'un étang, d'un lac, etc., il suffit de s'arrêter aux lieux jugés les plus propices, de dépelotonner la ficelle, d'enfoncer le

piquet en terre, d'amorcer et de lancer la ligne à
l'eau à la distance de quelques mètres, pour que
bientôt l'amorce descende sur le fond et y reste
immobile.

Tendant dans une rivière au cours rapide, l'action
du courant rapprochant sans cesse l'amorce à la
bordure de la rive, malgré le poids du lest dont le
bas de ligne est chargé, il est essentiel de lancer
l'amorce le plus loin possible.

Les meilleurs endroits pour placer les tendues de
fond dans les eaux courantes sont les affluents, les angles, les remous, les approches d'un pont, d'un aqueduc, les alentours d'une usine, les lieux où il existe des
branchages et des herbages; encore faut-il que l'extrême des lignes ne puisse s'y emmêler. Quant aux
cordeaux destinés à pêcher le jour, le mieux est de les
tendre dès l'aube, pour ne les enlever qu'au déclin.
Mais comme il convient de les surveiller, un pêcheur
vigilant ne manquera pas de les inspecter de deux
heures en deux heures, afin de renouveler les
amorces avariées, autant que pour s'emparer des
poissons pris. S'il s'agit au contraire d'une pêche de
nuit, il est préférable de ne tendre qu'au crépuscule,
parce qu'à l'avantage de se servir d'amorces fraîches
s'ajoute celui d'être moins vu des maraudeurs, alors
qu'on place les lignes.

Pêchant principalement l'anguille, qui est un
poisson souple, nerveux, à la peau gluante, que la
main ne peut contenir par pression, deux petits instruments sont indispensables pour s'en rendre
maître : 1° une pince cannelée; 2° un couteau-

dégorgeoir propre à extraire l'hameçon, souvent enfoncé profondément dans la gorge.

L'heure du relevage arrivée, on attire les lignes à soi, les unes après les autres, en les comptant, les pressurant et les nettoyant, avant de les pelotonner sur leur piquet particulier. De retour au logis, on s'empresse de les étendre, de manière à les faire ressuyer, ainsi assurer leur conservation.

Bien qu'avec les cordeaux dormants on puisse prendre, ainsi que nous l'avons dit, presque tous les poissons, il ne faut pas perdre de vue qu'en général, c'est plutôt aux *anguilles* que le pêcheur s'adresse. Eh bien! une longue expérience nous a enseigné qu'on ne fait jamais de plus amples captures que par des eaux jaunies et tourmentées; qu'alors que les nuits sont peu constellées et sombres; qu'alors que les eaux se trouvent attiédies par l'effet des trop grandes chaleurs de juin et du trimestre suivant. C'est absolument le contraire pour les *poissons plus diurnes que nocturnes,* qui recherchent leur pâture, bien plus des yeux et en nageant entre deux eaux, que par l'odorat, la taction et en rasant le sol.

Une erreur généralement partagée par les pêcheurs qui se livrent à la pêche aux cordeaux est celle de croire qu'il est indifférent de se servir de lignes fortes et voyantes, armées d'hameçons médiocres en fer étamé, plutôt que de lignes vertes de grosseur moyenne et d'hameçons de choix, irlandais, demi-cambrés et à la pointe bien aiguë. Toutes nos lignes sont ténues, quoique résistantes. Elles sont terminées par un émérillon tournant qui se relie à un bas de ligne en soie, et nous trouvons par l'adoption de ces perfectionnements que nous avons bien moins de manquements. Mais, avantage non moins précieux, c'est que, par suite de l'adjonction de l'émérillon, nos lignes sont infiniment moins sujettes à se vriller et à se nouer, sous les mille efforts, tours et entre-croisements du poisson prisonnier.

Poissons mordants.

L'anguille, le barbeau, le brochet, le chevenne, la perche, le saumon, la truite, en amorçant de l'un des appâts ci-dessus, ou de ceux de fond qui figurent à leur historique.

Réglementation.

Les pêches de fond sont interdites dans les eaux du domaine public et celles concédées par licences à des fermiers de pêche.

Dans un grand nombre de départements, elles sont autorisées dans les petites rivières, à moins d'un arrêté préfectoral qui la défend, ainsi que cela existe pour le département des Vosges.

2° Anx jeux de fonds dormants.

Le matériel de cette pêche est absolument le même que celui au cordeau, à l'exception que la partie inférieure de la ligne porte trois petites ramifications armées d'hameçons gradués en force, chargés d'appâts divers, qu'on nomment jeux. Évidemment, une aussi petite modification ne valait pas la peine de donner à cette pêche un nom particulier. Si les auteurs qui nous ont précédé l'ont fait, c'est qu'ils y ont été entraînés par cette considération, qu'en fait de pêche, la différence qui sépare la première de la seconde, et ainsi des autres, est souvent peu sensible, bien qu'on arrive, de changements en changements, à des extrêmes si opposés que la fin se trouve être le contraire de leur commencement. Nous appellerons donc, comme nos prédécesseurs, pêches aux jeux de fond toutes lignes munies d'une plombée, montées sur un piquet, qui portent à leur base des ramifications espacées à environ vingt-cinq centimètres l'une de l'autre, dont la première empile, par exemple, serait amorcée d'asticots; la seconde, d'un ver de terreau; la troisième, de fromage ou d'une limace; le bas de ligne central, soit d'une cuisse de grenouille, soit d'un menu poisson mort.

On voit que ce qui distingue surtout la ligne aux cordeaux de la pêche aux jeux, c'est que dans la première le pêcheur semble se préoccuper de l'espèce et de la grosseur du poisson, tandis que dans la seconde il vise à prendre le tout venant, gros, moyens et petits.

Il y a d'ailleurs une autre disparité qui ressort de l'usage : c'est qu'à raison de la diversité de ses appâts, la pêche aux jeux est essentiellement de jour et réclame une surveillance permanente. Aussi les pêcheurs choisissent-ils toujours un espace concentré qu'ils peuvent dominer du regard, de manière à être constamment prêts à ferrer, à l'instant du mordage.

Poissons mordants.

Toutes les espèces qui se prennent aux cordeaux dormants, en ajoutant la brème, la carpe, le flez, le gardon, le mulet, la plie, le meunier, la vandoise, le vilain, la tanche.

Même réglementation que la pêche aux cordeaux, lignes dormantes.

3° Aux traînées.

La pêche aux traînées est essentiellement de nuit. Il en est dont l'étendue est petite et d'autres très-longues. Les petites servent à tendre dans les rivières; les grandes, dans les fleuves; elles demandent alors le choix des endroits les plus paisibles et les moins fréquentés des navires.

Ordinairement son matériel se compose d'une forte corde principale parfaitement dévrillée, à laquelle sont attachées de mètre en mètre, par des nœuds de boucle, des ramifications longues de cinquante centimètres, qu'on nomme empiles.

C'est à l'extrême de chacune de ces ramifications qu'on attache l'hameçon propre à soutenir l'appât et piquer le poisson. La pose des traînées demande habitude et habileté. En général, trois hommes montés en barque emportent le matériel. Arrivés sur les lieux de la pêche, le canotier arrête le bateau; puis les deux autres commencent par fixer au fond de l'eau l'une des extrémités de la corde principale qui compose la traînée, en ayant soin de l'immobiliser

au moyen d'une grosse pierre appelée parriau. Cela
fait, l'un des pêcheurs déroule une levée de cinq
mètres, qu'il s'empresse d'amorcer et de placer sur le
lit des eaux parallèlement et contrairement à son
cours. Cette première longueur placée, on suspend
le déroulement de la traînée le temps de réapposer
un second parriau, un peu moins fort que le premier.
Ainsi de cinq mètres en cinq mètres jusqu'à la fin
de la tendue, qui est parfois longue de 500 empiles.
Parvenu à sa fin, on ancre cette fois solidement, de
façon à éviter, soit que la traînée charrie, soit quelle
puisse être entraînée par le courant, soit que les
empiles puissent s'emmêler. Assuré que la traînée
restera stable, on peut dès lors se retirer, en la laissant
en repos toute la nuit.

Le lendemain on revient à la première heure du
jour, pour effectuer le levage et recueillir les poissons
pris, en commençant par le point où l'on a débuté
la veille, c'est-à-dire de l'aval en amont.

Afin de simplifier cette opération, il est d'usage
de se servir d'une longue perche armée d'un crochet
propre à saisir la traînée et la remonter parriau par
parriau. Toutefois, comme on est souvent exposé dans
ce travail difficultueux à voir les empiles se nouer,
le plus grand nombre des pêcheurs parent à cet
inconvénient en détachant successivement chaque
empile, au fur et à mesure qu'il en est une qui apparaît à la surface de l'eau, en ayant soin de la dépouiller,
soit de l'amorce qui s'y trouve encore, soit du poisson
pris. Cette manière d'opérer demandant une grande
dépense de temps, nous avons emprunté aux marins

qui pêchent le maquereau aux traînées leur manière de faire. Ce moyen consiste à se servir d'un cadre en bois, sur lequel on enroule, d'un côté, le corps principal de la traînée, et de l'autre, les ramifications.

Que la pêche ait été heureuse ou malheureuse, une obligation s'impose au retour, celle de faire sécher la traînée. L'oublier, c'est s'exposer à voir pourrir les empiles en très-peu de temps.

Les amorces les plus réputées pour cette pêche sont les chabots, les cuisses de grenouille, les gros vers, les limaces, parce qu'étant plus tenaces que les pâtes et les viandes, il y a plus d'espoir que le poisson se piquera à l'hameçon en essayant de l'enlever ou de l'avaler.

Pratiquée en grand, dans des eaux poissonneuses, cette pêche est essentiellement destructive; aussi devrait-elle être frappée d'interdiction comme toutes celles où le nombre constitue un danger de dépeuplement.

Même réglementation que les précédentes.

Poissons mordants.

L'anguille, le barbeau, le brochet, le chevenne, la perche, le saumoneau, la truite, etc.

4° Aux batteries.

Considérée dans son ensemble, cette pêche n'est rien de plus qu'une ligne de fond dormante, reliée à une perche au lieu de l'être à un piquet.

Examinée dans ses détails, son matériel se compose :
1° d'une perche support de la ligne à la base terminée

en pointe ; 2° d'une forte ligne en soie ; 3° d'une petite balle destinée à servir de lest, qu'on fixe entre deux nœuds d'arrêt, à environ trente-cinq centimètres de la partie terminale du corps de ligne ; 4° d'un hameçon, évidemment approprié à l'amorce dont on doit faire usage.

Pêche essentiellement de jour et de surveillance, ses appâts préférés sont : les gros vers pour la truite et l'anguille, le fromage pour le barbeau.

Si on l'appelle batterie, c'est qu'ordinairement on n'emploie pas moins de quatre gaules, séparées par une faible distance, que le pêcheur peut inspecter d'un coup d'œil.

On voit que le principal inconvénient de cette pêche est dans le poids du matériel, qui est long et gênant à porter. Aussi la plupart des pêcheurs préfèrent-ils, arrivés sur les lieux, couper aux taillis qui bordent les rivières les perches dont ils ont besoin. Témoin des plaintes légitimes des propriétaires riverains, des criailleries et menaces des gardes champêtres, nous avons su éviter leurs clameurs par un procédé bien simple. Au lieu de perches, nous achetons chez les marchands de parapluies des perchettes en jonc flexibles, longues d'un mètre, sur lesquelles nous enroulons nos lignes, de sorte que nous possédons un matériel portatif, susceptible d'être contenu dans un fourreau en toile, qu'il nous suffit de dérouler dès que nous sommes arrivé à notre emplacement.

Exposé, quand on pêche aux batteries avec des perchettes, à se déranger souvent pour rien, croyant à une attaque du poisson alors que ce n'est que l'action du courant de l'eau ou le tiraillement de l'écrevisse qui agite la ligne, la science du pêcheur consiste à reconnaître un indice faux d'un indice vrai. L'indice est faux 1° quand le mouvement de va-et-vient des perchettes, en descente et remontée, s'effectue d'une façon quasi régulière et permanente; 2° lorsque par suite de l'attouchement des herbes, la ligne paraît animée de la même ondulation; 3° lorsqu'enfin de petites secousses, accompagnées de légers frémissements, semblent dénoter du mordage d'un crustacé ou d'un menu fretin. L'indice est vrai quand la flexion du jonc s'opère irrégulièrement et par saccades plus ou moins brusques. Quoi qu'il en soit, que le pêcheur se serve de deux ou trois batteries (ce qui est bien suffisant pour employer ses instants), on considère le relevage des lignes de demi-heure en demi-heure comme nécessaire, autant pour renouveler les amorces endommagées que pour s'emparer des poissons qui auraient pu se prendre sans le concours du pêcheur.

Poisson mordant.

L'anguille, le barbeau, le brochet, le chevenne, le saumoneau, la truite, la tanche, la carpe, etc.
Même réglementation que les précédentes.

5° Au grelot

Cette pêche est également de fond, son matériel absolument semblable à celui en usage pour pêcher aux batteries. Il n'en diffère que par l'adjonction d'une sonnerie qui permet au pêcheur impatient ou méditatif de se livrer à la lecture en attendant que le carillon du grelot attire son attention. Il y a diverses manières de fixer le grelot. La plus simple est de le placer à la naissance de la ligne; mais ainsi posé, il ne fonctionne pas toujours bien.

Un autre système plus parfait, à cause de ses qualités de ressort et de sa sensibilité, est celui qui repose sur un piquet, à la base armée d'une lance, et dont le sommet est surmonté, soit d'un fil de fer en acier, soit d'un vergeon en baleine auquel on attache le grelot.

Parmi les inventions plus modernes, on cite celle qui est due à M. Moriceau, fabricant d'ustensiles de pêche. Cet appareil consiste dans un piquet à poulie, armé d'un bras, qui, à la traction faite par le poisson sur la ligne, frappe à chaque tour opéré par la poulie en dévidement, sur le ressort qui sert de support au grelot.

Parmi les considérations qui s'appliquent à cette pêche, comme à toutes celles de fond à ligne dormante, nous citerons celle-ci : c'est qu'on ne doit jamais placer la plombée plus près de l'hameçon que 35 à 40 centimètres, un plus grand rapprochement rendant l'appât lourd et brutal à l'attaque. Nous pouvons également ajouter que lorsqu'on pêche l'anguille, il y a de réels inconvénients à se servir d'un jeu de ramifications, tant parfois cet animal se noue et s'entre-croise aux empiles. Aussitôt un mordage bien prononcé, le pêcheur doit s'empresser de courir à la ligne et ferrer. Le poisson piqué, il convient de le contenir sans brutalité;

sinon il gagne les herbes et il devient impossible de l'en déloger. C'est bien pis encore quand le poisson piqué est une anguille dont le repaire est proche, qu'on sait être au plus souvent une excavation étroite et prolongée, ou parfois les interstices qui séparent deux grosses pierres l'une de l'autre. Elle s'y cramponne avec une telle énergie que bien souvent on est forcé de lui abandonner une partie de son matériel.

Pêchant en batterie, il est indispensable que les grelots soient de sons différents, sinon on s'expose, au carillon d'une ligne, à courir de l'une à l'autre, sans savoir celle qu'on doit saisir et ferrer.

Nous avons rencontré dans nos excursions quelques pêcheurs somnolents qui se servaient d'un grelot, gaule implantée à la rive, le milieu soutenu par une fourche et *ligne flottante*, afin d'obtenir deux indices de ferrement pour un. Ce procédé ne nous a pas paru répondre convenablement à son but.

Poissons mordants.

Les mêmes qu'en pêchant aux batteries.
Même réglementation que les pêches précédentes.

6° **Au pater noster.**

Cette pêche, que nous classons peut-être improprement de fond, parce qu'elle ne l'est pas d'une manière absolue, se distingue des précédentes à raison de la verticalité de sa partie pêchante, qui est constituée pour fonctionner à différents points de la couche liquide, de fond, de demi-fond et presque à fleur d'eau.

Néanmoins, quand on considère qu'un piquet sert de support à la ligne ; que la cordée principale est une ficelle forte ; qu'elle a pour but une plombée destinée à prendre son point d'appui sur le lit des eaux ; que le pêcheur n'est pas tenu à une surveillance constante, on est en quelque sorte forcé à conclure, ainsi que nous, qu'il est impossible de la classer dans une catégorie plus en rapport.

Le matériel de cette pêche n'est pas absolument le même pour tous les pêcheurs, chacun l'appropriant à un but plus ou moins déterminé, selon qu'il s'adresse plus spécialement aux poissons de fond ou de demi-fond. Le nôtre repose sur un système mixte propre à prendre le tout venant; voici sa description :

Il consiste en un piquet surmonté d'une tête à

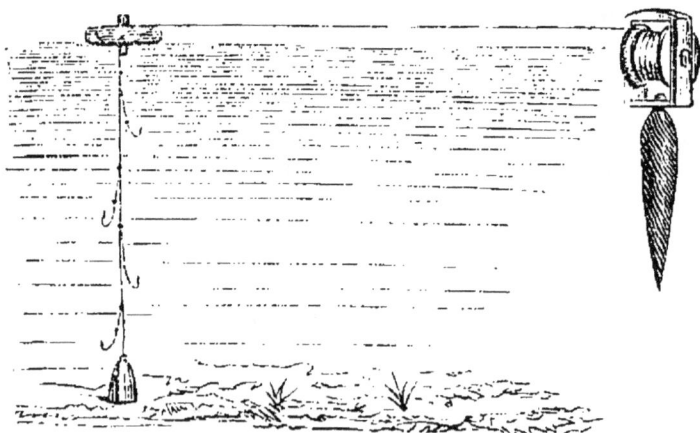

Fig. 81. Pater noster.

pivot, dans laquelle roule sur un treuil une poulie

creusée sur sa circonférence, de manière à y pouvoir placer une longue ligne dont l'about se termine par une forte plombée d'assise. Qu'on ajoute à cette ligne une rondelle en liége, en vue d'obtenir l'élévation orthogonale de son extrême. Plus, trois ou quatre ramifications empiles, échelonnées sur la partie pêchante de la ligne. Il suffira d'implanter le piquet à la rive, puis de se transporter, au moyen d'une barque, à l'endroit où la tendue doit être placée, pour qu'aussitôt descendue, le liége qui sert de force ascensionnelle à la partie pêchante élève celle-ci verticalement, prête à répondre à toutes les attaques du poisson, qu'elles aient lieu à fleur d'eau, de demi-fond ou de fond. La pêche au *pater noster* est peu pratiquée en France. Et cependant, nous la croyons très-utilisable, aux crônes, aux trous profonds, à la base des chutes, partout où les flots sont agités à la surface, refoulante au milieu, plus paisible en bas. C'est avec cette pêche, qui permet de tendre au centre des rivières les plus larges, que, principalement la nuit, nous avons vu en Angleterre les rôdeurs de ce pays prendre leurs plus beaux poissons. Quant au nom bizarre que cette pêche porte, nous croyons qu'il est dû à ce qu'en général on a le temps de dire plusieurs *pater noster* avant de faire une capture.

Poissons mordants.

L'anguille, le barbeau, la brème, le brochet, la carpe, le chevenne, le saumon, la truite, etc.

Amorces.

Les vers, les limaces, les cuisses de grenouille, le fromage de Gruyère, les menus poissons morts.

Même réglementation que pour les cinq pêches que nous avons décrites.

IIᵉ DIVISION : LES PÊCHES AU VIF.

1º A tendre le vif, lignes pêchantes.

On appelle ainsi les pêches qui ont pour but de prendre les poissons de proie, en amorçant l'hameçon d'un petit poisson vivant.

Ce serait donc à tort que presque tous les auteurs qui ont écrit sur ces pêches les qualifient de **dormantes**, parce qu'en général on se sert d'un piquet pour maintenir la ligne, et qu'on n'est pas tenu à leur surveillance. L'expression dormante ne peut s'appliquer qu'aux pêches immobilisées sur le fond. Or, la pêche au vif étant essentiellement de demifond et agissante, nous ne voyons rien qui puisse justifier cette dénomination. Cette réserve faite, nous entrons dans les détails du matériel, et comme le brochet, par sa constitution et ses instincts agressifs, représente le type le plus puissant des poissons de proie, c'est surtout d'après sa conformation, ses goûts et ses habitudes, que nous établirons les moyens que nous avons à cœur de faire prévaloir, pour prendre avec succès tous les gros poissons qui se rapprochent de ses mœurs.

Dans notre historique du brochet, nous avons dit, pensons-nous, qu'à l'instar de tous les poissons de proie, il avait l'habitude de se tenir à l'affût sous les larges feuilles de grandes plantes aquatiques, parce que, sous leur abri, il voyait sans être vu et qu'au plus souvent il se trouvait ainsi au plus près des passées où le menu a coutume de rechercher sa pâture et de voyager en groupe.

Nous ajoutions que ses mâchoires étaient garnies de dents tellement nombreuses, pénétrantes et tranchantes, qu'elles étaient capables de couper d'un seul coup la ligne la plus résistante;

Que l'œsophage présentait si peu de parties charnues, que presque toujours la pointe de l'hameçon simple glissait sur les cartilages de la gueule, sans les pénétrer, d'où l'impuissance de le prendre;

Qu'enfin et par complément, cet animal était doué de la faculté d'expulser presque instantanément, par l'effet d'un souffle puissant, l'appât qu'il avait happé, susceptible d'éveiller en lui l'idée d'une méprise ou l'appréciation d'un danger quelconque.

Il est évident que, devant un poisson ainsi armé et organisé, il y avait obligation, pour le vaincre, de recourir à des engins spéciaux de la plus grande énergie. Voici comme on y est parvenu :

En employant pour *soutiens* de lignes *des perches* en noisetier de différentes longueurs, de préférence aux piquets, qui n'ont que peu de portée;

En se servant *de lignes* en petit chasseron pur chanvre, cordelé en neuf, longues d'environ dix mètres, terminées à leur extrême par un émérillon tournant;

En ajoutant à la fin terminale du corps de ligne *un bas de ligne,* se composant d'un fil de laiton recuit, auquel se relie une chaînette à boucle propre à recevoir l'aiguille à amorcer;

En ayant soin de ne faire usage que d'un *hameçon double,* appelé dans le commerce *griffon,* aux branches opposées et cambrées en forme d'ancre, de manière à s'enfoncer facilement dans la gorge de l'animal et néanmoins doué de pénétration à toute opposition faite;

Enfin, pour le mieux maîtriser et le dompter, d'un appareil de *déroulement,* triplant la force de la ligne. Mais, comme il est facile de comprendre qu'en raison du nombre considérable de ces petits instruments, alors qu'on se propose de tendre à toutes les places avantageuses d'un vaste étang, aucun pêcheur n'a pu s'arrêter à l'idée de se servir de moulinets, à cause de la dépense qu'un tel luxe de moyens entraînait, on a dû rechercher des moyens plus simples. Telle est la fourche en bois, que le commerce vend vingt centimes pièce, et que les pêcheurs industrieux et économes peuvent se procurer pour rien, en les coupant au premier buisson venu, sauf à les façonner d'après cette description.

On appelle *fourche* au vif une branche bifurquée dans la forme d'un Y, ayant par conséquent une queue surmontée de deux dents. Qu'on fasse à l'entête de l'une des dents une encoche propre à y

engager et arrêter la ligne par pression, l'appareil
de déroulement sera terminé.

Maintenant que le pêcheur connaît toutes les
pièces principales qui composent l'attirail de la
pêche ordinaire à tendre le vif, voyons quels sont
les moyens les plus simples de les assembler.

Ordinairement, on commence par attacher solidement la fourche au sommet de la perche, et la
ligne au nœud de bifurcation de la fourche. Certain
que ces deux objets ne pourront se défaire, on
enroule en partie la ligne sur les branches de la
fourche par spires non superposées et assez fortement serrées, pour faire fléchir l'extrème des dents.
Arrivé à la longueur d'enroulement où il y a lieu de
supposer qu'il ne reste plus qu'un bout de ligne
correspondant à la profondeur de l'eau où le vif
est appelé à se mouvoir, ni trop haut ni trop bas,
on l'arrête en l'insinuant dans l'encoche de la
branche fendue. C'est à cet excédant de ligne qu'on
relie la chaînette de sùreté et l'aiguille à amorcer
propre à recevoir le griffon.

La partie pêchante de la ligne convenablement
proportionnée à l'épaisseur de la couche liquide,
c'est à l'amorce qu'on doit songer. Que le vif
s'appelle vandoise, gardonneau, ablette, percot, etc.,
pourvu qu'en se servant de ce dernier, on ait la
prévoyance de lui couper les aiguillons dont sa nageoire dorsale est armée, notre manière d'amorcer
(nous disons notre manière, car chaque pêcheur à
la sienne) peut se définir en quelques mots : enlever
à l'amorce deux ou trois écailles sur le même côté,

à deux points différents, l'un en dessous des opercules, l'autre devant la queue. Cette opération faite, **on** perfore la peau au point où elle a été mise à nu avec la pointe du griffon, de manière à ne pas entamer les chairs. Les deux trouées préparées, **on** engage l'aiguille à amorcer dans la percée située près la queue, de façon à faire ressortir son extrême par celle près de l'œil. Dès lors, il n'y a plus **qu'à** passer l'une des pointes du griffon dans la boucle terminale de l'aiguille à perforer, et tirer sur **la** chainette qui s'y relie, afin de dissimuler sous **la** peau du vif la plus grande partie de la verge de

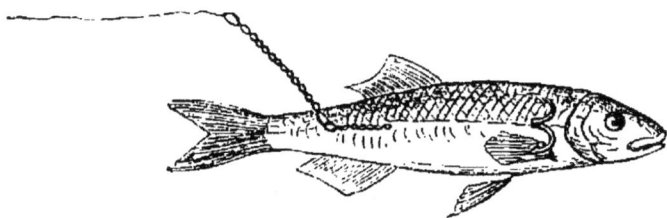

Fig. 82. Menu poisson amorcé.

l'hameçon; l'amorcement terminé, qu'à se hâter de déposer le poisson-amorce dans l'eau, où la fraîcheur le rendra bientôt à la vie.

Mais indépendamment de ce mode d'amorcement, il en est deux autres que nous croyons néanmoins devoir citer : l'un appelé par accolement; l'autre par accrochement simple. Le premier consiste à se servir également d'un hameçon double, relié à **un** fil métallique en laiton, qu'on fait passer dans **la** bouche du poisson et ressortir par l'une des ouvertures des opercules. L'aiguille introduite et ressortie, on l'accole longitudinalement à l'amorce et on l'arrête près de la queue au moyen d'une ligature. Malgré le mérite incontestable de ce système, inventé pour éviter les percées du vif et ne pas l'outrager, nous sommes resté constamment fidèle au mode par trouées, par deux raisons, dirons-nous, décisives. La première, c'est que l'amorcement par pénétration est plus prompt; la seconde, c'est que le vif se trouvant soutenu par la chaînette, dans une position plus horizontale, par rapport à l'élément liquide où il est appelé à se mouvoir, il est moins exposé à plonger et à se fatiguer par des efforts inutiles.

Quant à celui par *accrochement* simple, il n'est guère employé que pour des poissons menus, tels que le véron et l'ablette. Il repose uniquement sur un hameçon ordinaire n° 2, dont la pointe est engagée dans la lèvre supérieure de l'amorce.

Mais quel que soit, de ces trois moyens d'amorcements, celui que nos lecteurs pourront préférer, nous croyons, avant de passer à la manière de placer les tendues, devoir déclarer qu'à notre avis il est indispensable d'ajouter à la naissance du bas de ligne une petite flotte en liége et tant soit peu de lest vers son milieu. L'une empêchant l'amorce de s'enfoncer trop profondément dans l'eau; l'autre, qu'elle remonte à la surface, à une hauteur où le poisson de proie n'oserait peut-être l'attaquer.

Nous avons beaucoup pêché à tendre le vif, dans le bassin de la Somme, depuis Saint-Valery jusqu'à Amiens, vallée qui possède de vastes tourbières, représentées par des milliers d'hectares d'eau. Le mode d'amorcement des bons praticiens de ce pays diffère peu du nôtre. Et comme nous sommes convaincu, par nos réussites, que le procédé que nous propageons est le meilleur, c'est à l'adopter exclusivement que nous invitons nos lecteurs.

Maintenant passons à la pose des tendues. La veille d'une excursion, le premier soin à prendre est évidemment de se procurer des amorces vives. On y parvient aisément en consacrant une ou deux heures à pêcher le menu, ligne flottante et mordante, et, mieux encore, en se servant d'une épuisette au long manche, qui permet de fouiller les herbes. Une fois en possession d'amorces, il est d'usage de consacrer le reste de la journée à reconnaître les repaires, les passées et les couverts fréquentés par les poissons de proie. Il y a gîte, chaque fois qu'il existe, au milieu des herbages, des éclaircies sphéroïdales en débris, qui dénotent du séjour et de la forme du brochet. Il y a cantonnement, presque en tous lieux où le fretin abonde. Il y a chasse, partout où l'on entend un bruit éclatant, qui se traduit par de larges ondulations, et qu'on aperçoit le fretin s'enfuir avec terreur. Assurément, on peut négliger cette exploration quand les lieux où l'on se propose de pêcher sont connus depuis longtemps, ou même encore lorsqu'on a l'habitude de tendre le vif, tant il est facile, à première vue, de distinguer les meilleures places, les indices de séjour des brochets, les signes qui caractérisent leur présence étant toujours les mêmes. C'est toutefois une règle générale de ne considérer une ligne bien placée qu'à la condition que le vif puisse se mouvoir librement dans le

cercle qui lui est limité, sans s'accrocher aux herbes
d'alentour, ni s'enrouler à la perche, ni s'appuyer
à la rive, ni se reposer sur le fond des eaux.

Lors donc qu'une place a été choisie, on amorce
vivement, pour ne pas trop affaiblir l'appât. Deux
minutes à peine doivent suffire. Le talon de la
perche implanté en terre, on s'empresse de déposer
l'amorce dans l'eau, et l'on passe à d'autres tendues.
Mais s'il est facile de bien poser une ligne à l'encontre d'une rive, de réelles difficultés existent
quand le pêcheur, monté en barque, doit placer ses
tendues au centre d'un étang à profondeurs variables,
où il faut absolument trouver un point d'appui aux
supports. Néanmoins, on surmonte en partie ces
obstacles en ayant soin de conserver les perches
les plus longues pour les endroits les plus profonds.
Mais comme alors les perches deviennent l'axe
autour duquel doit se mouvoir librement l'amorce,
sans qu'elle puisse s'y enrouler, il y a nécessité de
recourir à l'adjonction d'un roseau long et léger,
qu'on accole horizontalement à la ligne, de telle
façon qu'il serve au vif de bras d'*écartement*. Toutes
lignes posées, le pêcheur peut se retirer pendant
quelques heures, sauf à revenir ensuite inspecter
ses tendues. A coup sûr, si le brochet est abondant,
plusieurs seront pris.

La manière d'enlever un poisson avec une épuisette est trop simple pour que nous nous y arrêtions;
mais il peut arriver qu'on ait oublié cet instrument,
qu'on soit obligé de prendre le poisson à la main,
au risque d'être mordu ou de le manquer. Dans ce

cas, nous conseillons : 1° d'attirer l'animal avec la ligne, jusqu'à ce qu'il soit ramené à la portée de la main; 2° de plonger vivement le pouce et l'index dans les yeux du poisson, de manière qu'ils pénètrent profondément sous les arcades frontales. Ainsi tenu par les doigts comme s'il était saisi par une pince, il suffira d'enlever l'animal prestement et de le jeter dans la barque.

De toutes les pêches aux tendues, celle au vif est certainement la plus amusante; tout s'y trouve, préparations, mouvements, variété, etc.

Les mois les plus favorables sont ceux où les grandes herbes aquatiques n'ont pas encore complétement envahi les eaux.

Considérée comme assez productive de jour, elle est bien plus abondante la nuit; mais alors gare aux maraudeurs, qui ne redoutent pas de s'emparer de la barque, de visiter les tendues, et de s'approprier des poissons captifs.

Poissons mordants.

Le brochet, la grosse perche, la truite, le saumon, etc.

Pêche interdite dans quelques départements et autorisée dans d'autres. (Voir les arrêtés préfectoraux qui concernent les rivières et les étangs où l'on pêche.)

2° Aux planchettes.

Cette pêche est infiniment moins pratique que celle que nous venons de décrire dans le chapitre précédent, quoiqu'elle ait l'avantage d'être applicable à toutes les profondeurs, et de ne se révéler que par un petit plumet indicateur.

Son attirail se compose : 1° d'une planchette rectangulaire d'environ vingt centimètres de longueur sur douze de largeur, dont le dessus est surmonté d'un léger panache, et dont le dessous porte deux forts pitons propres à recevoir le talon de la perche;

2° D'une perche en noisetier, longue de 1 mètre 50 centimètres, sur laquelle sont fixés, à 30 centimètres l'un de l'autre, des anneaux conducteurs de la ligne ;

3° Au sommet de la perche, une fourche d'enroulement et de déroulement de la ligne, reliée par une attache quelconque ;

4° D'une ligne longue en petit chasseron pur chanvre, terminée par un bas de ligne en fil de laiton, auquel se rattachent l'aiguille à amorcer et le griffon ;

5° Enfin d'une plombée-glissoire munie d'un tenon, propre à obtenir, à toute profondeur, l'immobilisation.

La manière d'ajuster ses différentes pièces consiste : 1° à engager le talon de la perche dans les deux pitons de la planchette; 2° à relier le commencement de la ligne au talon de la perche, sauf à faire passer l'excédant dans le piston de la plombée, puis dans les anneaux de la perche, jusqu'à ce qu'arrivé vers la fourche on l'enroule par spires bien serrées et on l'arrête en l'insérant dans l'encoche de la dent fendue ; 3° à relier le bas de ligne à la ligne, au moyen d'un émérillon à boucle ; 4° enfin à amorcer le vif au griffon, par l'un des procédés que nous avons fait connaître. Dans ces conditions, il suffira de placer la tendue à l'endroit où le vif doit fonctionner, pour que la plombée, obéissant à son poids, descende s'asseoir sur le fond en immobilisant le matériel, si la longueur de la ligne a été justement proportionnée à raison de la profondeur des eaux.

Mais bien que la pêche aux planchettes soit plus artistique que son aînée, chaque fois qu'il nous a été donné de pêcher au vif à découvert, nous sommes

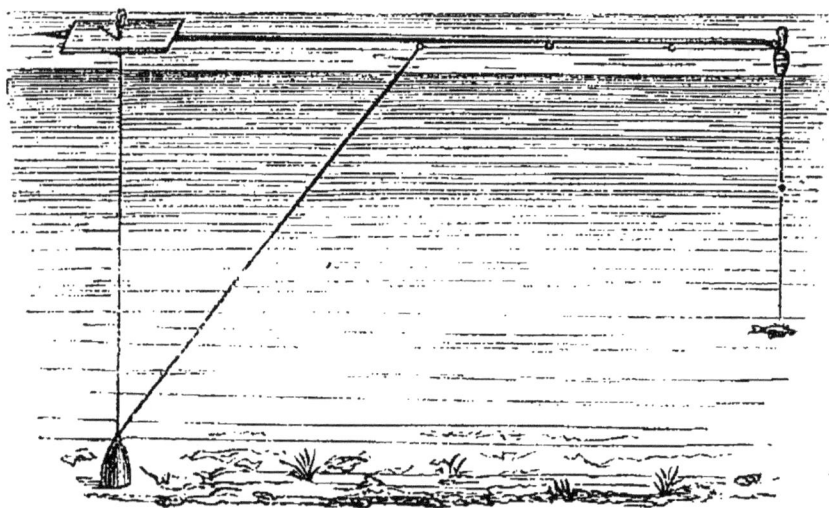

Fig. 83. Matériel de la pêche à la planchette.

resté constamment fidèle au mode qui nous a servi de point de départ, parce qu'avec cette dernière, et dans un même temps donné, on peut placer un nombre de tendues double.

Sans doute le temps de la pose, qui ne peut s'effectuer ici qu'à l'aide d'une barque, se trouverait considérablement réduit si, à l'exemple de presque tous les auteurs qui ont écrit sur la pêche au vif, nous supprimions l'emploi de la fourche de déroulement de la ligne. Mais que serait la pêche au vif sans ce complément indispensable? L'oublier, c'est démontrer qu'on n'a jamais pratiqué cette pêche. Pourquoi? La raison en est simple : C'est que les poissons de proie sont inhabiles à engloutir le vif entre deux eaux quand il u. passe la grosseur d'une ablette. C'est que, p ur peu que l'amorce soit forte, il faut au brochet, de même qu'à tous les poissons de proie, l'appui du fond pour la broyer, la retourner et l'ingérer. C'est que d'ailleurs, à moins de n'avoir pris que des brochetons d'un à deux kilos, sans grande puissance de réaction, tout pêcheur doit savoir que ce n'est pas avec une ligne de 5 à 6 mètres, fût-elle garnie d'une plombée de 5 hectogrammes, qu'on peut contenir, sans danger de le perdre, un brochet de 5 à 6 kilogrammes.

Mais indépendamment de ces considérations, il en est une autre qui a bien sa valeur ici : c'est qu'il importe au succès que le poisson assaillant n'éprouve aucune opposition à l'instant où il saisit l'amorce pour l'emporter ; toute résistance, toute secousse pouvant blesser le brochet, d'où l'abandonnement de l'amorce et la fuite de l'animal. Nous recommandons donc vivement les lignes longues à déroulements progressifs.

Poissons mordants.

Le brochet, la grosse perche, les salmonides.
Mêmes législation et réglementation que les précédente.

3° Au trimmer.

Le mot *trimmer* signifie dans la langue anglaise temporisateur. Cette expression parlante a pour but d'exprimer que le matériel principal de cette pêche se composant d'une espèce de poulie en forme de flotteur, la ligne se déroule sans résistance à l'attaque du poisson, en lui donnant le temps nécessaire de gagner le fond et d'absorber sa proie.

Ce système repose en effet sur une rondelle en liége, d'environ 12 centimètres de diamètre, percée d'un trou au centre, propre à recevoir une cheville en bois, dont la base porte une encoche, destinée à arrêter l'extrême de la ligne, dès que le corps principal de la cordée a été enroulé autour de la cir-

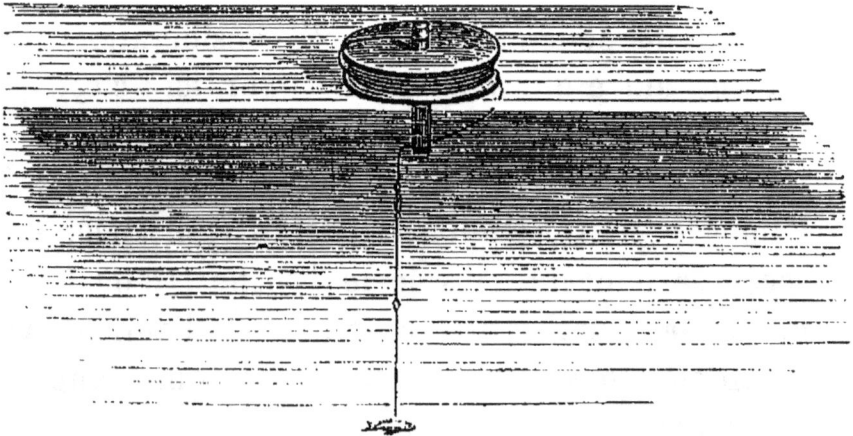

Fig. 84. Trimmer.

conférence du liége, qui est creusée sur sa périphérie.

Quant au bas de ligne, c'est-à-dire à la chaînette,

à l'aiguille à amorcer, au griffon, rien n'étant changé, il suffira au pêcheur de se reporter aux amorcements précédemment décrits.

Mise en usage comme on le fait en Angleterre, la pêche au trimmer est trop errante, susceptible de s'amasser là où le courant de l'eau ou même l'action des vents dirige le flotteur.

On pare à cet inconvénient par l'adjonction d'une ficelle, qu'on relie sur son milieu au sommet de la cheville centrale du trimmer, et dont les extrêmes se rattachent, soit à la rive, soit aux herbes d'alentour.

Mêmes législation et réglementation que les précédentes.

4° Aux vessies flottantes.

Inventée par quelques écrivains fantaisistes, cette pêche n'est pas pratique; aussi n'en dirons-nous que deux mots.

Elle consiste uniquement à se servir d'une petite vessie de porc bien gonflée et hermétiquement fermée, à laquelle on attache, au point de son occlusion, un bout de ligne amorcé d'un petit poisson vivant, assez menu pour permettre au brochet de l'engloutir immédiatement.

L'amorce prise, il s'ensuit, disent ses promoteurs, une course désordonnée de l'animal attaquant, qui ne s'arrête qu'épuisé et à bout de force.

La vérité, c'est qu'aussitôt piqué, le brochet s'enfuit presque toujours à la rive, ou se cache dans les herbes avoisinantes, et ne bouge plus. On voit par là combien le pêcheur doit se défier des récits inspirés par l'imagination des fabulistes de la pêche, puisque nos désaveux viendraient absolument détruire la possibilité d'une pêche à courre.

5 Aux balances cachées (invention de l'auteur).

Une pêche véritablement commode et utile, bien que peut-être elle pût favoriser la fraude en temps prohibé, serait celle qui jouirait de l'avantage d'être applicable à toutes les profondeurs d'un étang, de pouvoir être placée entre deux eaux sans aucun signe apparent, et n'être retrouvée que par celui qui l'aurait placée.

Frappé de l'excellence de cette idée, nous avons interrogé presque tous les livres de pêche pour trouver un moyen réellement pratique; nos recherches ont été vaines.

C'est qu'en effet il n'est pas facile, sans s'écarter de ce programme, d'arriver à une solution où la simplicité des moyens viendrait s'ajouter à la bonté d'agir. On parvient aisément, il est vrai, à obtenir l'immobilité et l'invisibilité du matériel, en recourant à une forte plombée, reposant sur le fond des eaux, à laquelle se relie une cordée verticale soutenue par un corps plus léger que l'eau. Mais alors s'élève la difficulté de donner au vif l'étendue d'évolution dont il a besoin pour nager librement, sans qu'il s'emmêle à la cordée, qui représente l'axe du matériel submergé.

Forcé de découvrir en nous-même un procédé pratique qui réponde aux pressants besoins qui nous ont été exposés, nous n'avons trouvé rien de mieux que la combinaison suivante.

Comme pièce principale d'élévation de la cordée centrale et de suspension des lignes, un morceau de bois ou du liége, de forme tronconique, traversé à son milieu par une baguette, dont les extrêmes porteraient chacun un piton propre à y relier deux fourches d'enroulement.

Partant de la base tronconique de liége, une cordée se rattachant à une assise en plomb demi-sphérique. Aux extrêmes de la baguette, ou plus exactement à chacune des fourches, une ligne propre à supporter le vif.

N'est-il pas évident que lorsque toutes ces pièces seront assemblées, il suffira que la plombée repose sur le fond, pour que le matériel représente au sein de l'eau une espèce de balance à deux bras mobiles, aux extrêmes suffisamment éloignés l'un de l'autre pour qu'ils puissent supporter chacun une amorce capable de se mouvoir dans leur cercle respectif, sans qu'il y ait lieu de redouter que les amorces se rencontrent ou s'entremêlent autour de l'axe du matériel, si les longueurs des parties de lignes pêchantes qui supportent les amorces sont bien proportionnées à l'étendue des bras de la baguette ?

S'il en est ainsi, il résulterait donc, comme nous l'avons dit : 1° que notre combinaison serait susceptible de s'appliquer à deux amorces vives jouissant de la faculté de nager dans un espace déterminé, en s'activant mutuellement; 2° qu'il y aurait possibilité de prendre deux poissons à la même tendue; 3° que le matériel serait invisible à ce point qu'il obligerait le pêcheur à peindre le dessus du flotteur couleur vermillon, afin de le retrouver plus vite.

Reste maintenant à définir les deux opérations essentielles de la pose et du relevage. Rien de mieux

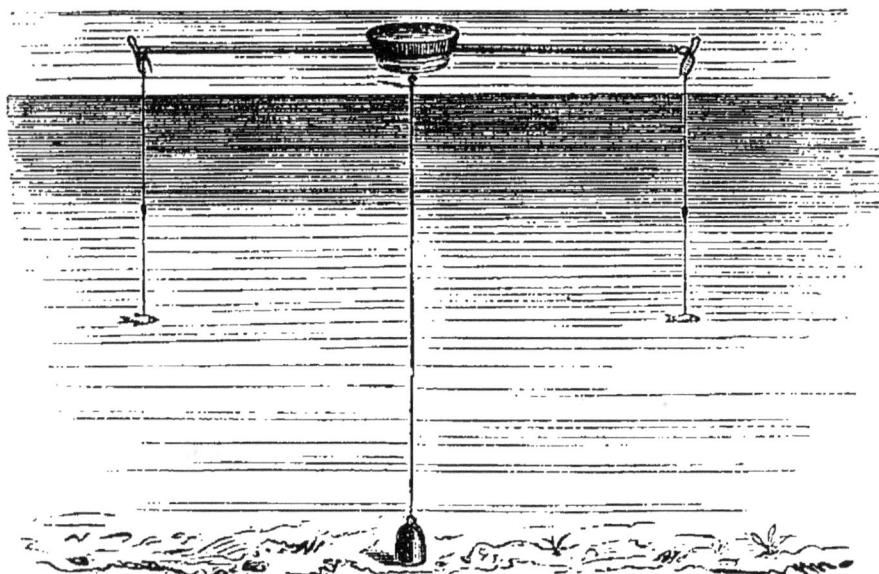

Fig. 85, Balances cachées pour le vif (invention de l'auteur).

à faire, croyons-nous, que de se servir d'une longue perche armée d'un crochet recourbé ou d'un grappin.

C'est avec l'aide de l'un de ces engins que, monté en barque, nous posons et relevons nos tendues cachées dans les eaux larges et profondes. Et jamais nous n'avons eu à constater de déprédations commises par les maraudeurs de nuit, à la condition d'enchaîner et de cadenasser notre barque, et surtout d'emporter notre perche à lever.

Mêmes législation et réglementation que les trois pêches précédentes.

6° A lancer le vif.

Cette pêche se distingue essentiellement des pêches
à tendre le vif, en ce qu'elle est flottante et courante;
qu'il y a pour le pêcheur obligation constante de la
surveiller gaule à la main.

Elle n'est donc pas pêchante par elle-même, ainsi
que ses devancières. Il semblerait donc résulter que
c'est à tort que nous la faisons entrer dans le même
cadre. Néanmoins, si l'on considère qu'elle s'en rapproche par divers points : que la ligne, le bas de ligne,
l'amorce, le mode d'amorcement sont à peu près les
mêmes, on nous pardonnera un écart, qui ne peut
se justifier que par l'impossibilité de la classer dans
une catégorie plus en rapport.

Le titre que porte cette pêche, mettant en relief
son action principale, s'explique par sa clarté propre.
Il est donc inutile de nous y arrêter.

Mais alors que nous voyons maints auteurs l'appeler pêche au coup, nous sommes obligé de nous
demander ce que cela veut dire. Si l'on entend par
cette dénomination que cette pêche se pratique à
l'aide d'une flotte, indice de l'attaque et du ferrement,
nous ne voyons rien que de faux ; les pêches au coup
ne portant pas de flotte, et le ferrement dans la pêche
à lancer le vif n'ayant lieu qu'après la supposition
que l'amorce a été engloutie par le poisson de proie.
Que si, d'autre part, on veut signifier que cette appel-
lation est due à l'obligation pour le pêcheur d'imprimer de mètre en mètre à la gaule de légères

saccades, propres à ranimer les forces affaiblies du vif, nous ne voyons encore rien dans cette coutume qui puisse légitimer cette prétention : toutes les pêches de main ou à soutenir à la gaule ayant généralement pour règle de pratiquer l'excitation au mordage par le retrait et le relâchement de la ligne.

Dans l'excellent traité de pêche de M. C. de Massas, nous trouvons bien que cet honorable écrivain sépare la pêche au coup avec le vif, de la pêche au lancer, à cause de la différence de longueur de la gaule et de l'adjonction de quatre petites flottes. « Parce que, dit-il, l'une est stationnaire, tandis que celle au lancer, plus mobile, n'admet ni plomb, ni flotte. » Mais alors que nous admettrions avec M. de Massas qu'on peut pêcher stationnairement les poissons de proie avec le vif, en se servant de gaules courtes et en choisissant les ponts et les promontoires pour places, cette adhésion ne saurait aller jusqu'à en faire une pêche pêchante au coup, deux termes contraires qui ne sont pas faits pour s'allier ni s'accoupler.

D'ailleurs, il resterait toujours pour nous l'impraticabilité de pêcher avec le vif, sans flotte ni plomb, stationnairement ou à suivre; ces deux objets étant indispensables pour soutenir la ligne et contenir à la fois l'appât à une profondeur moyenne, ni trop bas ni trop haut, l'amorce se trouvant ainsi dans de meilleures conditions. Quoi qu'il en soit de ces débats contradictoires, que le pêcheur pêche stationnairement dans des remous et des eaux lentes ou qu'il circule gaule en main, soutenant et dirigeant le vif dans les eaux courantes, les moyens de prendre les

poissons de proie étant absolument les mêmes dans
les deux modes, nous persistons à maintenir leur
assimilation complète. — Les cannes dont se servent
les amateurs de la pêche au vif, plutôt que les véritables pêcheurs praticiens, sont ordinairement en
bambou d'Amérique, composées de cinq parties
d'environ 1^m,25, qui rentrent les unes dans les
autres, de manière à obtenir une longueur totale de
six mètres, dès que toutes les pièces sont déve-
loppées. Qu'une telle gaule soit d'un bel effet à la
montre d'un marchand d'ustensiles de pêche, nous
ne le nions pas!... Malheureusement, pour le vrai
pêcheur, elle n'est qu'une arme de fantaisie, propre
à figurer dans les panoplies qui décorent les mu-
railles d'un cabinet. Dans l'usage, le principal
récipient est d'une grosseur si démesurée que la
main ne peut l'enserrer; le poids de la canne, si
lourd qu'il est capable de fatiguer en une heure le
bras le plus robuste. Il est vrai qu'on peut nous
objecter qu'on peut pêcher en soutenant cette canne
des deux mains... Mais alors, n'est-ce pas imposer
au pêcheur une gêne et une torture intolérables qui
le paralysent dans ses mouvements?... En effet, s'il
lui convient de pêcher sur des rives en pente et
glissantes, l'extrême longueur de la canne l'em-
barrasse dans la marche. S'il veut pêcher au large,
il est impuissant à bien lancer le vif. S'il veut relever l'amorce, ramenée incessamment vers la rive,
par le courant et la collision de l'eau sur la ligne,
avec l'intention de la relancer plus loin, les deux
mains se trouvant employées à soutenir la canne,

celle de gauche ne peut arrêter ni le balancement de l'amorce, ni modérer sa chute, ni la recevoir, de sorte que la peau du poisson se déchirant, l'amorce dure une fois moins longtemps. Nous pourrions ajouter qu'il en est de même quand on pêche monté en barque, tant on est exposé à cogner ses voisins. Nous préférons nous résumer en disant qu'une gaule de cette grosseur, de cette longueur et de ce poids, n'est qu'une arme incommode et fatigante.

Lors de nos débuts, cédant aux conseils d'un livre de pêche que nous avions pris pour guide, nous n'hésitâmes pas à acheter au Havre, au prix de douze francs, une gaule faite dans les conditions que nous venons d'exposer. Mais à peine nous en étions-nous servi un jour, que nous nous trouvâmes assez éreinté pour jurer, mais trop tard, qu'on ne nous y prendrait plus. Toutefois, comme il fallait remplacer cet instrument défectueux par un autre plus maniable, nous eûmes un instant l'idée de constituer une gaule à bon marché, en bois de sapin, dont les qualités sont d'être roide et léger. Néanmoins, après quelques essais de notre gaule de force, en roseau d'Espagne, que nous pouvons soutenir d'une main, tout en lançant le vif à dix mètres, nous y renonçâmes.

C'est en effet avec cette dernière gaule que nous pêchons les poissons gros et moyens, depuis plus de trente années, et nous n'avons jamais eu à le regretter. Cependant, nous pouvons assurer que, bien qu'elle soit encore exempte de toute brisure, elle a été soumise à tous les efforts. C'est avec son unique concours que, depuis cette époque, nous avons pêché et maîtrisé plusieurs centaines de poissons de proie, dont quelques-uns, parmi les brochets, arrivaient au poids de 10 kilogrammes, et nous n'avons jamais eu à le regretter. Passons maintenant à ses accessoires complémentaires.

La plupart des lignes employées pour pêcher à lancer le vif sont en cordonnet de soie, peintes en vert et longues d'environ vingt mètres. Celle qui sert à notre usage est en petit chasseron pur chanvre, préalablement trempée dans l'huile de lin, bien séchée et bien dévrillée. De sorte que, pour un franc, nous possédons une ligne à toute épreuve, capable de durer quatre années, pourvu qu'on ne néglige pas de la retourner dès que l'une de ses parties commence à s'affaiblir.

Quant au bas de ligne, qui se compose d'un fil de laiton, d'une chaînette, d'une aiguille à amorcer et d'un hameçon griffon, rien n'est changé.

Mais la loi, qui se fait un jeu de rendre complexe tout ce qui pourrait être simple, n'autorise pas, prétendent ses commentateurs, l'emploi du fil de laiton! Devant cette interdiction, qu'ont fait les pêcheurs? Ils ont tourné la défense en substituant à ce métal une corde métallique semblable à celle dont on se sert pour obtenir les notes graves dans les instruments à cordes. Malheureusement cette corde s'use vite, ce qui nous oblige à recommander instamment aux pêcheurs de l'inspecter souvent, et de ne jamais hésiter à la renouveler au moindre défaut, à moins de s'exposer à manquer les plus beaux poissons. Pour pêcher dans un lac, dans un étang, dans les grandes entailles et mares, une barque est indispensable, puisque ce n'est qu'avec son aide qu'on parvient aux passées et couverts du centre.

Parcourant un petit fleuve, une rivière, un canot serait superflu, les poissons de proie se tenant d'ordinaire dans les herbes des rives, à moins qu'ils ne soient en chasse.

Cheminant sur l'une des voies de halage qui desservent un canal, la pêche au vif n'offre aucune difficulté, tant, en général, leur ligne est droite et les eaux lentes. Il n'en est pas de même lorsqu'on pêche dans des rivières rapides, où l'amorce revient incessamment vers la rive que parcourt le pêcheur, et finirait par s'y arrêter. Mais un pêcheur vigilant, se trouvant toujours prémuni contre ses dérivations, cherchera constamment à les contrarier par tous les moyens dont il dispose, et notamment par les inflexions qu'il imprime à son arme. C'est enfin que, s'il se trouve impuissant à réagir contre le rapprochement du vif, il aura toujours su choisir *à l'avance* la place la plus favorable, pour le ramener, le lever, le recevoir et le relancer.

Le vif remis à l'eau, le pêcheur peut dès lors poursuivre sa marche paisiblement en descendant le cours des eaux, comme dans la pêche à suivre flottante et courante, sauf à revenir ensuite sur ses pas, *non péchant,* après avoir parcouru quelque cents mètres, à l'effet d'explorer les mêmes lieux, s'il a connaissance d'un brochet cantonné, *la pêche au vif étant*

absolument impossible en remontant le courant des
eaux.

La manière de lancer l'amorce est fort simple,
lorsqu'on possède une gaule dont le treuil du moulinet tourne au moindre effort. Il suffit, dans ce cas,
de donner à la ligne une longueur d'un mètre de plus
qu'à la gaule, de saisir avec les doigts de la main
gauche le bas de la chaînette qui soutient le vif, de
communiquer à la gaule une forte impulsion de bas
en haut, en lâchant soudainement l'amorce, pour
que l'action du jet se répercute sur le moulinet, de
telle façon que la ligne se déroule de quelques
mètres en plus. C'est ainsi qu'avec une gaule de
quatre mètres de longueur, et sans avoir préalablement dévidé en lovées le bout de ligne supplémen-
taire sur le sol, on arrive à lancer le vif à trente
pieds au large, ce qui est généralement suffisant dans
les rivières moyennes. Mais bien que, dans le courant
d'une pêche, on ait pu lancer le vif cent fois et plus,
lorsque le jet a été opéré avec mesure et habileté,
l'amorce résiste à ces chocs et persévère à se mouvoir.

Nous avons dit, croyons-nous, que lorsque le
brochet s'élance sur la proie qui lui est offerte, il
avait une propension à la saisir par les flancs ou par
la gorge, parce qu'ainsi happée, l'amorce était im-
puissante à se débattre; qu'arrivé sur le fond, il la
retournait pour mieux l'engloutir. A cet instant
décisif, nous ne saurions trop faire remarquer combien on doit être sobre d'opposition, combien il convient au contraire de faciliter la descente du vif en

s'empressant de lâcher un peu de ligne. Nous ajoutons comme résultats de nombreuses expériences :
qu'un pêcheur n'a jamais plus de chance de succès
qu'en ferrant après quelques minutes d'attente;
qu'alors que le signe de l'engloutissement se traduit sur la ligne par des vibrations légères, bientôt
suivies de dérivations lentes et molles, qui semblent

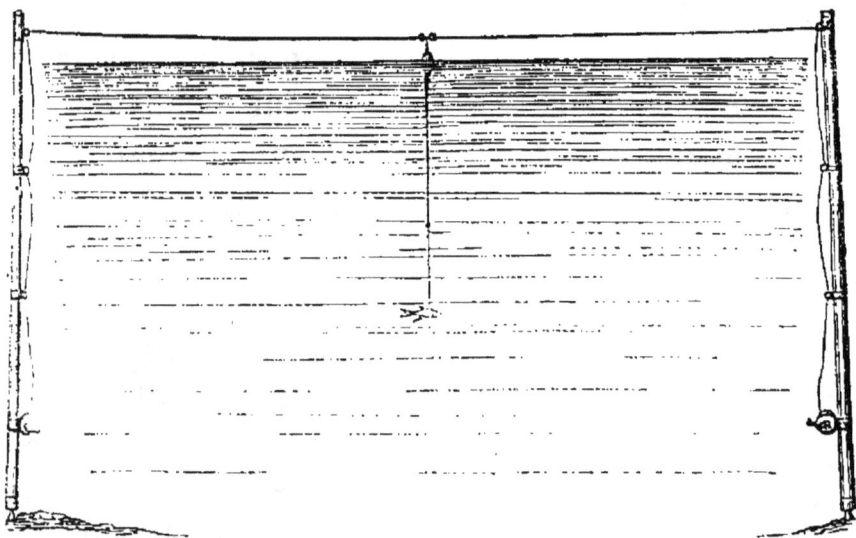

Fig. 86. A deux gaules pour le vif (invention de l'auteur).

constater du trouble et de la surprise du poisson de
proie, d'avoir accompli l'acte de l'absorption sans
péril, et pourtant de se sentir dans la fuite retenu
et captif.

Le ferrement effectué, il est évident que si le
poignet n'a rencontré aucune résistance, c'est que
le coup est manqué, soit qu'étant repu, le brochet
ait joué avec le vif; soit que, se sentant blessé légèrement, il se soit dérobé à un danger plus grand
par la fuite. Quoi qu'il en soit, il est toujours prudent de continuer à pêcher quelques minutes encore

à la même place avant de passer à d'autres lieux, tant il nous est arrivé de faire remonter des perches, des brochets et même de grosses truites, jusqu'à deux et trois fois, et finir par les prendre.

La pêche à lancer le vif est active, amusante, productive. Nous pouvons même ajouter qu'une capture est certaine lorsqu'on connaît deux ou trois cantonnements. Dans le cas d'insuccès, que le pêcheur revienne le lendemain, aux heures où le poisson chasse, il est plus que probable qu'il sera plus heureux. C'est en opérant de cette manière que, plus d'une fois, nous avons fait rendre gorge à des brochets qui nous avaient dépouillé la veille de notre amorce, en pêchant la truite au véron artificiel.

Poissons mordants.

Le brochet, la perche, le saumon, la grosse truite.

Pêche autorisée dans quelques départements et défendue dans d'autres.

7° A soutenir à deux gaules.

En parcourant quelques grands cours d'eau, tels que la Seine, la Loire, le Rhône, la Garonne, etc., armé de notre gaule au vif ordinaire, il nous a été donné de constater qu'il est des heures où les gros poissons de proie, pressés par la faim, quittent leurs cantonnements pour se mettre en chasse ; que dans ces instants, les poissons ont une propension à se tenir vers l'axe des eaux, c'est-à-dire trop loin pour y lancer avantageusement l'amorce.

Devant cette impuissance, nous résolûmes d'abord de les pêcher monté en barque, en ayant soin d'ancrer notre canot non loin de leur passage. Mais à peine avions-nous lancé le vif deux ou trois fois, que le fretin craintif s'enfuyait au bruit fait par notre amorce tombante; et comme conséquence, les brochets. De sorte que, faute de poissons à portée, nous étions obligé de rentrer bredouille. Mais contrairement à ce qui arrive fréquemment, ces déboires eurent pour effet de nous rendre persévérant et ingénieux, et *nous inventâmes la pêche à soutenir le vif à deux gaules;* pêche que nous allons relater avec d'autant plus de plaisir que nous espérons qu'elle procurera à nos imitateurs autant de succès qu'elle nous en a valu, *alors qu'il nous était possible de disposer assez librement des deux rives.*

Gaules.

Comme supports de lignes, deux gaules à moulinet, dépourvues de leur vergeon.

Lignes.

Une ligne en petit chasseron par chaque gaule, susceptibles de se réunir à leur extrême par un léger porte-mousqueton.

Bas de lignes.

Composé uniquement d'un fil métallique, d'une petite flotte au milieu, d'une aiguille à amorcer, d'un hameçon griffon.

On voit par cette description succincte combien l'attirail de cette pêche est simple, et combien il est facile d'en relier les trois parties principales, de manière à étendre les deux corps de ligne horizontalement au cours de l'eau, et le bas de ligne perpendiculairement à sa surface.

Le matériel ajusté, il nous fallait, pour le soutenir dans les conditions que nous venons d'énoncer, la coopération de deux pêcheurs. Des amis s'offrirent, et nous attribuâmes ainsi nos rôles. L'un devait se tenir sur la rive gauche, l'autre sur la rive droite, chacun supportant verticalement une gaule déparée de son vergeon ; enfin le troisième monté en barque, surveillant le jeu, c'est-à-dire prêt à répondre à tous les appels, soit qu'on eût besoin de son concours pour désunir le corps de ligne à son milieu, à l'effet de livrer passage à une grande barque en circulation, soit qu'il s'agisse d'enlever le poisson pris. Ainsi divisés, chacun restant strictement dans ses attributions, nous résolûmes de débuter dans la Somme, à l'endroit où le canal de transit qui dessert le commerce d'Abbeville fait sa jonction avec le fleuve, cette place favorisée nous étant connue depuis longtemps pour être fréquentée par deux brochets chasseurs que nous n'avions pu pêcher jusqu'ici à cause de leur éloignement. Plus d'une heure se passa dans une attente vaine, lorsque soudain, vers cinq heures du soir, ces poissons apparurent, s'annonçant par de longs sillons triangulaires, bientôt suivis de bonds et de chocs retentissants. A la quatrième passée de l'amorce, l'un des brochets vit le vif, le saisit, et bien que la ligne n'obéît pas convenablement à la descente de l'animal, faute de n'avoir pas prévu que, dans cette pêche, il y a toujours obligation de tenir en main un bout de ligne déroulé à l'avance, afin de ne pas faire d'opposition à l'attaque, l'animal put néanmoins gagner le fond. Nous accordâmes au brochet les cinq minutes d'usage, pour lui donner le temps de bien engloutir l'amorce; puis l'un des deux pêcheurs banda légèrement la ligne en le ferrant. Sous la douleur le brochet expulsa le vif, avec une telle violence qu'il remonta jusqu'à la jonction des deux lignes. Heureusement le griffon mordait bien. Convaincu par cet inutile effort qu'il n'y avait plus qu'à attendre avec patience que les forces de l'animal s'affaiblissent, nous rendîmes au brochet assez de ligne pour ne pas le brusquer par une résistance dangereuse. Au bout de dix minutes, le brochet était maté et flottant à ce point que le canotier put l'enlever et le déposer dans la barque sans recourir à l'épuisette. La longueur de ce poisson était de 1^m,15, son poids de neuf kilogrammes. Heureux de ce premier succès, nous continuâmes à pêcher la femelle; au bout d'une demi-heure, elle avait le même sort. Convaincu par ce double succès que cette pêche était bonne, nous recommençâmes ainsi chaque fois que l'un de nous rencontrait dans ses excursions individuelles un poisson de proie chassant au large, qu'on ne pouvait aborder qu'en pêchant avec deux gaules et des deux rives, et neuf fois sur dix le poisson était pris. Nous ferons remarquer que bien que les gaules fussent raccourcies, leur portée en élévation se trouvait encore assez grande pour permettre aux canots non munis de voiles de passer sous le corps principal de ligne, sans qu'il y eût obligation de le déboucler à son centre, ce qui n'est pas sans mérite dans les rivières fréquentées.

IIIᵉ DIVISION : LES PÊCHES FLOTTANTES.

1ᵒ Stationnaire, ligne flottante et revenante.

Avant 1851, les lois qui régissaient la pêche, couronnées par une foule d'arrêtés préfectoraux sans aucune homogénéité, représentaient un tel chaos qu'entre l'État, les fermiers de pêche et les pêcheurs il n'y avait pas lieu de définir exactement où commençait le droit des uns et où finissait celui des autres.

Ce n'est que vers cette époque que M. Moriceau, fabricant d'ustensiles de pêche, résolut, dans l'intérêt de son commerce, de connaître ce que la loi entendait par ces mots (art. 5 du code fluvial) : « Il est permis à tout individu de pêcher à la ligne flottante tenue à la main, dans les eaux du domaine public. » Les prétentions des fermiers de pêche tendaient alors jusqu'à considérer toute adjonction de lest à la ligne comme pêche de fond, ce qui eut été une réelle infraction à la loi. Nous ne raconterons pas tous les incidents de la lutte soutenue par M. Moriceau. Pour démontrer combien ces exigences étaient abusives, il nous suffira de dire que M. Moriceau, appelant sur lui l'attention des agents de surveillance, alors qu'il pêchait avec une ligne garnie de quelques grains

de plomb, se fit faire un procès; qu'ayant perdu la
cause qu'il soutenait devant le tribunal correctionnel,
il fit appel devant la cour de Paris; que celle-ci se
prononça en faveur du pêcheur fabricant, par les
dispositifs suivants, qui servent encore aujourd'hui
de règle aux pêcheurs à la ligne :

« Considérant que, dans leur sens matériel, les
mots de ligne flottante indiquent une ligne que
le mouvement seul de l'eau rend mobile et fugi-
tive, et qu'il faut que le pêcheur ramène sans
cesse à lui; qu'un usage constant a consacré cette
interprétation; qu'il n'est résulté de l'usage de la
ligne flottante, ainsi définie, aucune conséquence
de nature à faire croire que l'intention du législateur a été de la prohiber, soit dans un intérêt
d'ordre public, soit dans l'intérêt du fermier de
la pêche lorsqu'elle serait garnie de quelques grains
de plomb ajoutés au poids de l'hameçon, pour le
maintenir perpendiculairement au liége, ou flotteur
indicateur, à une profondeur déterminée; qu'il suffit,
pour que la ligne ne cesse pas d'être flottante, qu'elle
soit constamment soumise au mouvement du flot et
du courant de l'eau, et, par conséquent, que l'appât
ne repose pas au fond, et n'y reste pas immuable;
que la loi exige seulement que le pêcheur tienne à
la main la canne destinée à rejeter la ligne en amont
toutes les fois que le courant la fait flotter en aval,
à une trop grande distance;

«Que décider qu'une ligne n'est flottante que lorsqu'elle ne flotte qu'à la superficie de l'eau, par le
seul poids de l'hameçon, serait donner un sens res-

trictif aux expressions de la loi, article 5, et rendre illusoire la permission de pêcher à la ligne flottante, etc., etc., etc., la prévention n'est pas établie et renvoie ledit Moriceau des fins de la prévention. »

Les principes de la pêche flottante fixés, nous n'avons plus qu'à compléter nos renseignements par la description de son matériel et la manière de s'en servir.

Gaule.

Elle doit être solide, roide, longue, légère, portative, évidemment proportionnée en force au poids du poisson qu'on se propose de pêcher. C'est donc au pêcheur à savoir s'il doit préférer la gaule légère ou la gaule de force.

Ligne.

Rien n'est supérieur à une ligne en soie torse de force moyenne, de couleur vert pâle et vernie, ces dernières préparations ayant pour effet de la rendre moins voyante et imperméable.

Bas de ligne.

Il doit être composé de cinq crins de Florence, réunis bout à bout. La première partie, cordelée en deux ; la seconde, d'un crin fort ; la troisième, d'un moyen ; les deux dernières, de chacune un crin résistant et rond.

Flotte.

Le liége qui sert à soutenir la ligne appartient ordinairement à l'espèce flotte-bouchon. N'est réputée bonne que la flotte qui est sensible, ou dont la grosseur est bien proportionnée au poids du lest et de l'amorce.

Plombs.

Le poids du lest doit être réglé d'après la force de la flotte et selon la marche et la profondeur des eaux. En principe il est admis que deux grammes suffisent pour les eaux tranquilles et lentes; trois, pour les courants; quatre et plus, pour les rapides. On considère les plombs comme bien placés, lorsqu'ils sont fixés sur le bas de ligne à des points différents, sans que le dernier puisse s'approcher à plus de trente centimètres de l'hameçon.

Hameçon.

Sa grandeur doit varier selon la force du poisson et la nature de l'appât. Les irlandais non cintrés, montés par l'empilure d'un fil poissé, sont ordinairement préférés pour l'amorçage des vers et des larves.

Amorcement.

Dans la pêche stationnaire, il est deux règles que le pêcheur ne doit jamais oublier : 1° amorcer la place, pour pêcher dans l'invite et le coup; 2° couvrir complétement l'hameçon. C'est à ce point que, lorsque nous pêchons avec de petits insectes imperforables de part en part, lesquels ont une tendance à descendre et à se réunir en bouquet sur la courbe de l'hameçon, nous n'oublions jamais de peindre la partie visible de la verge d'une couleur semblable à celle qui représente l'amorce.

16

C'est pour nous un fait acquis, qu'à science et rencontres égales, les succès du pêcheur seront toujours proportionnels aux soins qu'il aura pris de bien amorcer, surtout s'il pêche dans des eaux lentes. Nous disons plus, c'est que, s'il nous était permis de graduer les causes de réussite par échelons, nous n'hésiterions pas à les classer ainsi : le scion de la gaule, par un ; la courbe de l'hameçon, par deux ; le coup de relevage, par trois ; la puissance visuelle, par quatre ; la bonne appréciation des lieux, par cinq ; l'imperceptibilité de la ligne, par six ; l'excellence du ferré, par sept ; le bon choix de l'appât, par huit ; l'amorcer, par neuf ; le parfait ensemble, par dix.

Dans la pêche stationnaire, il n'y a pas obligation constante de soutenir la gaule à la main. Une petite fourche d'environ 50 centimètres de hauteur, implantée à la rive, peut tenir lieu de support. On voit par cette indépendance combien cette pêche est applicable aux personnes qui désirent associer un demi-repos au plaisir de prendre quelques poissons, et aux pêcheurs dont la passion s'est maintenue malgré leur âge sénile.

C'est ordinairement près d'un affluent, d'un pont, d'un aqueduc, dans une fosse, dans un angle, dans un remous, qu'il y a plus d'espoir de réussir. Toutefois, comme on n'a jamais plus de succès qu'en rasant le fond, un bon pêcheur n'oubliera jamais de sonder préalablement la profondeur des eaux, à la place où il doit pêcher, afin de régler la flotte d'après la distance obtenue.

L'art de bien faire peut se résumer en quelques mots : jeter la ligne en amont, afin que la flotte passe devant le pêcheur en descendant en aval; suivre le liége du regard, en imprimant de mètre en mètre à la gaule un faible et lent mouvement d'élévation et de relâchement. Si tout ce qui constitue l'excitation a été bien fait, il sera infiniment rare que le poisson ne se laisse pas séduire, soit qu'il s'approche molle-ment de l'appât, l'odore, le suive, le lèche et l'en-gomme avec prudence ; soit qu'il s'élance hardi et glouton. Quelle que soit la manière dont le poisson attaque l'amorce, on considère comme essentiel de ne ferrer que lorsque le mordage est bien prononcé; il n'y a d'exceptions que pour les larves, le sang, les pâtes, les viandes, les cerises, où il est d'usage de ferrer au premier indice.

Le poisson piqué, il faut que, sans rudesse, l'ani-mal sente le frein qui le contient ; sinon il reprend de la force, gagne le fond, s'engage dans les herbes, où il devient impossible de l'en faire sortir. Maté, on le ramène près de la rive, et l'épuisette s'en empare. Toutefois, comme il arrive assez souvent qu'on pêche du haut d'un pont, d'un promontoire, d'une berge, d'un parapet, tout bon praticien doit savoir qu'on peut enlever un poisson d'un kilogramme et plus sans l'aide d'aucun instrument. Pour cela, il suffit, selon la nature du sol, de coucher ou d'implanter la gaule en terre, puis, saisissant la ligne, de la lever alternativement par échelons, sans saccades, ni secous-ses, ni frottements, le plus petit attouchement du poisson contre un obstacle ayant pour effet de raviver les forces de l'animal, d'où un danger de le perdre d'autant plus grand que la portée de la ligne devient plus petite. La pêche stationnaire est regardée comme agréable par ceux qui ont l'habitude de la pratiquer. Elle est même plus productive qu'on ne peut le supposer, lorsqu'on pêche fréquemment dans une même rivière, où l'on finit, après maints essais, à savoir quels sont les lieux et les heures les plus favorables. Il semble, en effet, que, dans cette pêche silencieuse, le poisson finit par s'accoutumer à la présence du pêcheur et à la vue du danger ; que d'approche en approche, d'hésitation en hésitation, il arrive à s'enhardir progressivement jusqu'à mordre ensuite avec pleine confiance.

Nous avons parlé assez du bon choix des appâts et de leur amorcement, pour n'avoir plus à y revenir. Nous ajouterons seulement que pour la truite, les pêcheurs patients finissent par remplir leur panier, en se servant de vers en février, de larves et de casets en mars, avril et mai ; de cloportes et de sauterelles en juin, juillet et août. Quant aux poissons d'été ou communs, rien n'est supérieur aux vers blancs et rouges, aux porte-bois, aux chevrettes, au sang, au fromage, etc.

Poissons mordants.

Presque tous les poissons, hors les lamproies. Pêche autorisée.

2º A suivre ou à rôder, ligne flottante et courante.

Cette pêche tire son nom de ce que le pêcheur suit ordinairement le courant de l'eau, en réglant son pas sur la vitesse de marche de la flotte , et parfois s'arrête quelques minutes pour sonder plus efficacement les endroits les plus réputés. On voit par ces obligations que cette pêche demande les qualités de la jeunesse : le pied sûr, pour circuler sans crainte sur les rives en pente ; l'œil vif et pénétrant, parce qu'il convient, pour conserver le matériel en parfait état, d'inspecter, en marchant et pêchant, non-seulement la surface et la profondeur de l'eau, afin d'éviter les obstacles que la flotte et le bas de ligne peuvent rencontrer, mais encore d'interroger les lieux d'alentour où le poisson a coutume de se tenir à l'afflût ou au gîte. Cette pêche serait donc essentiellement mobile et de demi-fond, et plus spécialement applicable aux poissons qui recherchent leur nourriture entre deux eaux.

Gaules.

Rien de mieux que la gaule légère.

Lignes.

Aux lignes en crin , préférer celles en soie de Chine ou de Bengale, de grosseur moyenne, plutôt ténues que fortes, ne se tordant pas à l'eau, appelées dans le commerce imperméables.

Bas de ligne.

Composé de cinq bouts de florence. Le premier doublé et cordé ; le second d'un crin fort ; les trois derniers, de crins ténus, blancs et ronds.

Flotte.

Préférer à la flotte-bouchon le chalumeau-plume qui est plus sensible.

Lest.

Aux plombs ronds et fendus, substituer quelques petites lames en plomb laminé très-minces, contournées à trois points différents sur le bas de ligne.

Hameçons.

Les plus parfaits sont ceux qui portent la marque de Limerick ou Hemming. Nous estimons particulièrement ceux qui sont droits, longs, minces et à verges diminuantes, les hameçons ainsi constitués étant préférables pour obtenir la perforation des vers et des insectes.

On voit qu'il ressort de la légèreté du lest que la pêche à rôder ou à suivre est essentiellement serpentante et ondoyante, bien qu'on ait l'habitude de donner à l'étendue comprise entre la flotte et l'hameçon une longueur égale à l'épaisseur moyenne de la couche liquide de la rivière que le pêcheur parcourt.

S'il est utile dans la pêche stationnaire d'exciter la convoitise du poisson par la pratique du relevage de l'amorce, cette obligation s'impose bien plus au pêcheur à suivre, qui, aussi vigilant qu'il soit, ne saurait apercevoir tous les objets submergés qui encombrent les eaux. Il résulte donc de là que le soulèvement de la gaule est suscité par deux motifs aussi nécessaires l'un que l'autre : 1° éviter les obstacles en rencontre ; 2° agacer le poisson en simulant la frayeur de l'amorce. C'est donc au pêcheur à apprécier, suivant les circonstances et son but, l'ampleur de ses haussements et relâchements successifs.

Dans la pêche stationnaire, l'amorce rasant le fond s'adresse plus spécialement aux poissons qui recherchent leur pâture sur le limon ou sur le gravier ; aux gros, aux couplés, à ceux qui vivent habituellement de vers, de chevrettes, de casets, de pâtes, de viandes, de sang. C'est absolument le contraire dans la pêche à suivre ; elle s'adresse principalement aux moyens, à ceux qui circulent ou se tiennent sous les herbes flottantes, et notamment à ceux qui vivent de larves aquatiques et moucheronnent.

L'époque la plus avantageuse pour pêcher la truite à suivre est incontestablement celle de mars au 15 juin, parce que, durant cette période quasi trimestrielle, les larves de l'éphémère, de la frigane striée, du porte-bois sont abondantes et assez fortes pour supporter un bon amorcement. Plus tard, on peut se rejeter sur les corps des mouches, sur les taons, les vers de farine, les cloportes, les sauterelles, les hannetons, pourvu qu'on ait le soin d'enlever à ces derniers les élytres, les ailes et l'étuis écailleux qui les recouvrent. On peut donc pêcher à rôder jusqu'à fin septembre. Nous devons toutefois prémunir le pêcheur contre des espérances trop souvent déçues. Plus s'avancent les grandes chaleurs, plus les larves deviennent rares, plus les larges bandes de plantes aquatiques s'étendent sur les eaux ; moins cette pêche est facile et productive. Quoi qu'il en soit de cette diminution graduelle au fur et à mesure que s'avancent juillet et août, aucune autre pêche ne peut lui être comparée au printemps, en se servant d'un hameçon numéro 2, garni de trois larves de l'éphémère percées de part en part, à la condition que ces insectes restent vivants et remuants. Il nous est arrivé bien souvent, en pêchant le matin de six heures à onze, ou le soir de quatre à huit, alors que toute autre pêche était sans effet, de prendre vingt truites, et de rencontrer des routiers plus habiles et mieux doués que nous qui arrivaient au chiffre de trente. Il est vrai que parmi ces praticiens de métier et de chaque jour, il en est qui sont dotés de qualités si exceptionnelles que parfois elles nous étonnaient. Voulant convaincre nos lecteurs à ce sujet, nous citerons les deux faits suivants, que nous retrouvons inscrits sur notre memento de voyage. Dans une excursion faite en compagnie de quelques habiles pêcheurs, un vieux routier placé derrière nous, surnommé, à cause de ses dévastations quotidiennes, la Loutre de la Canche, faisait de nombreuses captures. Personne parmi nous ne pouvant s'expliquer ses avantages, nous crûmes devoir le féliciter de ses bonheurs et l'interroger. « Tout mon mérite,

répondit-il, vient de ce que je prends à vue les poissons qui sont invisibles pour vous. » Comme nous
manifestions nos doutes, il s'offrit de confirmer ses
dires par des preuves, ce que nous acceptâmes.
Premier fait. Une truite reposait dans un angle à
l'opposé de la rive où nous pêchions. Chacun de
nous avait passé de fil, sans la remarquer. Quand
vint le tour du routier, il l'aperçut, et il appela sur
elle notre attention en nous l'indiquant du doigt.
C'est en vain que nos regards se dirigèrent sur la
place désignée, aucun de nous ne put l'apercevoir,
à cause de l'éloignement et de la profondeur où le
poisson se tenait. « Eh bien ! nous dit-il, pour vous
témoigner de ma sincérité, je vais essayer de la
pêcher. » Levant la gaule, l'appât fut lancé habilement à deux mètres plus en amont que l'endroit où
le poisson se tenait au gîte. Le choc de l'amorce
tombante éveilla la truite, qui, voyant l'appât, s'é-
lança rapide pour le prendre. Mais à peine avions-
nous vu son sillon d'approche qu'elle était déjà sur
le gazon.

Deuxième fait. Une truite se tenait à environ
$1^m,50$ de profondeur, vers l'axe de la rivière. Nous
étions cinq pêcheurs, dont quatre avaient passé sans
la voir, les eaux étant légèrement ridées par le vent ;
quand vint le tour du routier, il l'aperçut, et sa main
nous fit signe de se rapprocher de lui avec prudence.
Arrivés à portée, il nous l'indiqua, sans qu'encore
une fois aucun de nous pût la distinguer. « Eh bien !
dit-il, de même que la première, je vais la pêcher.
Mais comme celle-ci est aux aguets, à trois quarts de

fond, qu'il est impossible qu'elle ne soit pas en défiance contre le danger que lui présagent vos allées et venues, sa pêche sera plus difficile. Veuillez néanmoins suivre ma flotte du regard. »

L'appât fut lancé au moins quatre mètres en avant de la place désignée. Nous vîmes l'amorce s'enfoncer mollement dans les eaux, puis rien. C'est alors que le routier dit : « La truite a entendu le choc de la flotte. Elle aperçoit l'amorce descendre et regarde, inquiète. Sa convoitise se traduit par l'agitation de plus en plus accélérée de ses nageoires. Cependant elle ne bouge pas, l'amorce continue à onduler, en suivant son cours Elle passe près du poisson sans le décider à la happer. Donc le coup est manqué, à moins pourtant que, par la pratique de l'excitation en recul, je parvienne à la séduire. » A peine le coup de relevage était-il donné, que le routier reprit : « Je crois que le moyen a réussi. Est-ce qu'aucun de vous ne voit la truite se mouvoir, suivre l'amorce, l'odorer et la lécher? » En effet, sans distinguer encore le poisson, nous pouvions voir le chalumeau-plume s'animer par degrés, lorsque soudain nous vîmes la truite à la surface, en même temps que nous entendions le routier s'écrier, avec une satisfaction pleine d'orgueil : «C'est fini ! » L'animal en effet était enlevé et rebondissait à ses pieds.

Devant l'évidence de ces deux démonstrations, il nous fallut bien admettre qu'il est des pêcheurs qui sont doués de facultés réellement exceptionnelles. Lors donc que les routiers offrent de céder pour un faible pourboire un secret ou une recette merveilleuse, ils savent bien qu'ils exploitent les naïfs, et ne se créent pas de rivaux sérieux dans les eaux qu'ils ont coutume de fréquenter, parce qu'ils n'ignorent pas que les moyens qu'ils indiquent ne sont productifs qu'entre leurs mains.

Dans la pêche mobile ou à suivre, on réussit généralement mieux dans les moyennes et petites rivières que dans les grandes. Cela se conçoit facilement : à l'avantage de pouvoir pêcher au centre des eaux s'ajoute la possibilité de sonder les rives. Il y a d'ailleurs d'autres causes non moins sérieuses de réussite. C'est d'abord que la masse liquide étant moins considérable, les rencontres sont plus nombreuses. C'est ensuite que les eaux des petites rivières étant ordinairement plus pures, plus limpides, leur lit plus sablonneux et graveleux, leurs rives plus boisées et plus herbées, leur cours plus obstrué d'obstacles, ces rivières sont par excellence les lieux d'éclosion des larves, et par suite les endroits préférés des poissons qui vivent d'insectes aquatiques.

On voit par tout ce que nous venons de dire aussi brièvement que possible, pour rester complet, combien il est facile de passer de la pêche stationnaire à la pêche à suivre, quand on possède des bas de ligne de rechange et des appâts divers. Lors donc qu'on a la liberté de choisir entre l'une et l'autre, il convient de n'être guidé dans ses préférences que par un raisonnement juste sur l'état des lieux, des eaux et du temps. C'est ainsi qu'en général on fera bien d'opter pour la pêche stationnaire, pour pêcher au milieu du jour dans les couverts, les remous, les profondeurs, les tournants et les fosses à moulin; tandis qu'on fera mieux de pêcher à suivre, pendant les heures matinales et celles du couchant, au centre des rivières, dans les courants, près des chutes, dans les angles, parce que, dans ces lieux, les nourritures y passant plus abondantes, dans un même temps donné, ces endroits sont les places préférées des poissons qui ont de réels besoins.

Poissons mordants.

Tous ceux qui vivent d'insectes, et plus particulièrement la truite, l'ombre, le saumoneau, la vandoise, le chevenne.

Pêche autorisée.

On peut également pêcher à suivre le barbeau, avec le fromage, la chevrette et la cerise; mais à raison de la grosseur de ce poisson, on doit alors employer une ligne plus forte.

8° Au fretin, ligne flottante et revenante.

Une erreur généralement accréditée est celle d'appeler la pêche au fretin, ligne flottante et mordante, pêche au petit coup. Que le coup soit petit, moyen ou grand, il n'y a pas de pêche de ce nom, dès que la ligne est pourvue de flotte, ce qui a lieu ici.

Essayons de nous placer au point de vue des

auteurs de cette confusion regrettable. Nous voyons bien qu'en s'exprimant ainsi, ils le font par allusion à l'amorcement préalable de la place, qui s'appelle préparer son coup. Mais ce fait, qui s'applique à toutes les pêches stationnaires, n'est pas suffisant à nos yeux pour intervertir le rôle réel de la pêche au fretin, qui est absolument différent.

Une autre erreur de langage et de fait est celle où les auteurs, prenant en considération qu'on ne pêche pas absolument l'ablette comme le goujon, ont le soin de diviser la pêche au fretin, ligne flottante, en plusieurs catégories. De sorte qu'ils arrivent à conseiller l'adoption d'autant de cannes, de lignes, de bas de ligne, qu'il y a d'espèces de petits poissons. Quel abus ! quelle exagération !... A l'exception de la pêche à la gaulette, ligne ferrante, qui a sa raison d'être dans quelques grandes villes, où les places les plus réputées sont envahies par un grand nombre de pêcheurs, il n'y a pas de motifs assez sérieux pour diviser ce qui peut rester un, à la condition de signaler les petites modifications qui s'y rattachent.

Il en est d'autres, au contraire, qui, par un esprit de simplification poussé trop loin, ne voient pas de distinction entre la pêche au fretin, ligne flottante, et celle à fouettée, qui est de tact et de coup, parce que, disent-ils, on s'adresse dans l'une comme dans l'autre à la blanchaille, à tous les petits poissons dont la longueur ne dépasse pas quinze centimètres. Il résulterait donc de ces appréciations que, si nous sommes les défenseurs de la simplification lorsque la manière de pêcher repose sur le même principe, nous sommes logiquement pour la division des pêches qui n'ont d'autres liens que les espèces de poissons auxquels elles s'adressent.

Gaule au fretin.

En parlant de la gaule légère, nous avons dit combien nous étions enclin à ne faire usage que de gaules alliant la longueur à la légèreté ; que nos préférences étaient acquises à celles munies d'un moulinet, plutôt qu'aux cannes aux parties rentrantes qui excluent ce petit appareil si commode. On comprendra cette prédilection de notre part, touriste et pêcheur, subordonné par nos goûts et plaisirs à des excursions lointaines qui nous obligent à n'admettre que les instruments susceptibles de s'appliquer, en quelque sorte, à toutes les espèces de poissons que le hasard nous fait rencontrer. Toutefois, cela ne prouve pas que, si, à l'exemple des pêcheurs parisiens, notre position commerciale ou industrielle ne nous offrait que quelques heures de loisir le dimanche, la canne en roseau si portative n'aurait pas obtenu notre préférence pour pêcher le menu. Donc, gaule ou canne, nous nous inclinons ! Mais c'est à la condition que ce principal engin de pêche possède au moins quatre mètres de longueur et soit le plus léger possible.

Lignes et bas de ligne.

Les lignes destinées à pêcher le fretin doivent être en soie de Chine, couleur d'eau, extrafines

anglaises ; ce qui veut dire que les plus ténues doivent être préférées, d'où leur titre de mordantes.
Celles dont nous nous servons sont terminées par
un bas de ligne composé de trois crins de bombyx
délicats, auxquels se relie un crin de cheval entier
choisi parmi les plus forts.

Chalumeau.

Une simple penne de plume, dépouillée de ses
barbes, maintenue à la ligne par deux petits colliers-
tuyaux, suffit.

Plombs.

Rien de mieux que deux petites lames en plomb
laminé, étroites et minces, contournées par spires,
à deux points différents du bas de ligne.

Hameçons.

Contrairement à toutes les pêches, les hameçons
à palette ont ici nos préférences. Cette faveur est
motivée en ce qu'ils sont ordinairement plus courts,
et qu'en cas de brisement et de changement, il
suffit d'un nœud d'empile fait avec le crin terminal
pour en fixer un autre.

Avec un matériel ainsi composé, on peut pêcher
de près et au large tous les poissons menus du demi-
fond, et même emmener à rive tout poisson dont le
poids ne dépasse pas trois hectogrammes. Quant à
pouvoir le transformer, de manière à prendre la
perche goujonnière, la tanchette, la loche, le goujon,

qui sont réputés du fond, il n'y a qu'à ajouter un peu plus de lest au bas de ligne.

Les appâts les plus favorables pour pêcher le fretin sont les vers rouges, les vers de vase, les asticots, les larves, les chevrettes dépouillées de leurs écailles, le sang, le fromage, les mouches noires et bleues, le blanc et le jaune d'œuf, les boulettes de mie de pain miellée.

En général, plus petits sont les poissons, plus ils sont agiles et prompts à attaquer l'amorce et à fuir dès qu'ils sentent le fer. Il est donc indispensable de ferrer au premier indice de la flotte.

Il résulterait donc que pour pêcher la blanchaille, ligne flottante et revenante, un matériel unique suffit. Nous n'avons jamais possédé qu'une seule ligne pour pêcher l'ablette et le goujon, et jamais nous n'avons eu le dépit de constater que notre armement était inférieur à celui de nos rivaux. Le point essentiel est de connaître les lieux d'agglomération, les heures où le poisson mord ; de pouvoir lancer l'amorce au milieu du groupe. Avoir ces connaissances et cette habileté, c'est le prendre ! Cependant, comme l'ablette et le goujon jouent le plus grand rôle dans la pêche au fretin, nous considérons comme utile, au point de vue pratique, de démontrer en quoi leurs pêches diffèrent.

Parlant de l'ablette, le lecteur peut se rappeler que nous avons dit qu'elle aimait les eaux claires et courantes ; qu'elle avait une préférence bien marquée pour se tenir près des affluents, des ponts, des vannes, des aqueducs, des égouts, des bateaux,

à l'extrême des remous, au quart de la couche
liquide, par les temps chauds ; de demi-fond par
ceux tempérés ; ras de fond par les jours froids ;
vers l'axe du fleuve par les eaux de reflux ; pour se
rapprocher de la rive lorsque, par suite de pluies
abondantes, leur étiage s'élevant, les eaux deve-
naient louches et rapides. Nous avons dit encore
que ces petits animaux aimaient à vivre en groupe,
notamment près des lieux où les nourritures pas-
saient abondantes, pourvu que ces poissons n'eussent
que peu d'efforts à faire pour s'en emparer ; qu'une
fois leurs parages choisis, les ablettes n'abandon-
naient que difficilement les places où elles s'étaient
cantonnées. Lors donc qu'un pêcheur rencontre une
bande d'ablettes, il est rare que ses premiers coups
de ligne ne soient pas heureux. Mais bientôt, soit
que la vue du pêcheur les effraye ; soit que le choc
de la flotte et le retrait de la ligne par mouvements
saccadés les importunent ; soit encore, ce qui est plus
probable, que ces petits poissons aient conscience des
vides faits dans leurs rangs, les ablettes reculent. Mais
comme, au plus souvent, lorsqu'il le peut, le pêcheur
s'avance d'autant, la tête de la colonne se masse,
s'arrête, jusqu'à ce que,.fatiguée par cette attaque
persistante, les chefs du groupe se décident à s'éloigner en entraînant leurs pareils, pour revenir bientôt
se reformer en bande au même endroit, après
l'oubli des dangers passés. Or, ce serait donc à tort,
suivant nous, de poursuivre les ablettes à outrance,
de s'aventurer sur les hauts-fonds en se mouillant
jusqu'à mi-jambe. Mieux vaut attendre quelques

minutes que le groupe se reforme. Parmi le grand
nombre de pêcheurs qui recherchent l'ablette, il en
est quelques-uns qui ajoutent un jeu d'amorces
variées à leur bas de ligne, en ayant soin de mettre
un chalumeau tant soit peu plus fort. Dans ce cas,
les hameçons doivent porter les numéros 18, 16,
14 et 12, de manière à amorcer le premier de vers
de vase ; le second, d'un ou deux asticots ; le troisième, de fromage ; le quatrième, de sang ou d'un
ver de terreau.

Quant aux goujons, très-abondants dans quelques
fleuves et rivières au fond sablonneux, et très-rares
dans d'autres, nous avons dit à leur historique
combien ils sont moins voyageurs que les ablettes,
bien qu'ainsi qu'elles ils aiment à vivre en bande.
Nous ajoutons que nous n'avons jamais mieux réussi
qu'en amorçant avec des vers de terreau ou
de vase, en pêchant le long des rives, à l'encontre
des murs, près des ponts, des vannes, en tous lieux
où s'accumulent les graviers et les nouvelles couches
de sable, à la condition qu'il existe au moins cinquante centimètres d'eau ; que, poisson essentiellement de fond, le goujon aime à se réfugier derrière
les pierres et les cailloux, prêt à s'élancer sur les
nourritures qui passent à sa portée, sauf à revenir
aussitôt à son affût dès qu'il est parvenu à la saisir ;
c'est donc au pêcheur à tenir compte de ces diverses
observations. Il est toutefois une autre manière de
pêcher le goujon, lequel consiste à pratiquer le pilon-
nage. On appelle ainsi l'action de remuer le sable
avec un bâton ou un engin quelconque, de façon à

dégager les animalcules qu'il contient ordinairement, et à pêcher dans ce sillon d'eau trouble, qui a l'efficacité d'attirer à lui les goujons lointains.

Quoi qu'il en soit de ces divers procédés de prendre l'ablette ou le goujon, les époques réputées les plus favorables sont incontestablement la dernière quinzaine de juin et les mois de septembre et d'octobre. Le mois de juin, parce qu'il correspond à la réouverture des poissons d'été, et ceux de l'arrière-saison, en ce qu'ils sont plus tempérés.

Nota. — On peut également pêcher, ainsi qu'à la ligne flottante, l'ablette à la surface, en se servant de mouches naturelles noires et bleues, à la condition d'enlever le plomb dont le bas de ligne est chargé. Mais alors cette pêche déroge à ce point de celle dont nous venons d'entretenir le lecteur, qu'elle semble transformée en pêche de jet.

Pêches autorisées.

4° A la gaulette, ligne flottante et ferrante.

Bien qu'à notre avis il soit préférable de pêcher le fretin avec une gaule longue, il y a des lieux si fréquentés par les pêcheurs, des places si resserrées, qu'il faut absolument, pour y trouver accès, remplacer la gaule par une gaulette. Tels sont sur les quais de Paris, par un beau jour de fin juin, les berges, les battoirs, les ponts, les passerelles, les alentours des bateaux, les coudes, les remous, qui sont à juste titre considérés comme les lieux les plus réputés. Lorsqu'on est possesseur d'une gaule longue au

fretin, divisable en trois pièces de 1 mètre 25 centimètres, comme la gaule légère, il n'y a pas obligation de recourir à un autre instrument. Il suffit
de retrancher le plus gros bout pour posséder une
petite canne d'environ de 2 mètres 50 centimètres
de longueur, ce qui est suffisant. Mais comme, dans
ces conditions d'armement, le pêcheur ne peut se
servir que d'une ligne relativement courte, il est
essentiel que la flotte ne soit pas fixée au delà de
1 mètre 25 centimètres du sommet du scion, afin
qu'il reste encore un bas de ligue assez long, pour
être à même de pêcher à une certaine portée et
arriver à trois quarts de fond.

Quant à la constitution de la ligne, au lest qu'elle
porte, à l'hameçon qui la termine, tout ce qui sert à la
gaule précédente pouvant être utilisé, nous n'avons pas
à nous en préoccuper. Reste la manière de pêcher,
qu'il est important de connaître, afin qu'on ne soit
pas taxé de novice malencontreux et gênant. Que
les pêcheurs soient placés en ligne et de front à la
rive, ou que, montés en barque, ils se pressent et se
coudoient, une convention tacite et d'usage existe :
c'est qu'il appartient au premier pêcheur de droite
de lancer sa ligne en amont pour la suivre du bras
et de la gaule, jusqu'à ce que la ligne arrive à son
extrême en aval, c'est-à-dire en passant et pêchant
devant chaque pêcheur aligné à sa gauche, mouvements successivement imités par les pêcheurs qui
précèdent ; c'est ce qu'on appelle pêche à la file, ou
à suivre sur place.

On considère ordinairement que le jet a été

accompli avec ordre, sans confusion et d'après les principes de l'art, lorsque toutes les gaulettes se relèvent successivement, en ferrant à faux ou à vrai, pour s'abaisser alternativement derechef, de droite à gauche, sans qu'aucune ligne se superpose ou s'emmêle, toutes se succédant dans leur parcours avec des différences d'éloignement peu sensibles.

Un poisson est-il pris, le pêcheur heureux doit s'empresser de relever la ligne pour ne pas arrêter le jeu des voisins. Le poisson mis dans le filet et l'hameçon réamorcé, le pêcheur est tenu d'attendre le coup de relevage de ses compagnons, pour reprendre son tour de jet, ce qu'il fait habituellement en profitant de ce répit pour amorcer la place par une pincée d'asticots jetés en amont.

On voit que cette pêche est basée sur l'égalité, la fraternité et la communauté d'action et des eaux, et néanmoins, il nous reste encore à savoir si ces vertus s'épanchent parfois en paroles affectueuses. Tant les pêcheurs au menu qui fréquentent les quais, qu'on ne doit pas confondre avec ceux qui ont le penchant des excursions, sont sérieux et silencieux.

Pêche autorisée.

IVᵉ DIVISION : LES PÊCHES DE COUP ET DE TACT.

1° De coup et de tact, ligne ondulante.

On appelle ainsi la pêche où la ligne dépourvue de flotte s'enfonce en serpentant dans les eaux,

entraînée par le poids du lest dont elle est chargée
et l'action du courant. Non moins agréable que la
pêche à suivre, c'est surtout de celle qui nous sert
de point de départ qu'on peut dire avec vérité
qu'elle est une charmante promenade au bord de
l'eau, le pêcheur ne s'arrêtant, çà et là, que quelques
minutes à peine, pour sonder les meilleurs endroits.
Tels sont les tournants, les angles, les remous, les
crônes, les abreuvoirs, les alentours des usines,
les chutes, les affluents, les couverts, le dessous des
herbes, des branchages et des racines submergées.

Si on l'appelle de coup et de tact, c'est que ces
deux mots ont besoin d'être unis l'un à l'autre pour
bien exprimer ses quatre actions principales qui
sont : le coup de relevage, le coup de relâchement,
le coup de contre-échappement et le coup de ferrement, sans lesquels cette pêche ne serait presque
rien.

Nous ne définirons pas les deux premiers, qui sont
les moyens de séduction par excellence pour vaincre
l'inertie du poisson qui se refuse à avancer sur
l'amorce qu'on lui présente, ni même le troisième,
dont le but est d'éviter l'accrochement de l'hameçon
aux obstacles qu'il peut rencontrer, l'action et les
effets de ces diverses tactiques étant connus du lecteur.

Nous dirons seulement un mot du coup de ferrement par le tact, qui est en quelque sorte spécial
à cette pêche, en faisant ressortir qu'ici, la commotion ressentie par la main, à l'instant du mordage,
étant le seul indice qui dénote que le poisson prend

l'appât, il y a obligation de ferrer vivement à toute impression transmise par la gaule, sensation si difficile à reconnaître pour ne pas la confondre avec celle qui provient de l'attachement du bas de ligne contre les herbes et les obstacles de toute nature, qu'elle demande l'expérience des pêcheurs les plus habiles, et toute la vivacité de la jeunesse pour ferrer en temps désirable.

On peut pêcher de coup et de tact, ligne ondulante et plongeante presque tous les poissons qui mordent à la ligne flottante et revenante, quoiqu'elle soit plutôt applicable aux poissons qui vivent d'insectes et à ceux qui, comme la truite, l'ombre et le saumoneau, sont d'une telle circonspection qu'ils s'enfuient, le plus souvent, au bruit de la flotte tombante.

Avec la pêche de tact dépourvue de flotte, nulle choc à la surface de l'eau. Rien de voyant, que l'ombre du pêcheur et de la gaule, lorsqu'on pêche soleil arrière. On peut donc dire d'elle qu'elle est la prudence faite matérielle, l'art de faire arrivé à sa dernière perfection ; nous allons essayer de le démontrer.

D'abord une gaule longue et légère, munie d'un moulinet simple, chargé d'une ligne couleur vert eau, et d'un bas de ligne en crin de Florence de même nuance, long de 1 mètre 50 centimètres, ce qui permet de pêcher à de longues distances, en se tenant éloigné de la rive. Secondement, pour lest, quelques lames en plomb laminé, contournées par spire à deux ou trois points différents. Troisième-

ment, un hameçon à aiguille, ou à double œillet,
bien amorcé et complétement recouvert. Que si l'on
ajoute à ce matériel, soit des larves, soit des mouches, soit des insectes pour amorcer, qui passent
pour les mets les plus goûtés des salmones, pendant
toute la période de la belle saison, on sera convaincu que tout est combiné dans cette pêche pour
réussir.

Sans doute, on peut pêcher de même le chevenne,
le gardon, la carpe, la brême, le barbeau et l'ablette,
en remplaçant les armorces ci-dessus par des vers
rouges et blancs, les chevrettes, les cerises, le
fromage; car qui peut plus peut moins. Mais cette
latitude ne change rien à la principale destination
de cette pêche, qui est d'être mise en usage par les
heures les plus ingrates et pour les poissons les plus
difficultueux, et notamment alors que les eaux sont
d'une telle limpidité, qu'ainsi qu'un miroir elles
reflètent tous les objets qui les surplombent.

Pêche autorisée.

2° A fouetter, ligne coulante et mordante.

Il existe dans la définition de la pêche à fouetter
une confusion que les auteurs les plus compétents
n'ont pas fait cesser, celle de l'intervertir ou de
l'assimiler à la pêche au fretin, ligne flottante, ou à
la gaulette. Il est vrai que dans la pêche à fouetter,
de même que dans ces dernières, le pêcheur ne
s'adresse qu'aux menus poissons. Mais en dehors de
ce rapprochement, les moyens de les mettre en

œuvre sont si différents qu'ils nous obligent à faire montre de savoir et de redressement.

Dans la pêche ordinaire au fretin ou à la gaulette, la ligne est toujours munie d'une flotte. Dans la pêche à fouetter, au contraire, qui pourrait tout aussi bien s'appeler au *petit coup, la ligne ne porte ni chalumeau ni plomb,* c'est le poids d'un bas de ligne, de l'hameçon, de l'amorce, tout léger qu'il soit, qui l'aide à descendre. Elle est donc essentiellement ondulante, coulante et de tact.

Si on l'appelle fouetter, qu'on le remarque bien, ce n'est pas précisément parce que, dans cette pêche, on a coutume d'imprimer à la ligne quelques légères saccades, en la remontant par degrés, qu'on nomme coups d'agacements, mais surtout pour mieux faire comprendre qu'à raison de la légèreté du matériel et de la faiblesse des petits poissons qu'on pêche, de la délicatesse d'où l'avertissement vient, il y a lieu de ne pas trop compter sur la répercussion de l'attaque à la main, ce qui oblige à recourir à un ferrement presque continu, comme celui qui résulte, dès que la ligne est parvenue à trois quarts de fond dans les eaux, de petits coups de fouet, opérés en relevant la ligne; petits coups destinés à piquer le poisson au mordage, *alors même que la main n'aurait ressenti aucune commotion.*

Dans la pêche à fouetter, quelques pêcheurs ont l'habitude d'ajouter un jeu de ramification au bas de ligne. Ce procédé, qui permet parfois de prendre deux ou trois poissons à la fois, est excellent, pourvu que le pêcheur arrête le jeu pour réamorcer, aussitôt qu'il suppose une amorce meurtrie ou un poisson pris.

Par un beau jour d'été, il faut voir combien sont nombreux, aux environs de Paris, les pêcheurs à fouetter qui bordent les rives de la Seine, depuis le pont Marly jusqu'à Corbeil, ou dans la Marne jusqu'à Joinville-le-Pont. Il en est qui sont assez intrépides pour se mettre à l'eau jusqu'à la ceinture, afin de gagner un haut-fond qui les rapproche de l'axe de la rivière, où se réfugie le fretin traqué et poursuivi. Il en est d'autres qui pêchent d'une main et ne cessent de jeter de l'autre quelques vers en amont du courant, de façon à pêcher constamment dans le sillon de nourriture qui attire à lui les poissons lointains. Il en est d'autres encore, qui montés en barque, pêchent des deux mains, en abaissant alternativement chaque vergeon, tout en imprimant à leur canot un mouvement en avant, au fur et à mesure que les poissons reculent. Qu'importe la manière !... Il suffit que la pêche à fouetter soit mouvementée, qu'elle rapporte un peu, pour qu'elle appelle à elle la jeunesse ardente et joyeuse qui a soif d'amusements et de villégiature. Jeune, nous avons participé bien souvent à ces plaisirs, considérés comme frivoles par les pêcheurs aux salmones. Il nous souvient de ce petit bleu qui nous réconfortait dans la défaite et nous donnait l'entrain dans le succès. Mais, hélas ! a dit le chansonnier national, à soixante ans on ne peut plus renaître ; il ne nous sera plus donné de revoir, en canotier, Créteil, Alfort, Bercy, le Port-aux-Anglais, Ivry, le Bas-Meudon, etc., où nous

pouvions lire à chaque hôtellerie, dans le ver-
doyant mois de juin, ces mots toujours peints à
neuf :

Matelote et friture ! ! !

Pêche autorisée.

3° A rouler, ligne coulante et rasante.

Cette pêche ne diffère de celle à fouetter que
parce qu'elle lui succède, en pêchant ras de fond,
les gros poissons attirés par l'abondance de nourritures qui ont été jetées pincée par pincée en pêchant
le fretin S'adressant cette fois à des poissons vigoureux, il est indispensable de changer le bas de
ligne, en leur substituant un autre plus résistant,
chargé cette fois d'un peu de plomb, et muni d'un
hameçon plus fort.

De même que dans la pêche au coup à fouetter,
le relevage s'effectue en haussant la ligne graduellement, par petits coups ascendants, d'environ vingt
centimètres. Toutefois, on ne doit pas oublier ici
que cette opération ne doit avoir lieu qu'alors que
l'*amorce a touché le fond,* d'où son nom de *rasante.*

Les amorces les plus réputées sont les vers rouges,
les asticots, les porte-bois, le fromage, etc.

Poissons mordants :

Le barbeau, la brème, la carpe, le chévenne, le
flet, le gardon, la perche, la plie, la roche de fond,
la tanche, la vandoise, le vilain.

Pêche autorisée.

4° A soutenir à la gaule, balle posante, ligne fouillante.

Cette pêche, qui est également de tact, a principalement pour but de prendre les gros et les moyens poissons qui se tiennent sur le fond des eaux agitées, dans les rapides et les profondeurs des chutes.

S'adressant cette fois aux poissons les plus vigoureux, aux gros chevennes, aux barbeaux, aux fortes truites, aux saumons, aux anguilles, son matériel doit être puissant et résistant.

Rien de mieux, dans ce cas, que la gaule de force à moulinet, garnie d'une ligne en cordonnet pure soie, à laquelle se rattache un bas de ligne en crins de Florence, tressés en trois à son commencement, en deux à son milieu, d'un crin fort à sa fin.

Ce qui la distingue essentiellement de la pêche à rouler, c'est que le plomb qui sert à lester l'extrême de la ligne est remplacé ici par une balle ovoïde percée d'un trou au centre, qui sert de canal et de glissière à la ligne. C'est encore que le pêcheur n'étant pas tenu de relever incessamment la gaule par mouvements ascendants et saccadés afin d'exciter le poisson, le ferrement ne s'effectue que lorsque l'attaque se répercute avec force de l'amorce à la main. On considère que la plombée répond efficacement à sa destination directrice, lorsque après avoir été lancée dans l'eau au plus loin, elle descend sur le fond et s'arrête, sans faire obstacle au glissement et prolongement de la ligne ; lorsque enfin le bas de ligne peut fouiller sinueusement les pierres et les roches qui servent de brisants aux flots et d'abris aux poissons.

Dans les courants ordinaires, une plombée de six millimètres de diamètre suffit pour obtenir l'immobilisation de la balle; dans les rapides impétueux, il nous est arrivé d'augmenter son volume jusqu'à quinze.

Les lignes les mieux montées sont celles où l'extrème se réunit au bas de ligne par un émerillon tournant à boucle. C'est alors ce petit appareil qui, au lancé, empêche la balle de s'avancer trop près de l'hameçon. Quelques pêcheurs ont l'habitude d'ajouter au bas de ligne un jeu d'amorces, composé d'une ou deux ramifications. Ces appendices ne sont utiles que lorsque le gros est rare; appliqués à l'anguille, ils sont plus gênants que profitables. Les appâts préférés par les chevennes et les barbeaux sont les gros vers, le fromage de Gruyère, les viandes, les fèves cuites. Pour la truite, l'anguille et le saumon, les vers, les limaces, les cuisses de grenouilles, les chabots, etc.

Quoique en réalité cette pêche soit de main, que l'appât ne reste pas immobile sur le fond, alors qu'on pêche dans des eaux impétueuses, elle est généralement assimilée par les gardes des fermiers de pêche aux lignes de fond, par cela même interdite dans toutes les eaux où il y a eu adjudication publique ou concessions par licences.

5° A soutenir au vergeon, ligne fouillante.

Cette pêche ne diffère de la précédente que parce que, au lieu d'une gaule, le pêcheur ne fait usage que d'un *vergeon* flexible en jonc ou en baleine, emmanché sur une poignée en liége. Certes, encore ici, une aussi faible modification ne suffirait pas pour en faire une pêche particulière. Une annotation signalant sa distinction et son interversion eût été comprise. Nonobstant cette observation, un avantage subsiste dans la pratique. C'est qu'étant destinée à pêcher principalement, soit du haut d'un pont, d'une passerelle, d'une écluse, d'un quai ou d'un parapet, le peu de longueur de l'arme ne fait aucunement obstacle à la circulation des piétons et des voitures. Nous pourrions ajouter qu'il en est de même pour les émules du pêcheur, lorsque quelques amis se réunissent pour pêcher, montés sur une même barque. Toutefois, il nous paraît que ce n'est point là son principal mérite. Sa véritable raison d'être consisterait surtout en ce que, par suite du peu de longueur du vergeon et de sa qualité de ressort, la main du pêcheur serait plus prompte à percevoir les commotions transmises par la ligne, alors que le poisson attaque l'amorce.

Les lieux préférés pour pêcher au vergeon, ligne fouillante, sont, nous l'avons dit, les endroits les plus élevés, et notamment ceux d'où l'on peut dominer l'axe de la rivière, parce que, le courant central de l'eau étant généralement plus rapide que ceux qui existent sur les côtés latéraux, l'action du prolongement de la ligne s'opère mieux ; nous allons le démontrer pratiquement.

On commence ordinairement par dépelotonner la ligne à ses pieds, en la contournant en lovées. Cela fait, on lance la balle au plus loin, en ayant soin de ne faire aucune opposition qui puisse arrêter la projection. Si cette opération a été bien exécutée, la plombée doit aller s'asseoir à une certaine distance sur le lit des eaux. Mais comme alors l'action du courant agit par frottement sur la ligne, celle-ci glisse dans le canal de la balle, d'autant plus librement que la percée de la plombée est plus grande et le cours de l'eau plus rapide. C'est en procédant de cette manière qu'on arrive, ainsi que nous l'avons dit, à développer le prolongement et l'action de ligne assez puissamment, pour qu'elle soit douée de mouvements onduleux propres à fouiller les angles et les interstices des rochers et des pierres. Toutefois, comme, à raison des obstacles où l'amorce est appelée à travailler, l'hameçon se trouve exposé à s'accrocher et a s'y immobiliser, on considère comme nécessaire d'imprimer de deux minutes en deux minutes au vergeon une petite secousse propre à dégager l'appât ou à l'activer.

Que dans ces conditions une attaque bien sentie ait lieu, il n'y a plus qu'à ferrer. Mais comme, à raison de la longueur de la ligne, la transmission du mordage est assez lente à se transmettre au pêcheur, nous ne saurions trop recommander que la main opère par traction vive et prolongée. Cette pêche est assez productive le matin et au couchant.

Poissons mordants.

Les mêmes que dans le chapitre précédent.
Pêche interdite dans les eaux où il y a des con-

cessions par adjudication ou licences ; tolérée ou permise dans les autres.

6° A soutenir dans les pelotes.

C'est également à l'aide d'un vergeon emmanché dans un morceau de bois ou de liége, qu'on pêche à soutenir dans les pelotes. Ce qui la distingue essentiellement des deux précédentes, son nom l'indique, c'est que les matières qui servent à constituer les pelotes, ou autrement dit l'amorce, lui tiennent lieu de lest et d'assise.

Le temps étant toujours précieux, même quand il s'agit de plaisirs, il est bon de préparer les pelotes à l'avance. La manière de les faire consiste à se procurer une certaine quantité d'argile, que l'on pétrit avec un mélange de mie de pain, de drèche, de chènevis et même de crottin de cheval, jusqu'à ce que le composé soit rendu malléable. Cette opération faite, on divise la pâte en deux parties. Avec la première on façonne les pelotes destinées à amorcer la place, en ayant soin *d'ajouter au mélange* quelques vers rouges et blancs, et l'on jette le tout au lieu où l'on doit pêcher deux ou trois heures à l'avance. Voyons alors ce qui se passe sous l'influence désorganisatrice de l'action du courant. Les pelotes ne tardent pas à se dissoudre, de nombreux fragments se détachent. Entraînés par les flots, ils forment un sillon de nourriture qui appelle les poissons lointains à la place où viendra bientôt le pêcheur.

Quant aux pelotes destinées à recouvrir l'hameçon,

il est d'usage de ne placer les vers au sein de
l'argile qu'à l'instant de s'en servir, afin de les
avoir plus frétillants. Voici la manière la plus simple
de les façonner. On commence ordinairement par
amorcer abondamment de vers un hameçon numéro 2 ou 3, à la manière ordinaire. Cela fait, on
aplatit un peu d'argile en disque. On place l'hameçon au *centre,* et l'on ajoute une pincée ou deux
d'asticots par-dessus, que l'on s'empresse d'enfermer
en contournant l'argile en boule, de façon que les
insectes ne puissent s'échapper. L'amorce faite, on
lance la pelote avec précaution dans les eaux.
Entraînée par le courant, elle s'enfonce graduellement jusqu'à ce que arrivée au fond, où sa forme
sphérique la prédispose à rouler de quelques mètres,
elle finit par s'arrêter à un obstacle quelconque.
Voyons quel est son effet. Jetée évidemment au
centre du coup préparé, là où il y a lieu de supposer
qu'il existe déjà quelques poissons réunis, en train
de se repaître des fragments des premières pelotes
d'invite, le choc de la nouvelle amorce tombante
appelle tout d'abord leur attention en les faisant
s'éloigner. Mais comme bientôt cette amorce, de
même que celles qui étaient l'objet de leur festin,
ne tarde pas à dégager des nourritures variées, ils
s'en rapprochent petit à petit, jusqu'à l'instant où
ayant trouvé la source qui entretient l'abondance,
ils l'odorent, la lèchent, la retournent et l'éventrent.
C'est le moment attendu par le pêcheur. Le poignet
a ferré et le poisson se trouve pris ou manqué. *S'il
est pris,* il n'y a qu'à le mater et à l'enlever d'après

les principes que nous avons exposés, lorsqu'on pêche du haut d'un parapet ou d'un pont. *S'il est manqué,* la ligne, n'étant plus chargée, ondoie, serpente et charrie; c'est à recommencer.

Quelques pêcheurs ont l'habitude de remplacer l'hameçon simple par un griffon à triple pointe, destiné à répondre à toutes les attaques possibles du poisson. Nous avons expérimenté ce moyen, mais sans résultats concluants.

On peut pratiquer cette pêche au milieu de la journée, quoiqu'elle soit plus productive le matin et le soir.

Lorsqu'on se sert d'une barque, il y a toujours avantage de pêcher dans le cantonnement d'un gros poisson connu, parce que là où il y en a un, il y en a presque toujours deux, le mâle et la femelle.

Poissons mordants.

Les mêmes qu'aux deux chapitres précédents.

Mêmes obligations et réglementation que les deux pêches précédentes.

7° A soutenir sur le cadre et à rouet.

Quel est le pêcheur qui, après avoir parcouru le Jura et la haute Savoie pour pêcher l'ombre et la truitelle des montagnes, n'a pas été tenté de couronner ses exploits par la capture d'un magnifique poisson provenant des grands lacs, et n'a pas dû s'arrêter, en voyant l'étendue et la profondeur des eaux, eu égard à la faible portée de ses armes? Eh bien, c'est au moyen d'ajouter à ces victoires faciles une palme plus glorieuse que nous allons l'initier.

On appelle pêche au cadre l'emploi d'un rectangle, composé de quatre tringles en bois, sur lesquelles est enroulée une ligne en soie, munie d'une balle fixée à la naissance du bas de ligne, et dont le poids facilite la descente de la cordée dans les profondeurs.

Qu'on ajoute à ce matériel un bas de ligne en crins de Florence doublés et tordus, chargé d'un hameçon numéro 2, amorcé d'un gros ver ou d'un chabot, il n'y aura plus qu'à se mettre à l'œuvre.

On voit que dans cette pêche la ligne ne porte pas de flotte, c'est la main qui sert de soutien et de modérateur à l'amorce.

Quoi qu'il en soit, que l'on pêche de la rive ou mieux en barque, on fera généralement bien d'imiter les marins qui pêchent la dorade en commençant par dérouler la ligne en lovées, à ses pieds.

L'amorce lancée au plus loin, on lui donne le temps d'atteindre une certaine profondeur avant de la contenir. Puis on la ramène et on la relève *graduellement,* en enroulant la ligne sur le cadre.

Si les eaux sont favorables , c'est-à-dire légèrement ridées par un vent léger ; si l'amorce a eu le hasard de rencontrer une belle truite, il est presque certain que l'appât sera attaqué et le poisson pris, tant le pêcheur a de facilités pour ramener l'animal à lui, dans ces eaux sans obstacles. Mais, nous devons l'avouer, combien d'efforts ingénieux et de patience cette pêche nous rappelle avant d'avoir eu l'occasion d'un beau triomphe !

Quant à la pêche *à rouet,* son nom même indique qu'au lieu d'un cadre, le pêcheur se sert d'une espèce de moulinet roulant sur un treuil.

Ses partisans prétendent que le rouet aurait cet avantage sur le cadre, de mieux dérouler et enrouler la ligne. Ce n'est pas notre avis. Nous avons essayé les deux procédés. Nous sommes toujours revenu à l'ancien mode pour plusieurs raisons : la première, c'est que la main gauche ne cessant jamais de soutenir la ligne, il est plus facile au pêcheur de la gouverner, de la contenir ou de l'activer, et ce qui n'est pas moins essentiel, de lui imprimer de petits roulis alternatifs de droite à gauche, tous mouvements qui excitent le poisson à mordre. La seconde, c'est que la main étant plus apte à percevoir les commotions résultant de l'attaque, le ferrement est *ad libitum*, ou plus court ou plus prolongé, selon la distance d'où le mordage s'effectue.

Poissons mordants.

Le brochet, la truite, le saumon.

Pêche autorisée dans les eaux où elle n'est pas défendue par un arrêté préfectoral.

Vᵉ DIVISION : LES PÊCHES TOURNANTES.

ÉCLAIRCISSEMENTS ET CONSEILS.

Ainsi que dans les pêches qui font partie de la quatrième division, celles aux vérons naturel et artificiel pourraient être considérées comme étant de *coup et de tact,* puisque, le plus souvent, c'est au moyen de petites saccades qu'on ramène l'amorce, et qu'à l'instant de l'attaque du poisson de proie il n'existe d'autre indice que la commotion ressentie par la main du pêcheur. Malgré ces similitudes, le matériel, l'armement du takle et les mouvements mêmes dont les vérons sont animés sont si différents, que les placer dans le même cadre eût été une faute des plus grossières. De l'avis de tous les pêcheurs, les pêches tournantes sont les plus difficiles à pratiquer. Aussi est-il rare que les débutants obtiennent quelques succès à leurs premiers essais. Notre mission est donc de grouper ici tous les éclaircissements et les conseils qui peuvent leur venir en aide.

Voyons d'abord quel est le principe prédominant qui s'impose aux pêches aux vérons. La première condition est que *l'amorce tourne.* On arrive à ce résultat, dans l'emploi du véron naturel, par la forme *oblique* que l'on donne au poisson en l'amorçant; dans les vérons artificiels, par l'adjonction de deux ailettes appelées hélices; et parfois, comme dans l'emploi du tue-diable, par la disposition hélicoïde de l'appât. Mais alors surgit cette première difficulté. Le mouvement de rotation de l'amorce ayant pour effet de tordre la ligne, il fallait tout d'abord parer à cet inconvénient grave. Or, si nos lecteurs daignent se reporter à nos solutions sur le véron hérisson, ils trouveront qu'aucun moyen n'est plus simple que celui que nous avons émis

alors : 1° constituer les ailettes de manière que le
véron tourne dans le sens opposé de la torsion de la
ligne ; 2° relier les crins qui constituent le bas de la
ligne, par autant de clous tournants. Ainsi, première
condition, la rotation ; la seconde, l'emploi des
émerillons. Voyons maintenant comment on obtient
la propulsion du véron dans une direction à angle
droit, avec les rayons de l'hélice, ou pour nous
énoncer plus simplement, comment on acquiert le
mouvement de rotation d'un véron dès qu'il est
déposé dans l'élément liquide, où il doit fonctionner. Aussitôt en contact avec l'eau, soit que le véron
obéisse à son propre poids, en portant son lest en lui-
même, comme dans le véron en métal hesdinois ; soit
qu'on ait ajouté au bas de la ligne un plomb aug-
mentatif qui l'entraîne à descendre, ainsi que cela a
lieu dans l'usage du véron naturel, l'amorce se précipite vers le fond, en vertu de cette loi qui veut que
tout corps pesant, abandonné à lui-même, se dirige
vers la terre. Mais comme dans tous les vérons, qu'ils
soient de forme oblique, à ailettes, ou même contournés en hélice, il existe dans leur marche descen-
dante une force de résistance qui agit par conver-
gence et pression, il en résulte qu'ils sont obligés
de tourner dans le sens hélicoïde de leur constitution.
C'est absolument le contraire pour obtenir une
rotation dans leur retour ascendant. Il n'y a alors
que la puissance de traction exercée par la main du
pêcheur, plus considérable que celle de la pesanteur de l'amorce, qui parvienne à faire remonter le
véron par évolutions opposées, avec une vitesse dont

le pêcheur, cette fois, est maître. Or, ceci démontré, que s'il est possible d'accélérer la marche du véron dans l'eau, lorsqu'il est attiré de bas en haut, ou obliquement de gauche à droite, il y a toujours dans la descente un degré de vitesse en rotation, limité au poids seul du véron. Or, comme il est des plus essentiels pour obtenir quelque succès dans les pêches tournantes que la marche de l'amorce soit régulière, aussi bien en montée qu'en descente, il y a là toute une étude à faire pour les débutants, quand il s'agit d'équilibrer ces contraires, en passant de la théorie à la pratique. Quoi qu'il en soit, ce n'est pas une raison pour s'en effrayer, puisqu'en général, il suffit de deux jours d'essais raisonnés, pour acquérir savoir et habileté. Toutefois, comme il nous paraît possible de diminuer ce temps de moitié en se pénétrant de nos conseils, nous allons essayer de les faire ressortir, de manière à les dégager de toute obscurité théorique.

1° Ne choisir pour lieux d'essais que des eaux dont le courant ne soit pas inférieur à 30 centimètres par seconde.

2° Se rappeler qu'il n'y a de succès possible, dans l'emploi du véron *naturel,* qu'en lui imprimant une marche de 20 centimètres par seconde, alliée à un mouvement de rotation de dix tours par mètre.

3° Que dans l'usage du véron *artificiel,* il n'y a de chances réelles qu'en ralentissant la marche de l'amorce à 15 centimètres par seconde, bien qu'en augmentant les tours des trois quarts, trente évolutions en moyenne par mètre étant considérées comme absolument indispensables pour déguiser l'amorce et l'armement.

D'où nous concluons de la nécessité de répudier, ou de considérer comme imparfaits, tous vérons incapables de remplir ces conditions.

1° Au véron naturel.

Aux chapitres des gaules, nous avons dit que la pêche au véron réclamait l'emploi de la gaule de force, un scion rigide, des anneaux de ligne fixes, un moulinet bien roulant, parce que, dans cette pêche, on ne s'adressait qu'à des poissons d'un certain poids, tels que la moyenne et la grosse truite, et par occasion à la perche et au brochet. Il suffira donc au pêcheur de s'y reporter.

Ligne.

Il importe peu qu'elle soit en soie pure ou mélangée de soie, de crin et de ramies, pourvu qu'elle soit solide, de couleur verte eau, bien dévrillée, et se termine par un émerillon tournant.

Bas de ligne.

Le bas de ligne est absolument le même que celui qui sert au véron artificiel, à l'exception qu'il porte vers son milieu une plombée d'environ *dix grammes,* propre à faciliter la descente de l'amorce dès qu'elle est plongée dans l'eau.

Il est ordinairement composé de quatre longueurs de crins de Florence choisis parmi les plus forts, réunis bout à bout par des émerillons attachés par empiles.

Takles.

On appelle ainsi les montures qui servent à fixer et à supporter les hameçons. Susceptibles de varier

| N° 1. | N° 2. | N° 3. |

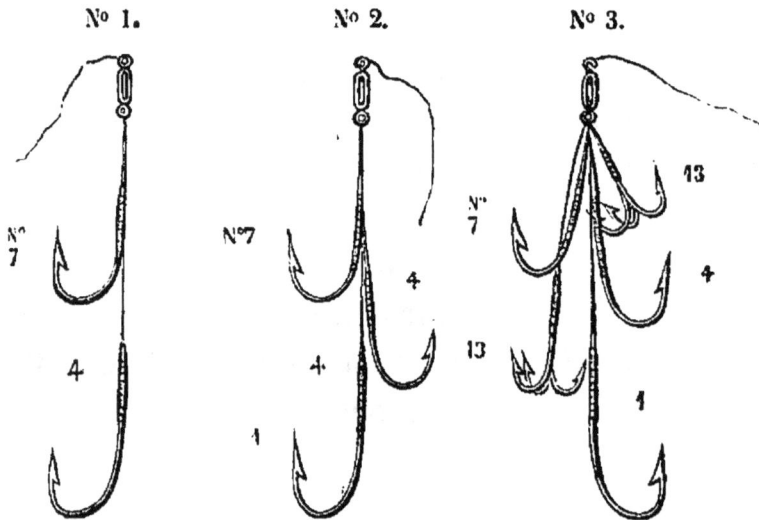

Fig. 87 Monture ancienne. Fig. 88. Monture moderne. Fig. 89. Monture de l'auteur.

à l'infini ; nous nous bornerons à signaler les deux modèles les plus connus et celui que nous avons perfectionné pour notre usage, sans toutefois nous arrêter aux détails de leur description, le plus simple examen suffisant pour en comprendre l'agencement.

La manière d'amorcer un *véron naturel* ne présente aucune difficulté, quand on connaît l'emploi de chaque hameçon. Supposons qu'il s'agisse d'utiliser la monture n° 3, qui est la plus compliquée et la plus efficace. Avec l'hameçon n° 1, qui est le plus grand, on perfore le poisson de part en part, de façon à lui donner la forme d'un J, en ayant soin de faire ressortir la pointe vers la queue du véron. Avec le n° 4, on arme les flancs; avec le n° 7, la gorge. Quant aux deux appendices munis chacun d'un hameçon à triples pointes, le plus simple bon sens indique qu'ils servent à défendre les parties non armées de l'amorce, en engageant extérieurement l'une de leurs pointes dans les chairs du véron.

Nous ne reviendrons pas sur les conseils que nous avons donnés dans le chapitre précédent, à savoir : que dans l'usage du véron naturel il n'est rien de plus favorable qu'une marche de vingt centimètres par seconde, alliée à un mouvement de rotation de dix tours par mètre parcouru. Mais comme il se peut qu'on désire connaître la raison de cette vitesse sur tout autre, nous répondrons à ce vœu en l'expliquant. Si l'amorce passait trop lentement, dans la plupart des cas, elle ne vaincrait pas l'indécision du poisson de proie, qui aurait eu le temps de reconnaître que l'amorce qui lui est offerte n'a pas les allures franches du poisson vivant. Si le mouvement de rotation était trop précipité (*ce qui serait excessivement rare avec le véron naturel*), ce serait alors les pointes qui n'auraient pas le temps de s'engager dans les chairs du poisson attaquant. De sorte que nous ne pouvons que conseiller d'être sobre de traction dans les rapides et d'accélérer la marche de l'amorce dans les eaux lentes.

Mais quelle que soit la valeur de ces observations, sont par nous réputées bonnes, toutes les amorces qui répondent à l'effet demandé, et mauvaises celles qui produisent des manquements. Or, comme tout défaut constaté au début se perpétuera toujours, s'il n'est de suite corrigé, la science du pêcheur consiste à reconnaître si le mal provient de la marche du véron, de la mauvaise disposition des pointes, ou de l'imperfection de l'inclinaison oblique de l'amorce. Apprécier le mal, c'est se montrer capable de le corriger.

Dans la pêche au véron naturel, l'attaque de la truite est toujours plus hardie, plus acharnée que dans celle au véron artificiel. On s'aperçoit tout de suite que ce poisson a l'appréciation d'avoir de la chair vraie sous les dents; de sorte que, pour le ferrer, il suffit le plus souvent de bander la ligne.

Bien que, pour un pêcheur exercé, il soit assez indifférent de pêcher en remontant ou en descendant le cours des eaux, il est néanmoins incontestable qu'il y a avantage à s'avancer de l'aval en amont, l'amorce qu'on jette et ramène en opposition du courant tournant mieux.

La pêche au véron naturel est de toute la journée, dans les mois de mars, avril, mai, juin et septembre; nulle dans le mois de juillet et août. Les heures les plus favorables, celles du matin et du couchant.

En général, la pêche au véron demande des eaux courantes plutôt que lentes, claires plutôt que limpides; un vent modéré plutôt que calme et fort; des rivières demi-profondes plutôt que guéables et de grand fond.

On ne doit jamais oublier que, si parfois dans cette pêche on prend quelques petites truites, c'est notamment à celles qui se nourrissent de substances animales que le pêcheur s'adresse. Il est donc essentiel, avant le départ, d'examiner l'état de la ligne, du bas de ligne, des émerillons, des ramifications, des empiles, des hameçons; le plus faible oubli à cet égard occasionnant souvent des regrets.

Lors de nos débuts, nous avons beaucoup pêché au poisson naturel. Le véron artificiel n'ayant pas encore acquis à cette époque les perfectionnements qu'il possède aujourd'hui, nous n'y avons renoncé que par la sujétion assez fatigante de nous procurer des amorces naturelles, les vérons ayant presque disparu de nos ruisseaux depuis le dessèchement des vallées.

Quelques pêcheurs, soucieux d'utiliser tous les poissons de la grandeur du véron, font usage d'une épinglette plombée surmontée d'une rosas hélicoïde, propre à transmettre la rotation à l'amorce. Nous n'avons jamais réussi qu'en pêchant la perche et le brochet poignard, ces poissons étant plus voraces et moins prudents que la truite.

Poissons mordants :

Le brochet, la perche, le saumon, la truite.
Pêche autorisée.

2° Au véron artificiel.

Le matériel de la pêche au véron artificiel est le même que celui employé pour le véron naturel, à l'exception du bas de ligne qu'il est inutile de lester, la plupart des amorces artificielles étant munies d'un tube intérieur métallique qui en fait l'office, ou constituées complétement en cuivre ou en plomb. Au chapitre II des appâts et amorces et pages suivantes, nous avons traité assez largement de leur bonne structure, pour qu'il nous soit permis de dire que nous avons mis tous nos soins à satisfaire les plus difficiles exigences. Il suffira donc au pêcheur fabricateur de s'y reporter pour y trouver les renseignements les plus précis.

Nous arrivons donc tout de suite à l'art de pêcher avec le véron artificiel.

Supposons le pêcheur debout au bord de l'eau, la gaule tournée dans une position transversale à la rivière, l'extrémité du bas de ligne entre l'index et le pouce de la main gauche, le véron est prêt à être lancé. Ainsi préparé, que le pêcheur imprime à son arme un mouvement d'élévation proportionnel au point qu'il veut atteindre, en lâchant vivement le véron. Si l'opération du jet a été bien exécutée, l'amorce ira tomber mollement et sans bruit au moins à deux mètres plus en aval que la place à explorer. Qu'on laisse alors au véron le temps de descendre naturellement à la moitié de la couche de liquide. Six secondes, au plus, suffiront pour qu'il s'enfonce d'un mètre, en admettant que le poids de l'amorce soit représenté par *vingt-cinq grammes*. Dès lors, il n'y a plus qu'à ramener lentement la ligne à soi avec une vitesse de quinze centimètres par seconde, en dirigeant le véron tant soit peu

obliquement contre le courant de l'eau. L'amorce
décrira un quart de cercle pour revenir vers la rive
où le pêcheur se tient, à moins qu'elle ne soit atta-
quée dans son parcours. Le véron a-t-il été assailli?
on ferre légèrement en tenant le poisson agresseur
en bride. N'a-t-il rien rencontré? on relève la gaule
pour ramener l'appât à soi. Aussitôt arrivé à la portée de la main gauche, celle-ci s'en empare, prête à
s'en dessaisir par un nouveau jet. Que le pêcheur
recommence ainsi deux ou trois fois, sans changer
de place, en sondant toutes les parties de la rivière
où la ligne peut atteindre. S'il n'y a pas d'attaque,
c'est qu'il peut s'avancer de quelques pas pour pêcher
plus loin, et de même, ainsi toujours. Le mode de
lancement que nous venons d'indiquer est celui que
l'on pratique préférablement dans les rivières étroites,
dont on peut sonder les deux rives. Il est loin cependant de répondre à toutes les situations, tant il est
vrai qu'on ne saurait explorer les couverts, le dessous
des branches pendantes et les racines submergées,
comme on pêche au large, de face ou obliquement.
Toutefois, il est deux règles qui, à raison des avantages qu'elles procurent, ont presque la valeur d'un
principe : celles de pêcher de trois quarts de fond,
par les temps froids; de demi-fond, quand il fait
doux, ou bien encore alors que le poisson chasse,
moucheronne ou se tient au gîte ou au guet. Nous
pourrions également ajouter, à titre d'observations,
qu'il est rare de voir monter la truite pour s'élancer
sur l'amorce; que la plupart des attaques ont lieu
alors que le véron descend, en fouillant les approches

des herbes de la rive opposée, ou revient vers celles non éloignées du pêcheur. Mais tout ce que nous avons dit doit suffire pour démontrer que les manières de faire sont souvent appelées à se modifier.

Néanmoins, comme il nous est arrivé fréquemment de rencontrer des débutants très-embarrassés, lorsque des difficultés sérieuses se présentaient sur leur route, nous allons essayer, comme démonstration complète et pratique, de leur indiquer comment on les surmonte, en supposant qu'il nous soit donné de pêcher au véron dans une fosse à moulin ou ses alentours, lieux qui passent généralement pour concentrer dans un petit espace les places les plus diverses et les plus difficultueuses... D'abord, notre premier soin est de rechercher l'éminence la plus favorable pour dominer la fosse. Ce point culminant trouvé, notre manière d'agir consiste à commencer à pêcher perpendiculairement près de nous, en augmentant graduellement notre cercle d'action jusqu'à la distance où notre gaule peut atteindre. Arrivé à son extrême portée, nous rétrécissons notre cercle d'autant, en pêchant de même, jusqu'à ce que le véron soit verticalement ramené à nos pieds.

Certain d'avoir complétement sondé les parties près de nous, rassuré contre le danger de nous rapprocher des bords de l'éminence où nous pêchons et de nous montrer, nous lançons cette fois le véron un peu plus loin, en agissant par augmentation progressive, de manière à battre une étendue de sept mètres en tous sens, en considérant comme nulle la différence de niveau d'où s'effectue le lancement, et l'endroit où tombe le véron. Nos recherches étant de nouveau vaines, les poissons se tenant au loin, nous sommes bien obligé d'aller les chercher où ils sont. C'est alors qu'utilisant *les grands moyens,* nous déroulons la ligne de deux à trois mètres en plus qu'en premier lieu, en ayant soin toutefois de la contenir avec la main gauche, de manière que le véron soit bandé obliquement, prêt à répondre à l'impulsion du jet. C'est alors, disons-nous, qu'imprimant aussitôt à notre arme une espèce de va-et-vient sur elle-même, *dont l'effet est d'entraîner l'amorce dans le même sens,* nous profitons de son mouvement en recul pour effectuer notre jet, avec une impulsion assez puissante pour obtenir une portée plus grande. C'est ainsi que, successivement, par *balancements et allongements progressifs,* nous arrivons à pouvoir lancer notre véron à cinquante pieds de la place d'où nous pêchons. Mais alors surgit une sérieuse difficulté qu'il s'agit de vaincre : celle de voir le véron s'accrocher aux obstacles qu'une fosse contient toujours dans ses profondeurs. On pare à cet inconvénient en s'empressant de saisir vivement la ligne avec la main gauche, sauf à l'enrouler graduellement en lovées sur les doigts au fur et à mesure que l'on effectue son retrait. C'est en agissant de cette manière que nous arrivons à gouverner notre ligne et nous en rendre maître jusqu'au moment où il n'y a plus qu'à relever la gaule et ramener le véron près de nous, prêt à le recevoir et à le relancer de nouveau, en employant presque les mêmes moyens. Nous disons presque, parce qu'après le second ramenage, la ligne se trouvant pelotonnée en partie sur la main gauche, il devient nécessaire, avant d'exécuter un nouveau jet, de la dégager de ses enlacements, bien qu'en la contenant encore du bout des doigts, de façon néanmoins que son abandonnement se fasse dans des conditions telles qu'elles ne soient pas un obstacle au bon déploiement de la ligne. On voit par cette définition simple et essentiellement pratique, que ce n'est qu'après avoir utilisé toutes nos ressources au centre de la fosse, que nous passons successivement aux lieux où le poisson a dû se réfugier : aux treillis, aux vannes, aux chutes, aux pertuis, aux talus et rives d'alentour, soit en pêchant horizontalement, obliquement ou verticalement.

Terminons cet article, déjà long, par quelques autres considérations non moins utiles.

Dans la pêche au véron artificiel, on ne ferre que les truites petites et moyennes, de trois à six hectogrammes ; les grosses se ferrant d'elles-mêmes, à la condition de maintenir la ligne bandée. Avant d'être exactement fixé sur ce point, nous ne saurions dire combien nous avons eu de lignes brisées et de belles truites manquées ou perdues!...

Le brochet mord bien au véron artificiel, mais on ne doit pas oublier que si *le bas de ligne est en crin,* fût-il triple, il sera coupé quatre fois sur cinq; d'où la nécessité, pour prendre ce poisson, de ne se servir que d'un fil de laiton recuit, n° 1.

Les meilleurs endroits sont incontestablement les fosses, les rapides et les courants qui succèdent aux lentes; puis viennent le dessous des souches, eaux des branchages, des ponts, des berges, des herbes, enfin les profondeurs pour la grosse truite.

Quand les eaux sont basses, les chances de réussir s'accroissent en raison de la diminution de la couche liquide, mais encore faut-il qu'elles soient assez élevées pour que le véron ne s'accroche pas à tous instants aux herbes centrales qui garnissent le fond des rivières.

Contrairement à toutes les pêches, une petite chasse produite par une vanne demi-levée ne nuit pas; elle blondit légèrement les eaux, en même temps qu'elle met en mouvement les nourritures arrêtées, ce qui fait lever le poisson. Ce serait le contraire si la chasse était trop forte.

Les meilleurs mois sont : mars, avril, mai, juin, septembre et octobre. Quant à ceux de juillet et d'août, ils ne sont jamais bien productifs, le soleil étant trop ardent, les eaux trop claires, les herbes trop grandes, et les poissons se tenant de fond sous des refuges presque impénétrables.

Poissons mordants :

Le saumon, la truite, l'ombre, la perche, le brochet.

Pêche autorisée.

3° Au Tue-Diable.

Parmi les engins qui servent à pêcher la perche, le brochet, le chevenne, le saumoneau et la truite,

il en est un qui se distingue entre tous par l'origi-
nalité de sa forme et de ses couleurs ; c'est le tue-
diable, aussi appelé arlequin. Peu en usage en
France, c'est à peine si nous avons rencontré quelques rares pêcheurs qui s'en servaient. Ce n'est qu'en
parcourant quelques fleuves d'Angleterre, que nous
l'avons vu surgir assez fréquemment. Par sa forme
générale, le tue-diable ressemble à un gros ver con-
tracté ; par ses couleurs variées, à la chenille ; par sa
queue fourchue, au poisson. Il semble que celui qui
a inventé cette amorce a voulu démontrer par un
assemblage paradoxal que les poissons de proie
prennent tout ce qu'on leur présente, pourvu qu'il
soit doué de mouvements et brille.

Considéré dans ses détails, l'entête du tue-diable
porte un émerillon tournant qui sert à le relier d'un
côté au bas de ligne, et de l'autre à l'armure. Le
corps est cintré, l'intérieur en plomb, la robe bizar-

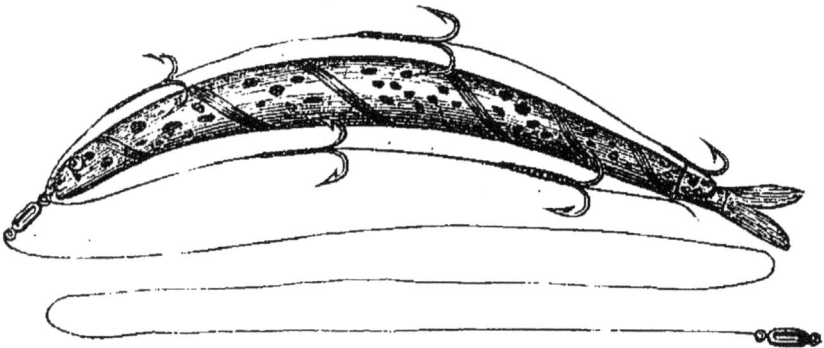

Fig. 90. Le tue-diable.

rement ornementée de couleurs vives et de lisérés
or et argent.

On voit par cette description que le tue-diable

emprunte au véron naturel son obliquité pour obtenir la rotation, et au véron artificiel anglais son lest
intérieur, afin de mieux couler dans les eaux. Néanmoins, malgré ses diverses appropriations et embel-
lies, nous n'avons constaté dans nos essais que de
médiocres résultats. Nous sommes donc étonné de la
faveur dont il jouit, de l'autre côté du détroit, pour
pêcher la truite et la chevenne.

VIe DIVISION : LES PÊCHES DE SURFACE.

OBSERVATIONS PRÉALABLES.

Il existe dans la pêche de surface cinq modes plus
ou moins différents de la pratiquer : 1° de jet, gaule
détendante, mouche naturelle ; 2' à la sautinette,
insectes naturels divers, ligne bordante et soutenante;
3° à la volée, ligne fouettante, mouche artificielle ;
4° de surprise, mouche de jeu ; 5° à la mouche en
liége immergeable, ligne flottante et soutenante.
Nous ne comprenons donc pas pourquoi la plupart
des écrivains qui se sont intitulés les conseillers des
pêcheurs persistent à les confondre et à n'en décrire
qu'une.

Ces omissions sont d'autant plus regrettables qu'il
en est deux surtout qui jouent un rôle considérable,
depuis mai jusqu'en juin, et se distinguent autant
par leurs différences de pêcher que par leur matériel. Ce sont ces considérations et bien d'autres qu'il
nous paraît superflu de signaler, qui nous engagent

à prendre l'initiative de diviser ce que l'inexpérience ou l'excès de sobriété ont fait un.

1° De jet, mouche naturelle, gaule détendante.

La première condition est de posséder une bonne gaule. Elle ne saurait l'être qu'autant qu'elle allie la légèreté à la longueur, la flexibilité à la roideur ; ce qui signifie qu'elle doit être douée d'une grande force de ressort, puisque ce n'est que par ces qualités qu'on peut obtenir la durée, la contractilité, la justesse, la portée. La gaule légère numéro 1, en roseau de Provence, avec vergeon en frêne et scion en baleine, nous paraît répondre à ces divers besoins.

Ligne.

Elle doit être en soie, de grosseur moyenne et peinte couleur vert eau, suivant les prescriptions indiquées à l'article : *Coloration des lignes en soie.*

Bas de ligne.

Le meilleur est celui composé d'au moins six longueurs de crins de Florence, réunis bout à bout par des nœuds d'approches simples, à l'exception toutefois de l'avant-dernier crin et de celui terminal qui porte l'hameçon, ces deux crins devant porter chacun une boucle de rencontre propre à faciliter leur disjonction et leur réaccouplement, selon qu'il y a nécessité de substituer un hameçon à un autre. On peut remarquer ici que nous ne redoutons pas de donner une assez grande longueur à la florence, rien n'étant plus léger, plus résistant, plus imperméable et moins voyant.

Hameçon.

L'arme qui sert à piquer et contenir le poisson doit être de première qualité, droite, à verge diminuante, mince et à pointe bien aiguë.

Avec un matériel ainsi constitué, on peut, le vent aidant, lancer un insecte à neuf mètres, et ramener à soi un poisson d'un kilogramme et plus, ce qui est ordinairement suffisant.

Rien de plus simple que de lancer une mouche à la distance ci-dessus, pourvu que l'insecte soit fixé à l'hameçon selon les règles établies au chapitre des appâts et amorces, article IV, intitulé : *Mouches naturelles*.

La canne étant tenue de la main droite, on donne à la ligne une longueur d'environ 50 centimètres en plus qu'à la gaule. Cela fait, le pouce et l'index de la main gauche s'emparent de l'extrême de la ligne, en exerçant une tension sur elle assez forte pour obliger le vergeon et le scion de la gaule à s'arquer, de manière qu'en se relevant, ils soient doués d'une bonne force de projection. Dans cet état, si le pêcheur lâche tout à coup le bas de ligne, en élevant le sommet de la gaule d'un mètre, le vergeon fera ressort, et la ligne se déploiera, emportant l'insecte, qu'elle déposera d'autant plus mollement à la surface des eaux que la gaule aura été convenablement contenue par le bras et la main, en la ramenant doucement dans une position horizontale. C'est en opérant de cette manière qu'on arrive à présenter au poisson moucheronnant une amorce aux ailes battantes, condition regardée comme indispensable pour obtenir de fréquents succès.

Mais si, d'autre part, on considère qu'une mouche naturelle est essentiellement une amorce tendre, que le plus faible mordage ou attouchement peuvent détruire, on comprendra combien il est important de ferrer vivement, surtout quand c'est une petite truite qui attaque, l'adresse et la vivacité chez les poissons étant en quelque sorte proportionnelles à leur faiblesse.

C'est absolument le contraire pour les truites de poids, ainsi que pour celles qui se tiennent visiblement de demi-fond, dans l'attente qu'une mouche passe à leur portée. Ces poissons s'élèvent avec une telle lenteur, qu'involontairement le pêcheur est entraîné à ferrer avant que *l'engame* soit parfaitement accompli, de sorte qu'on ferre dans le vide.

Les instants les plus favorables pour pêcher ligne détendante sont le milieu du jour, à partir du 10 mai pour le nord de la France; le déclin, du 1er au 15 juin; le crépuscule, jusqu'à fin juillet. Ces dates écoulées, la pêche à la mouche naturelle cesse en réalité, faute de bonnes et de grandes mouches à amorcer, à moins toutefois qu'on ne se serve de sauterelles, d'araignées, de la chenille noire des aunes, et de quelques autres coléoptères, avec lesquels on peut encore pêcher de surface jusqu'à fin septembre.

Les mouches les plus réputées pour la truite

sont : 1° la mouche rousse sentine, qui paraît en
avril et dure tout l'été; 2° la mouche jaune de mai,
qui prend son vol le 20 de ce mois et finit le 15 juin;
3° le cul blanc, qui persiste quinze jours plus longtemps; 4° la frigane striée ou quatre-ailes, qui lui
succède; 5° la mouche à tête rousse et corps brun,
qui provient du porte-bois; enfin et par extension
tous les insectes déjà nommés, y compris le hanneton. On peut également pêcher, ligne de jet et de
surface, le chevenne, la vandoise, la carpe, le gardon, la tanche et l'ablette, aux époques où ces poissons moucheronnent, quoique pour cette dernière
nous ayons observé qu'on ne réussissait jamais mieux
qu'avec la mouche bleue provenant de l'asticot.

Appliquée à la généralité des poissons moucheronnants, il est inutile sans doute de faire remarquer que les numéros des hameçons doivent varier
à raison de la grandeur des mouches et de la force
des poissons pêchés. Tant il vrai qu'on ne saurait
prendre la truite et le chevenne avec l'arme qui
sert à piquer l'éperlan ou l'ablette; aussi n'en par-
lons-nous que par insinuation et par excès de prudence. Toutefois, eu égard à la légèreté et à la
faiblesse des mouches qui servent à garnir l'hameçon, nous croyons qu'on fera bien de ne se servir
que des hameçons suivants :

Du numéro 5 pour les moyennes et grosses
truites ;

Du numéro 6 pour les petites ;

Du numéro 15 pour l'ablette, etc.

Pêche autorisée.

2° A la sautinette, ligne bordante.

Le matériel de cette pêche est le même que le précédent, bien que nous ayons remarqué qu'on n'était jamais plus à l'aise qu'en se servant d'une gaule plus courte, qui permet au pêcheur de pénétrer avec son arme dans les fourrés, qui allient l'ombre et l'abondance des eaux des rives. Très en usage dans le Calvados, les pêcheurs de cette contrée amorcent avec tous les insectes qu'ils rencontrent, à défaut de mouches. Leur manière de faire consiste simplement à bordurer les rives en faisant sautiller légèrement l'insecte à la surface de l'eau.

Mais comme il arrive le plus souvent qu'en pêchant de cette manière il n'y a que les truites embusquées sous les herbes ou cachées dans les angles et les anfractuosités de la rive qui s'élancent sur l'amorce ; que l'attaque du poisson est presque toujours une surprise ; que le pêcheur ne s'aperçoit du mordage qu'au clapotement de l'eau et à son bouillonnement, il y a à parier que neuf fois sur dix tout débutant ferrera dans le vide, tant il aura mis de précipitation à relever la gaule au bruit perçu. Nous ne saurions donc trop recommander qu'on soit sobre de toute brusquerie, une lenteur modérée étant d'autant plus nécessaire que le poisson est plus près, le bas de ligne pêchant peu long, et la gaule plus courte. Quant aux époques les plus favorables après celles qui sont communes à toutes les pêches de surface, nous citerons notamment celle de septembre au 15 octobre, les truites dans cette courte période ayant l'habitude de côtoyer les rives, pour y rechercher les aquitelles.

Pêche autorisée.

3° A la volée, ligne fouettante, bonne et belle.

Certes, les pêches à lancer le vif, au véron naturel et artificiel, à la ligne flottante et courante, de tact et de coup, ont bien des attraits, et il en est de même de celle de jet avec des mouches vivantes, qui coïncide avec l'époque où les arbres sont en fleur et répandent dans l'air leurs parfums délicieux. Mais comme dans le plus grand nombre on est forcé de s'y préparer par la recherche des amorces, ce qui oblige ensuite à en prendre soin, elles sont loin d'égaler la pêche à la mouche artificielle, qui, toujours simple, toujours prête, n'impose d'autres obligations que de s'armer d'une gaule, d'une bonne ligne, d'ouvrir le portefeuille et de pêcher.

Gaule.

Au chapitre des gaules, nous avons parlé assez de l'excellence de celle anglaise pour n'avoir pas à y revenir; il suffira donc de s'y reporter.

Lignes.

Nous avons également dit combien nous estimions celles en soie mêlées de crins, vernies au copal, tressées à l'émerillon, ne se tordant pas à l'eau, appelées dans le commerce anglaises imperméables ; un mot de plus serait inutile.

Nous avons fait plus : prônant celle à notre usage,

tout en crins et sans nœuds, nous n'avons pas reculé devant le travail aride de décrire sa fabrication. Le lecteur n'a donc qu'à choisir.

Bas de ligne.

Quant à la rallonge qui termine le corps principal de ligne, sa constitution étant absolument la même que celle dont on se sert pour la mouche naturelle, bien qu'elle soit un peu plus courte, son emploi peut être considéré comme mixte. Toutefois nous recommandons d'en avoir de rechange, cette partie du matériel étant généralement celle qui est la plus exposée à faillir.

Mouches.

S'il est vrai, ainsi que cela a été avancé par un écrivain dont le nom nous échappe, « que l'expé-« rience a démontré que les poissons ne sont pas « d'habiles entomologistes, qu'ils ne refusent rien « de ce qui semble voler et flotter à la surface de « l'eau », il ne faudrait pas en conclure, loin de là, que les poissons moucheronnants prennent tout ce qu'on leur présente. La vérité pour nous, c'est que si quelques jeunes truites étourdies se trompent, la plupart sont assez perspicaces pour ne se laisser séduire que par des mouches très-légères et artiste-ment imitées.

Si nous avions besoin d'une preuve à l'appui de cette affirmation, nous la trouverions dans les soins que nos devanciers, O'Connor, Grey Drake, Palmer, Hakle, etc., ont mis à composer leur portefeuille, et ceux que nous-même nous y avons apportés, quoique nous n'ayons pas la prétention de nous comparer à ces grands maîtres.

1. The march browe.	Corps brun, ailes brunes, queue longue.
2. The governor.	Corps brun, ailes brunes, un point rouge.
3. The coachman.	Corps noir, ailes blanches.
4. The green drake. (mai.	Mouche jaune de mai.
5. The grey drake. (flies.	Mouche grise de mai.
6. The red hacke.	Mouche rouge sans ailes.
7. The black hacke.	Mouche noire sans ailes.
8. The bleue dun.	Mouche fumée sans ailes.
9. The alder fly.	Corps noir, ailes rouges.
10. The black gnat.	Petit cousin noir.
11. The tail fly.	Mouche à queue.

Plus applicable à la France, neuf à dix mouches nous suffisent : un tiers grandes, un tiers moyennes, un tiers petites ou sans ailes, appelées communément chenilles.

1° Chenille rousse, d'avril à septembre, petite.
2° Chenille noire, id. petite.
3° Le petit cousin gris, id. petit.
4° Mouche au corps de paon, ailes grisaillées, de juillet à octobre, moyenne.
5° Mouche au corps rouge, ailes blanches, moyenne.
6° Mouche brune du porte-bois, de juillet à octobre, moyenne.
7° Mouche jaune ou éphémère, de mai au 15 juin, grande.
8° Le cul-blanc, ailes grises, de juin à juillet, grande.
9° Frigane striée, deux ailes pointillées de brun, juillet et août, grande.
10° Mouche du soir, corps noir, ailes blanches, grande.

On voit qu'à l'exception de la mouche jaune de mai, du cul-blanc, et de la mouche de fantaisie numéro 5, qui est plus applicable à la vandoise, ce sont les couleurs sombres qui prédominent dans notre portefeuille pour l'arrière-saison.

Précocité des eaux.

Un fait que nous devons signaler, bien qu'il nous soit impossible d'en déterminer la cause, c'est qu'en général, l'apparition des mouches et moucherons est de dix jours en moyenne plus précoce dans les petites rivières que dans les grandes.

Une autre particularité non moins remarquable, c'est que cette avance pour les unes et ce retard pour les autres se produisent dans les mêmes eaux, selon que les rivières sont plus près de leur source ou de leur embouchure ; que leur lit est plus étroit ou s'élargit ; de sorte qu'il y a toujours avantage au début de la mouche à commencer ses excursions en remontant leur cours, et à les terminer en descendant.

Heures favorables.

L'importance de cette question étant prédominante, nous avons depuis dix ans annoté avec soin les heures où la truite moucheronne avec le plus d'emportement, quand rien d'anormal ne vient contrarier l'état naturel des eaux. Voici le résultat de nos constatations :

Du 1er au 15 mai, de onze à trois heures du soir ;
Du 15 au 25, de deux heures à six ;

Du 25 mai au 10 juin, de trois heures à sept ;

Du 10 juin au 20, de quatre à huit ;

Du 20 au 30, de à six neuf ;

Du 1er juillet au 15, de huit à neuf; pour remonter ensuite de sept à neuf, de sept à huit, de six à sept, ainsi relativement au coucher du soleil, jusqu'à la disparition complète des mouches, moucherons et cousins.

De sorte que lorsqu'un pêcheur connaît une belle truite moucheronnante, il n'a pas besoin de perdre un temps parfois précieux à la surveiller. Il suffit qu'il revienne le lendemain à la même place y planter son pavillon, ce signe de propriété et de découverte, que les plus grossiers routiers respectent, pour qu'il puisse la pêcher à la même heure, si la truite n'a pas été blessée, si la place n'a pas été prise par un pêcheur plus empressé, à moins toutefois que le vent, le soleil, la chaleur, l'état des eaux, ne diffèrent essentiellement de la veille.

Position des poissons dans les eaux.

Que la truite soit en repos, au guêt, à l'affût ou en chasse, tous les poissons indistinctement ont la tête placée en opposition du courant. On voit par cette coutume combien il est important de pêcher à la volée en remontant le cours des rivières, et de lancer l'amorce au moins deux mètres plus loin et plus en amont que la place où l'animal a moucheronné.

Puissance visuelle des poissons.

Il n'entre pas dans notre cadre de rechercher si les organes de la vision sont chez les poissons plus ou moins complets que ceux de l'homme. Ce qu'il importe au pêcheur de savoir, c'est que les yeux des vertébrés ovipares étant, par rapport à la petitesse de leur corps, excessivement grands, ils paraissent merveilleusement adaptés à leur séjour aquatique et disposés pour se mettre en contact avec une grande quantité de rayons lumineux. C'est encore que, par rapport au milieu et à la distance où d'ordinaire le pêcheurs et le poisson se voient, la couche liquide étant rendue plus opaque pour le premier, il ne saurait voir que plus confus et plus petit, tandis qu'au contraire les poissons, étant situés dans l'élément même que leur cristallin sphérique doit traverser pour distinguer ce qui se passe en dehors de l'eau, seraient placés dans des conditions plus favorables pour percevoir tous objets ou toute chose, selon leurs proportions réelles en grandeur, largeur et épaisseur.

Voilà pourquoi il est proverbial parmi les vieux pêcheurs, qu'on ne saurait pêcher un poisson avant d'avoir été vu par lui. Ce qui démontre combien sont grandes les obligations de ne porter que des vêtements sombres, de pêcher de loin, de se courber en lançant la ligne, de se dissimuler derrière les arbres et les arbustes, de se défier de son ombre, de ne se servir que d'un matériel peu voyant.

Perception des sons et des chocs dans l'eau.

Il est un principe physique qu'aucun pêcheur ne
saurait ignorer : c'est que les sons et les bruits ne
peuvent être transmis que par des corps sonores.
Donc connaître par quels véhicules il sont propagés,
quelles sont leurs qualités conductrices, c'est être à
même d'en apprécier les degrés de puissance. Or les
éléments ici ne pouvant être évidemment que l'air
et l'eau, c'est-à-dire un élément double, quand il
s'agit de la transmission de la voix de l'homme jusqu'au poisson, et d'un élément simple, alors que le
bruit est produit par un choc opéré dans l'eau, tel
que celui d'une pierre qui tombe, d'une ligne qui
fouette l'eau, d'une flotte qui frappe sa surface, toute
la science du pêcheur se réduit à savoir : que dans le
premier cas, la vitesse de propagation des sons est
ordinairement évaluée à sept cent vingt-six, tandis
que dans celle transmise par le bruit de la chute
d'un corps, elle arrive à mille quatre cent cinquante-
trois par seconde. On voit par ces nombres bien
différents, qu'alors même que les poissons seraient
doués de la finesse d'ouïe de l'homme, ce que nous
ne pensons pas, tant les moyens de propagation du
son chez les poissons rencontrent d'obstacles, il
faudrait néanmoins bien plus se défier des ondes
sonores transmises par le choc, que des sons émis
par la voix.

De la pente des eaux.

Dans la pêche à la volée, on considère le cours

des eaux comme suffisant, lorsqu'il parcourt 20 centimètres à la seconde ; avantageux; quand cette vitesse est doublée. La raison en est simple, c'est que dans les rapides, les poissons étant obligés d'être plus prompts à saisir la mouche au passage, ils n'ont pas le temps de distinguer nettement un insecte faux d'un insecte vrai.

Poissons faciles et difficiles.

Les truites les plus faciles à prendre, nous venons de le faire entrevoir en parlant du cours des eaux, sont celles que l'on rencontre dans les courants et les rapides. Viennent ensuite celles qui moucheronnent à la rive opposée à celle où le pêcheur se tient. Enfin, celles qui se tiennent à l'affût et à l'encontre de la rive que le pêcheur parcourt. Les plus difficultueuses sont celles qui sont postées ou en chasse vers l'axe de la rivière, rien n'échappant à leur vue. Nous pourrions signaler au même titre les contraires des rapides, représentés par les eaux lentes, les crônes et les remous.

Mouches naturelles et artificielles comparées.

Au début de la pêche de surface, nous l'avons déjà dit, et nous pouvons le répéter sans inconvénient, la pêche avec les mouches artificielles est généralement plus productive pour le pêcheur habile que celle où l'on fait usage de mouches naturelles. A l'appui de cette affirmation, nous ferons prévaloir les raisons suivantes : 1° c'est qu'à leur première apparition, les mouches naturelles sont encore trop rares pour s'en procurer facilement et abondamment; 2° c'est que la truite n'ayant pas encore été battue et rebattue, ni blessée, mord sans hésitation; 3° c'est enfin que le pêcheur, dans un même temps donné, rencontrant un plus grand nombre de poissons, peut parcourir une plus longue distance et lancer l'insecte artificiel plus loin. C'est absolument le contraire quand la mouche naturelle voltige en grand nombre à la surface des eaux. La truite alors s'est tellement familiarisée avec la forme, les couleurs, les mouvements de flottaison des amorces vives, qu'elle devient assez sagace pour reconnaître non-seulement les mouches fausses des vrais, mais encore celles qui sont armées de celles qui ne le sont pas. Aussi, quand ces difficultés se présentent, alors même que le pêcheur ne serait armé que d'une gaule à la volée anglaise, fera-t-il bien d'ajouter à sa mouche artificielle une mouche naturelle aux ailes battantes.

Mais comme fin juin, juillet, août et septembre, il serait impossible de se procurer de bonnes mouches naturelles, l'éphémère ayant disparu, nous recommandons vivement, dans ces mois difficultueux, de ne pas reculer devant cette tâche assez pénible de substituer à toute mouche artificielle, qui s'enfonce, une mouche *nouvelle,* capable au premier jet de flotter à la surface de l'eau, quelle que soit d'ailleurs sa petitesse.

Habileté du pêcheur.

L'habileté se constate par l'art de faire élégamment et bien, sans dépenser une force inutile, et ce précepte, regardé comme souverain par les pêcheurs anglais : *suivre continuellement l'amorce du regard, et ferrer à vue.* Toutefois nous croyons qu'on ne saurait parvenir à l'excellence qu'en joignant à ce savoir-faire le sang-froid, la prudence, l'inspiration et la décision.

Le premier coup du débutant.

La manière de lancer une mouche artificielle réclame une certaine expérience. A voir un pêcheur exercé porter une mouche à 15 mètres, sans effort apparent, tout novice est disposé à croire qu'il lui suffira de prendre une gaule, en lui imprimant une action plus énergique, pour dépasser la portée du maître. Plein de confiance, il s'arme, s'apprête, vise un but éloigné, et donne une impulsion considérable à la gaule. Sous le coup de fouet la ligne se lève, la mouche claque à l'arrière, le pêcheur étend son bras en regardant au loin, et pourtant l'amorce retombe à ses pieds. Surpris, le débutant recommence deux ou trois fois, avec le même insuccès. Et comme, à la dernière tentative, il est bien convaincu qu'il a déployé une force double de celle du démonstrateur qu'il s'est refusé à écouter, sa présomption décroît assez pour qu'il soit disposé à recevoir les conseils obligeants qui lui auraient évité sa confusion.

Manière de lancer la mouche.

Il existe deux manières principales de lancer à

la volée la mouche artificielle, bien que nos devanciers n'en signalent qu'une, la méthode française et la méthode anglaise.

La première consiste à tenir la gaule dans la main droite, à saisir l'extrême du bas de ligne avec l'index et le pouce de la main gauche, et à faire décrire au poignet un mouvement ovoïde de projection assez fort pour entraîner la ligne. Obéissant à l'impulsion donnée, la ligne s'élève en décrivant un cercle long à l'arrière du pêcheur, pour revenir vivement se déployer en avant, sur une certaine étendue. Mais comme ordinairement ce premier jet est considéré comme irrégulier ou insuffisant, un bon pêcheur n'attend pas que la ligne touche l'eau avant de la relever et de la relancer à nouveau. Profitant de l'instant de sa rétroaction, il a recours à un second jet plus puissant, qui a pour effet cette fois de déployer la ligne entière et plus habilement. Mais alors, comme il importe que la ligne retombe mollement et sans bruit à la surface des eaux, et que la mouche y soit déposée ainsi qu'un insecte ailé le ferait, quand il vient s'y baigner, aussitôt que la ligne n'est plus qu'à deux mètres de hauteur des eaux, il est indispensable que le bras se roidisse pour contenir la force d'inclinaison de la gaule, à l'effet de modérer la chute de la ligne. La mouche artificielle posée, que le pêcheur laisse au bas de ligne le temps de s'étendre convenablement. Si, à raison de la marche du courant, la mouche a été lancée deux ou trois mètres plus loin, c'est-à-dire plus en amont que la place où la truite a moucheronné, l'insecte

ridera légèrement les eaux en venant passer en vue
du poisson. L'amorce est-elle gobée, il n'y a plus évidemment qu'à ferrer plus ou moins vivement selon
l'éloignement et la grosseur de la truite. Sinon,
relancer la ligne *cinq à six fois,* dans l'espérance
d'être plus heureux. La méthode anglaise est plus
simple. Elle consiste particulièrement dans cette
modification, que, dans le relevage, l'impulsion
qu'on imprime à la gaule a lieu dès l'instant où la
ligne est encore noyée sur les deux tiers de sa longueur développée. Les raisons que les pêcheurs
anglais donnent pour faire prévaloir leur système de
jet sur le nôtre sont celles-ci : que le coup de volée
ayant lieu alors que le corps principal de ligne
déployé est encore submergé et chargé de particules
d'eau, il en résulte dans le relancé une résistance
plus grande, qui permet d'étendre la ligne non seulement plus loin, mais encore d'opérer entre deux
arbres dont les branches s'entre-croiseraient à une
faible hauteur. En effet, dans une lutte engagée à ce
sujet, nous avons vu un capitaine écossais, nommé
sir Mackouille, lancer une mouche à quinze mètres,
quoique la ligne dût passer sous un arceau de deux
mètres cinquante de hauteur, situé à quatre pas
derrière lui.

Appelé par notre situation d'auteur à nous prononcer sur le mérite des deux systèmes, nous
croyons pouvoir déclarer : que chacun d'eux ayant
ses qualités et ses défauts particuliers, il est bon de
savoir les pratiquer l'un et l'autre, afin d'être à
même d'en tirer le parti le plus avantageux.

C'est ainsi, par exemple, que, pour notre usage, nous lançons presque toujours notre ligne à la française dans les faibles distances, ou chaque fois qu'il n'existe pas d'obstacles derrière nous, parce que la gaule se fatigue moins; que la ligne est moins sujette à se détremper et à s'alourdir; qu'elle se dégage mieux des molécules d'eau qui s'y attachent, que d'ailleurs la mouche, se trouvant moins noyée et plus secouée, conserve plus longtemps sa forme et sa légèreté. Tandis qu'au contraire, nous pratiquons le lancé anglais dans les distances éloignées et alors que la largeur et l'élévation des lieux qui nous entourent nous sont étroitement mesurées. Mais bien que ces deux manières soient les plus ordinairement employées, il ne faudrait pas conclure que l'art de lancer la ligne se réduit à ces deux modes; il faut savoir jeter aussi bien à droite qu'à gauche, par ce motif que les plus belles truites se tenant assez souvent sous les couverts des branchages, là où le pêcheur ne saurait pénétrer qu'en faisant une éclaircie, il n'y a pas d'autre moyen d'opérer. Nous pourrions en dire autant du lancer en dessous, quand il s'agit de porter la mouche sous le tablier d'un pont. Mais comme tout vient successivement pour qui s'exerce, nous croyons en avoir dit assez pour que les néophytes sachent désormais qu'on n'arrive à bien faire qu'en pratiquant et raisonnant les coups.

Promptitude et précipitation.

A l'instant où une truite a donné, ce qui signifie

moucheronné, le pêcheur doit être prêt à lancer une mouche semblable à celle que le poisson vient de gober, parce que la truite n'ayant pas encore culbuté pour regagner sa place de guet, on a l'espoir qu'elle verra plus facilement l'amorce qui lui est présentée, et la prendra, en se trouvant encore sous l'influence de la délectation d'un mets qui lui a paru bon. Toutefois, il ne faut pas confondre la promptitude, qui est une pratique excellente, avec la précipitation, née d'une habitude mauvaise, attendu que l'action du jet de la mouche ne doit jamais s'effectuer qu'autant que la longueur de ligne disponible est justement proportionnée à la distance où la truite moucheronne. Que si le pêcheur n'était pas disposé, ou son matériel préparé, ce qui arrive fréquemment dans cette pêche, soit que la truite ait été aperçue de loin, soit qu'il y ait obligation de changer de mouche, mieux vaudrait s'avancer prudemment et attendre quelques instants (tout en se préparant) que le poisson donne à nouveau, ce qu'il fera à coup sûr, si la truite n'est pas repue ou si le pêcheur n'a pas été vu.

Ferrement et maté.

Cette dernière phase du pêcheur demi-heureux est trop importante pour la négliger, alors même que nous en aurions déjà parlé quelque peu. La plupart des manquements dans la pêche à la volée sont dus à l'hésitation dans le ferré, quand on s'adresse à une petite truite, qui est toujours plus prompte à mordre et plus habile à se soustraire à l'hameçon ; à trop de soudaineté, lorsque c'est un poisson moyen ou gros, qui est ordinairement plus prudent et plus lent à se mouvoir. Il n'y a donc qu'une grande expérience qui puisse indiquer au pêcheur si le ferrement doit être roide ou modéré. Cependant, comme nous sommes tenu à n'être jamais impuissant, nous croyons que nous facilite- rons beaucoup l'art de bien faire, en prévenant le pêcheur qu'en général (ce qui ne détruit pas l'ex- ception), plus les truites sont de poids, moins elles sont tapageuses en moucheronnant. Ce qui veut dire que le bouillonnement de l'eau est d'autant plus faible, et le choc qui en résulte d'autant moins écla- tant, que la truite, étant belle, se sera élevée plus mollement pour prendre l'insecte.

Quant à la manière de mater une truite dès qu'elle est ferrée, c'est à peine encore si nous osons aborder cette question, tant les enseignements pra- tiques que nous voudrions émettre sont placés sous la dépendance des situations diverses où le pêcheur peut se trouver. Nous l'essayerons toutefois.

Aussitôt que le poisson se sent tenu, son premier soin est de tenter de se dégager de l'hameçon en l'expulsant par un souffle violent. Cet effort étant le plus souvent inutile, son second moyen consiste à se débattre avec énergie et par saccades brusques. L'hameçon résistant et tenant bon, sa dernière manœuvre est de recourir à la ruse en cherchant à gagner la rive ou le fond, où la truite a l'espoir d'y rencontrer des herbes ou des obstacles, qu'elle pourra contourner de façon à s'y cacher, en rendant le pêcheur impuissant. Devant ce péril, le praticien tentera-t-il d'arrêter le poisson brusquement en bandant la ligne ? Mais alors, sous l'effet de la douleur occasionnée par la pointe de l'hameçon qui s'enfonce de plus en plus dans les chairs du poisson, la truite bondit à la hauteur d'un mètre, de sorte que parfois il arrive qu'en retombant, elle trouve l'occasion de recouvrer sa liberté, soit que l'hameçon se rompe ou que le crin casse. Que faire cependant ? le pêcheur imitera-t-il le routier, qui, armé d'une forte perche, enlève tout poisson au piqué, sans lui donner le temps de se reconnaître et de se défendre, pourvu que son poids ne dépasse pas six hectogrammes ? Évidemment non ! une gaule de jet anglaise n'est pas faite pour supporter un tel excès de force, et d'ailleurs, le pourrait-elle, cette façon brutale d'agir n'est pas digne d'un pêcheur artiste, qui aime à faire montre de savoir, et à puiser ses émotions dans les difficultés à vaincre. Eh bien! voici ce que nous conseillons : 1° rester maître de soi ; 2° explorer d'un regard rapide le meilleur endroit d'abordage ; 3° soupeser graduellement l'animal, pour en apprécier le poids. Si la truite est petite, entre 2 à 3 hectogrammes, sa faiblesse la rendant peu digne de grandes précautions, il n'y a qu'à la maintenir la bouche à fleur d'eau et buvant l'air, pour qu'elle soit matée après quelques clapotements. Si la truite est moyenne, entre 4 à 6 hectogrammes, les poissons de ce poids étant de *durs traits,* il vaut mieux la fatiguer entre deux eaux, en la contenant dans un rayon moyen. Si la truite est

belle, entre un à trois kilogrammes, comme il est
impossible de la dompter par la force, quoique sa
résistance soit relativement plus molle que celle de
la truite moyenne, il y a obligation, quel que soit le
risque à courir, de lui rendre un peu de ligne, tout
en continuant de la refréner modérément. Arrivé à
cinq ou six mètres de déroulement, le frottement
et la résistance des eaux sur la ligne croissant et
augmentant proportionnellement à la longueur
développée, il faudra bien peu d'efforts pour la
ramener à vue. Mais comme il arrive fréquemment
qu'en apercevant le pêcheur, le poisson, effrayé par
le sort qui l'attend, se débat avec une telle violence
qu'on ne peut l'empêcher de gagner les roseaux qui
bordent la rive, nous ne saurions trop recommander,
en cet instant de danger, de s'empresser de
devancer le poisson en se portant vivement en aval
du courant et des herbes, afin d'attirer l'animal au
plus vite et l'obliger de nager *dans le sens de leur
inclinaison*. Dans la plupart des cas, le poisson glis-
sera sur les plantes aquatiques sans s'y accrocher.
Il n'y aura plus dès lors qu'à le ramener à la portée
de l'épuisette et à s'en emparer. Toutefois, comme
on peut avoir oublié cet instrument, aucun pêcheur
ne doit ignorer que toute truite matée, attirée et
couchée de flanc sur la vase, ne bouge plus à moins
qu'on la touche. Il est donc essentiel, quand on veut
la prendre à la main, pour la lancer sur le gazon,
d'éviter toute taction inutile. On y parvient, soit
en l'enserrant vivement avec les doigts, au milieu du
corps, et mieux encore, en la happant dextrement

aux creux des opercules, dès qu'elle les soulève pour respirer, et s'empressant de la jeter sur le gazon.

Expériences comparatives.

A la suite de divers essais faits aux premiers jours de juin par un certain nombre de pêcheurs, où chacun devait se servir d'une mouche différente, la mouche jaune de mai, qui était celle du jour, l'emporta constamment d'un tiers sur ses rivales.

Pêches comparées.

Les résultats précédents obtenus, nous crûmes devoir les compléter par une lutte où toutes les pêches principales seraient admises, en opérant dans les mêmes eaux et dans un espace déterminé, pendant deux jours consécutifs et à volonté; voici leur classement par ordre de rapport et de mérite :

Pêches.	Appâts et amorces.
1° A rôder, flottante et courante.................	Larve de l'éphémère.
2° De jet, ligne détendante..	Mouche jaune naturelle.
3° A la volée, ligne fouettante	Mouche jaune artificielle.
4° De tact et de coup......	Corps de mouches jaunes.
5° De tact et de coup......	Corps de mouches autres que l'éphémère.
6° A rôder, flottante et courante.................	Larve de porte-bois.
7° Pêche tournante........	Véron naturel.
8° De surprise...........	Mouches de jeu.
9° Pêche tournante........	Véron artificiel.
10° A rôder, ligne coulante...	Sang de mouton coagulé.
11° — — ...	Asticots et vers de farine.
12° — — ...	Cloportes et insectes divers.
13° Stationnaire, ligne flottante	Vers de terre.
14° A rôder, ligne courante...	Scarabées et coléoptères.

Il est bon de remarquer que ces expériences ayant eu lieu dès les premiers jours de juin, c'est-à-dire à l'époque où la mouche jaune est le plus profitable, le tableau comparatif qui précède aurait pu subir quelques modifications, si les épreuves avaient été faites avant ou plus tard.

Quoi qu'il en soit, il ressort ce fait constant : qu'il y a toujours avantage à se servir des amorces de la saison, et notamment de l'espèce qui est la plus abondante. Ce qui revient à dire qu'après la bonne appréciation des temps, des eaux et des places, l'art de jeter la ligne et de bien amorcer, la science du pêcheur se réduit à examiner quelle est la pâture ou la mouche dont le poisson s'alimente, et lui offrir le même mets.

Pêche autorisée.

4° De surprise, mouche de jeu.

Bien que cette pêche ne soit à nos yeux qu'une annexe de celle à la volée, comme elle est peu pratiquée en France, nous croyons néanmoins devoir lui assigner un article particulier, qui mette en relief ses qualités.

De tout ce que nous avons dit jusqu'ici, en parlant des pêches de surface, on pourrait croire qu'on ne doit pêcher à la mouche artificielle qu'à l'heure où les insectes voltigent abondamment sur les rivières, et qu'à l'instant où le poisson moucheronne. Cette appréciation dépassant les limites de notre pensée, attendu qu'à l'exemple des pêcheurs anglais nous pêchons de jet toute la journée et tout l'été, il est devenu nécessaire de faire cesser cette fausse interprétation.

Plaçant une petite chenille noire à l'extrême de notre bas de ligne, le plus souvent nous explorons *au jugé* tous les endroits où il y a lieu de supposer un repaire ou un gîte, ainsi que les places qui nous sont connues pour être fréquentées par une truite, et fréquemment nous sommes récompensé de nos recherches par les plus agréables surprises. Un autre moyen, non moins productif, consiste à remplacer la chenille simple par un jeu de mouches fixé au bas de ligne par des ramifications ténues, longues de dix centimètres et graduées par échelons.

Ainsi serait le jeu qui se composerait d'insectes variés en couleur, tels qu'une chenille rousse, pour la première empile ; d'un petit cousin gris, pour celle du milieu ; d'une chenille noire, pour le crin terminal du bas de ligne.

Pêche autorisée.

5° A la mouche en liége, ligne flottante,

Il y a plus de trente ans que notre compagnon d'enfance et notre émule en pêche, M. Virnot de Synoie, nous a soumis des mouches au corps de liége de son invention, qu'il prétendait immergeables. Les expériences que nous avons faites à ce sujet n'ayant réussi qu'imparfaitement, nous n'y pensions plus. Il a fallu que M. Ch. de Massas, avec son autorité de pêcheur et d'auteur, vînt les rappeler à notre souvenir, en affirmant que M. David, de Lyon, obte-

naît des succès assez grands pour exciter l'envie de
tous ses collègues, pour que nous jugions cette
question digne d'un nouvel examen. Malheureusement encore, les résultats de cette nouvelle épreuve
ne nous ont pas paru supérieurs à ceux qu'on retire
de l'emploi de la mouche artificielle ordinaire,
laquelle a du moins ce mérite d'être fabriquée en
cinq minutes. Tandis que pour en constituer une à
l'instar de celles faites par M. David de Lyon, qui
oblige à perforer le liége, à le façonner, à le
peindre, à le larder délicatement de poils, à simuler
les pattes et les antennes, à coller et à poser les ailes
dès que l'hameçon y a été introduit, il ne faut pas
moins de deux heures d'un travail assidu pour la
bien faire. Or, comme la mouche en liége ne dure
pas plus que celles que l'on vend vingt centimes
dans le commerce ; que le pêcheur serait exposé à les
voir disparaître, ainsi que celles d'usage, au premier
jet malheureux, nous sommes porté à croire qu'en
dehors de quelques amateurs méticuleux, peu avares
de leur temps, qui pourront s'en servir, M. David
ne trouvera pas de nombreux imitateurs. D'ailleurs,
il reste un fait acquis, qui résulte de nos essais : c'est
qu'à moins d'augmenter démésurement la grosseur
des mouches au corps de liége, en les transformant
en taons ou en abeilles, il n'y a pas possibilité
qu'elles puissent supporter une assez longue étendue de ligne développée, sans se noyer et disparaître
après deux ou trois mètres parcourus.

Toutefois, comprenant combien une mouche en
liége, ligne flottante, serait d'un bon usage *à l'ar-*

rière-saison, alors que les eaux sont devenues d'une limpidité de glace et les poissons difficiles à prendre, nous avons cru qu'il importait à l'intérêt du pêcheur de le doter d'une mouche constituée dans des conditions plus simples, et qui arriverait néanmoins au même but. Voici notre procédé :

Le crin empilé à la façon ordinaire, sur un hameçon long et mince, droit et à verge diminuante, nous coupons sur un liége bien sain une petite baguette carrée, d'environ quatre millimètres d'épaisseur sur quinze de longueur, que nous fendrons longitudinalement jusqu'à la moitié de son diamètre. Cela fait, nous logeons la verge de l'hameçon dedans, ainsi que les crins noirs qui doivent figurer la queue. Ces objets placés, nous tranchons les angles du liége avec une lame de canif bien affilée. Puis, à l'aide d'une lime, nous arrondissons le tout, tant soit peu coniquement, pour lui donner la forme d'un corps de mouche. Le liége paré, nous fermons ses extrêmes au moyen d'un bout de fil de soie de couleur jaunâtre, assez long pour le contourner par spires allongées, de manière à figurer les annelets du corps. Or, comme dans cette opération il est évident que nous n'avons pas dû employer toute la longueur du fil de soie, c'est avec ce qu'il en reste que nous attachons par entre-croisements les deux barbes en plume grisaillée qui doivent représenter les ailes ouvertes de la mouche. Ce travail fait, nous étendons sur le liége une légère couche de vernis blanc, propre à donner à l'insecte un peu plus d'éclat, et nous obtenons une mouche qui ne saurait être mieux comparée qu'à celle qui provient du porte-bois des eaux vives.

Mais tout léger et flottable que soit cet insecte, il serait, nous l'avons dit, impuissant à supporter quelques mètres de ligne déployés, ce qui est absolument indispensable pour que cette pêche ait quelque mérite. Nous arrivons néanmoins à ce résultat, en ajoutant au bas de ligne deux petites flottes de la grosseur d'une baie de rosier, dont les qualités sont de décharger la mouche du poids de la ligne. C'est avec ce matériel, et à l'aide d'une gaule légère en roseau, longue de cinq mètres, qu'en juillet, août et septembre, nous pêchons dans les eaux limpides les truites difficultueuses qui moucheronnent encore, ayant soin de lancer l'amorce à distance et de loin, et en suivant la flotte pas à pas, jusqu'à ce que la mouche soit arrivée vers l'endroit où le poisson se tient.

On voit que les avantages de cette pêche consistent surtout : 1° En ce que le pêcheur part d'un point éloigné pour arriver inaperçu vers la truite; et dans l'absence de tout lancement, dès qu'il est parvenu près d'elle.

2° Dans la possibilité de pêcher dans les grands tournants, les remous et les crônes, en laissant ondoyer la mouche, selon la pente et les circonvolutions des eaux.

Mais, qu'on le remarque bien, quelque attrayantes que soient les qualités particulières de cette pêche, l'insuccès est au bout, si l'on est pas doué d'une grande prestesse de main pour ferrer *instantané-*

ment au mordage, la truite étant dans cette pêche, où la ligne *serpente et est comme abandonnée à elle-même,* d'une rapidité incroyable à se soustraire à l'hameçon.

Pêche autorisée.

VIIe DIVISION : LES PÊCHES EXCEPTIONNELLES.

1° Aux écrevisses.

Il existe quatre manières différentes de pêcher ce crustacé de la tribu des homards : à la main, aux fagots, aux paniers, aux balances.

La première consiste, quand les eaux sont basses, à fouiller avec la main les excavations des rives, le dessous des herbages et des encombres, à retourner les grosses pierres qui reposent sur le lit des eaux. Si l'on rencontre une écrevisse, on s'empresse de la saisir par le milieu du corps afin d'éviter ses pinces, et on la dépose dans un sac.

Le second moyen n'est guère plus ingénieux. On fait un fagot composé d'un faisceau de vieux bois et de petites branches rameuses peu serrées; on introduit un gros caillou, assez fort pour obliger le fagot à rester de fond; on ajoute quelques viandes à l'intérieur; c'est tout!... Voyons maintenant ce qui se passe. La nuit venue, les écrevisses quittent leurs repaires pour se mettre en recherche de leur pâture. Guidées par l'odorat, elles ne tardent pas à découvrir le fagot d'invite; elles y pénètrent et se hâtent de dépecer les aliments. Mais, dès l'aube du matin, le

pêcheur arrive armé d'un crochet ; il amène à la rive
le fagot, et comme les écrevisses sont peu promptes
à se retirer, la plupart se trouvent prises.

Quant au troisième mode, qui est celui préféré
par les pêcheurs de profession, parce qu'il est peu
coûteux, et qu'ils ne reculent pas devant le poids du
matériel, il repose sur de longues perches, dont
l'une des extrémités porte un petit panier en osier
dans lequel on attache l'amorce, de façon que l'écrevisse ne puisse l'emporter.

Arrivé à destination, on place chaque perche perpendiculairement à la rive, de manière que les
paniers touchent le fond. S'il existe des écrevisses,
elles ne tardent pas à s'y introduire, de sorte que
tout le travail consiste à lever les perches de demi-
heure en demi-heure avec précaution.

Reste le quatrième procédé, indifféremment
appelé balance ou pêchette, dont la supériorité est
incontestable. Son matériel se compose d'un certain
nombre de petits filets ronds, tant soit peu concaves,
montés sur un cercle en bois d'environ quarante
centimètres de diamètre, qui se relie à quatre cor-
delettes soutenues par une corde principale, aboutis-
sant à une perchette.

L'appât attaché au centre du filet, on ajoute un
caillou en guise de lest, afin d'empêcher la balance
de vaciller. Une fois la perche piquée en terre, on
assied convenablement le filet sur le lit des eaux.
Toutes les tendues posées, on peut les inspecter de
demi-heure en demi-heure.

On voit, par nos descriptions, que tout le savoir

du pêcheur aux écrevisses se réduit à connaître les meilleurs endroits et les appâts préférés, et à ne pas négliger d'attacher les aliments.

En général, on estime que douze balances suffisent pour employer tous les instants d'un pêcheur vigilant et prendre de quinze à vingt douzaines d'écrevisses, quand la rivière est poissonneuse, à la condition d'opérer le levage sans brusquerie, ainsi éviter que les crustacés sautent et s'échappent du filet au grand préjudice du pêcheur.

Les amorces les plus réputées se classent comme suit : les cuisses de grenouille, le cœur de bœuf, les viandes corrompues, les intestins de volaille. Les heures préférées sont celles du soir, depuis huit heures jusqu'à minuit.

Les mois les plus productifs sont de juillet à novembre, ces animaux ayant alors frayé depuis longtemps et changé de test.

Tout pêcheur soucieux de l'avenir ne doit pas oublier de rejeter les petites écrevisses dans la rivière; mais combien sacrifient leurs plaisirs et leur récoltes futures à la vanité d'en prendre un grand nombre!

La pêche de l'écrevisse après le coucher et avant le lever du soleil ne peut être faite qu'aux heures déterminées par un arrêté préfectoral.

2° A la pelote à vermiller (anguille).

On appelle ainsi la pêche qui a pour but de prendre les moyennes et les petites anguilles dans des eaux tranquilles ou peu courantes, dont la pro-

fondeur ne dépasse pas ordinairement un mètre cinquante centimètres, au moyen d'un chapelet composé de gros vers.

Le matériel se compose d'une perche en noisetier longue d'environ trois mètres, à la base taillée
en pointe. Qu'on ajoute au sommet de cette perche
une ficelle proportionnée en longueur à la hauteur de
la rive et à la profondeur du lieu où l'on pêche, munie
d'une rondelle en liége propre à soutenir le faisceau
de vermilles qui termine son extrême, le matériel
sera complet.

La manière de constituer la pelote à vermiller
est simple. Supposant le pêcheur en possession
d'une assez grande quantité de gros vers bien pur-
gés, on les perfore un à un à l'aide d'une aiguille
munie d'un fil bien solide, puis on forme un chapelet qu'on replie sur lui-même, de manière à figurer
une pelote allongée.

On voit par ces détails que, dans cette pêche, on
ne se sert pas d'hameçon. C'est le fil qui a servi à
percer les vers qui en tient lieu, en s'arrêtant et
s'accrochant aux dents recourbées de l'anguille,
laquelle s'acharne d'autant plus volontiers à la
pelote qu'elle ne ressent aucune pointe susceptible
de la blesser.

La seule difficulté réelle est de bien poser la ligne.
On considère qu'elle est bien placée : 1° lorsque,
la gaule étant implantée en terre, et soutenue par
une fourche qui en porte le poids, la pelote arrive
à toucher le fond, sans s'y asseoir lourdement;
2° lorsqu'à l'instant du mordage, le mouvement du

flotteur peut se traduire par une agitation indicatrice en montée et en descente.

Quant à l'enlèvement du poisson, c'est une opération non moins délicate, qui demande beaucoup de soins et de prudence. Ordinairement on estime que la levée a été bien faite alors qu'elle a été effectuée, en opposition au courant, sans secousse ni précipitation, jusqu'au moment où la pelote apparaît à fleur d'eau, puis accélérée sans brutalité en jetant l'anguille sur le gazon.

Aussitôt sur l'herbe, cet animal s'empresse, sans jamais errer, de se diriger vers son élément. On doit donc se hâter de le saisir vivement afin de le déposer dans le filet. Mais si l'on se souvient que nous avons dit à son historique que ce poisson est très-énergique et sa peau tellement visqueuse qu'il est impossible de le contenir par la pression des doigts, il arrivera neuf fois sur dix qu'en serpentant, l'anguille aura gagné les bords de la rivière, finissant par s'échapper. Avec une pince cannelée, destinée à la prendre, nul risque : le pêcheur est toujours certain de la dompter.

Dans la pêche à la vermille, il est rare qu'on prenne des anguilles d'un poids supérieur à trois ou quatre cents grammes; c'est le nombre qui vient suppléer à la petitesse. Par un temps lourd, propice et des eaux louches, il nous est arrivé bien souvent de prendre trente ou quarante de ces poissons en trois heures de temps, et parfois quinze sans bouger de place, quand nous avions ce hasard de rencontrer un bas-fond qui leur servait de cantonnement. Mais indépendamment du moyen que nous venons de signaler, il en existe encore deux autres dont, à raison de leur analogie avec cette pêche, il est bon de dire deux mots. Le premier consiste à déposer quelques viandis dans un petit filet fermé, aux mailles ténues, qu'on enlève chaque fois qu'il y a mordage. Le second, à former une petite boule de vers de la grosseur d'un œuf de pigeon, qu'on laisse suffisamment englober par le poisson avant d'opérer le levage.

Les mois les plus favorables sont ceux de juillet à octobre.

Pêches autorisées.

3° Au lacet ou collet.

En pêche, comme en chasse, on appelle lacet ou collet les lacs qui servent à prendre le poisson ou le gibier. Utilisés pour la pêche, c'est ordinairement vers la fin du printemps qu'on en fait usage, parce qu'alors certains poissons aiment à remonter à la surface des eaux pour y chercher une douce chaleur. Profitant d'un beau jour, que le pêcheur veuille bien se promener le long des rives d'un étang poissonneux qu'aucun vent n'agite. A coup sûr, s'il explore les eaux avec attention, un brochet apparaîtra à sa vue, se tenant dans une immobilité complète, qui dénote le bien-être et le repos. Dans ces conditions, si le pêcheur est armé d'une perche suffisament longue, qu'il se garde de faire aucun bruit, le poisson ne bougera pas, lui laissant tout le temps nécessaire pour bien dresser et arrondir le lacet en laiton recuit suspendu à l'extrémité de sa perche.

Le lacet apprêté, que le pêcheur se courbe pour approcher autant que possible son arme du niveau du liquide, en ayant bien soin de l'étendre dans la direction de l'animal. Si, après quelques tâtonnements, il réussit à l'enlacer vers le milieu du corps, qu'il lève soudain la perche en la rejetant en arrière, le brochet viendra s'éveiller en bondissant sur le gazon.

Pêche interdite dans les eaux du domaine public.

Nota.—Au lieu du lacet, nous avons vu employer quelquefois pour prendre la truite, qui est plus sensible au toucher que le brochet, un fort crin de Florence, terminé par trois ramifications d'égale longueur, armées chacune d'un hameçon à triple branche. Ce sont alors les hameçons qui, en se rapprochant, happent le poisson comme le ferait une pince.

4° A lancer le dard ou le harpon volant.

Cette pêche a pour but de pêcher les poissons en vue qui se tiennent à de faibles profondeurs, en lançant sur eux un dard simple ou un harpon à double branche, monté sur un long manche, que le pêcheur peut ramener à lui au moyen d'une corde qu'il tient en main.

Pour réussir dans le lancer du dard, une longue expérience est indispensable, le point apparent où semble se tenir le poisson n'étant pas le point réel. C'est avec le dard ou le harpon, qu'à défaut de filets, qui sont d'un entretien plus coûteux, les braconniers prennent les gros poissons à l'instant du frai, soit qu'ils se tiennent sur les hauts-fonds ou remontent dans les fossés aux eaux vives.

Dans une excursion faite dans le petit fleuve de l'Authie, près Douriez, nous avons vu un pêcheur au harpon piquer, avec une adresse incroyable, un couple de saumons béquards, situés à six ou sept mètres de distance. Le mâle, qui pesait seize kilogrammes, fut pris; la femelle, qui était plus petite, n'étant que blessée, put s'échapper.

Harpon, par les eaux claires; grande épuisette au long manche, par les eaux troubles. Tels sont, après les dévastations de la loutre, les deux grands moyens qui dépeuplent les eaux.

Pêche interdite avec juste raison dans quelques départements.

5° A la fouene de fond et entre deux eaux.

On appelle fouene ou fouâne un instrument composé de trois lames, et parfois d'un plus grand nombre de dents qui reposent sur un collier disposé pour recevoir le sommet d'une longue perche, dont les pêcheurs se servent pour prendre les anguilles, que ces animaux se tiennent embourbés dans la vase, suspendus aux branches aquatiques, ou s'enfuient en serpentant à la vue du pêcheur.

Invité au mois d'août à pêcher l'anguille à la fouâne dans les vastes entailles des tourbières de

M. Fourmentin de Brimeux, sur Canche, nous partîmes avec indifférence, croyant à une pêche de fond de l'anguille, qui consiste à fouiller les herbes et le limon, en plongeant la fouâne au hasard. Notre surprise fut grande lorsque, arrivé au milieu de l'étang, notre ami nous fit la recommandation de garder le plus profond silence, d'adoucir le mouvement des rames, nous priant de n'approcher la barque des grandes herbes qu'avec modération et prudence. Ne devinant pas le motif qui guidait notre compagnon, nous allions l'interroger, lorsque, devinant notre pensée, il nous montra du doigt une anguille moyenne suspendue à la tige fibreuse du trèfle d'eau, poisson que nous aurions indubitablement pris pour un bâton de bois mort placé verticalement, tant était grande son immobilité. La fouâne fut lancée et l'anguille prise. C'est ainsi que nous apprîmes que nous étions invité pour l'agréable surprise d'une pêche entre deux eaux, qui nous était complétement inconnue. Dès lors, nous cherchâmes à imiter notre ami de notre mieux, nous approchant lentement et sans bruit des larges feuilles des nénuphars. Après quelques essais infructueux, nous parvînmes enfin à atteindre six anguilles contre vingt-deux prises par notre initiateur, qui est d'une adresse tellement remarquable à lancer le harpon, que deux ou trois poissons furent enferrés à l'instant où ils étaient en fuite.

Ainsi, ce mode de suspension des anguilles, que nous avions toujours considéré comme une exception, serait le résultat d'une habitude qu'on peut attribuer, d'une part, au bien-être que ces poissons éprouvent à se rapprocher de la surface, au moment des grandes chaleurs, et de l'autre, à ce qu'ils aiment à sucer les parenchymes ou pétioles qui servent de base aux fibres des grandes feuilles aquatiques qui s'étendent sur l'eau.

Applicable à l'anguille, la pêche à la fouâne pourrait être autorisée sans danger ; mais combien de pêcheurs seraient tentés de s'en servir pour la truite? Le mieux est donc que la pêche à la fouâne soit interdite d'une manière absolue.

6° A la bouteille.

Un vase ne pouvant être qu'un petit récipient, il est facile de comprendre que son emploi ne peut être appliqué qu'à de menus poissons, dont la grandeur ne dépasse pas dix centimètres ; aussi l'appelle-t-on bouteille à goujons. Celle que l'on vend dans le commerce est en verre blanc, haute d'environ quarante centimètres sur vingt de large. Le col est rond, le fond repoussé en cône, comme celui de la bouteille ordinaire. Ce qui la distingue, c'est notamment que le sommet du cône inférieur est percé d'un trou d'environ trois centimètres, propre au passage du menu fretin.

Afin d'exposer plus clairement sa destination et son but, supposons qu'après avoir clos le goulot supérieur d'un bouchon, on introduise par la percée inférieure un peu de nourriture ; il est évident que dès que cette bouteille sera couchée sur le fond d'une rivière, l'eau s'y précipitera et la remplira, que s'il existe un menu poisson non loin du lieu où elle a été placée, il tâchera de s'y introduire, et qu'une fois repu, rien n'empêchera sa sortie, si on lui en laisse le temps. Mais ce moyen, qui n'aurait été bon que pour prendre quelques poissons les uns après les autres, en les surveillant, n'a pas paru suffisant. Aussi s'est-on ingénié à trouver des moyens plus productifs, qui permettent d'attirer les poissons lointains et de les maintenir prisonniers au fur et à mesure que l'un d'eux réussirait à pénétrer dans l'intérieur de la bouteille. Ainsi, au lieu de clore hermétiquement le goulot·supérieur de la bouteille, on pratique au contraire au centre du bouchon de fermeture un petit canal, que l'on revêt d'un tuyau de plume propre à égaliser les parois du liége, de sorte que, dès que la bouteille est placée longitudinalement au courant de l'eau, il s'établisse un filet d'eau qui emporte au loin une partie des substances friables que la carafe contient.

Attirés par ce sillon de nourriture, les poissons s'empressent de remonter à sa source; ils découvrent la bouteille, le plus hardi s'en approche, trouve l'entrée inférieure, y pénètre, et bientôt les autres le suivent. Mais comme il est impossible qu'on n'ait pas prévu qu'aussitôt repus, les poissons tenteraient de s'échapper par la trouée qui leur a servi à y pénétrer, le génie inventif du pêcheur a laissé subsister sur le pourtour du sommet du cône des saillies piquantes, composées d'aspérités dentelées, qui font obstacle à leur sortie. Telle est la bouteille aux goujons, également appelée : pêche des dames.

A cette description, joignons quelques conseils. Lorsqu'on est possesseur d'une barque, il est préférable de placer à la main la bouteille au fond de l'eau, parce qu'il est plus facile de la coucher convenablement, c'est-à-dire le goulot en aval du courant. Lorsqu'on est dépourvu de ce moyen de transport, on attache une forte et longue ficelle au col de la bouteille; on choisit un fond de sable, et on lance de la rive le flacon au centre des eaux.

Dans les rivières où le menu abonde, la bouteille peut être relevée de deux heures en deux heures, certain d'y trouver une vingtaine de petits poissons captifs. Nous devons, toutefois, faire remarquer qu'on ne réussit jamais mieux que lorsqu'on a eu le soin de laisser dans la carafe un poisson d'invite qui excite ses pareils à l'imiter.

Les substances qui servent le plus communément à la pêche à la bouteille sont : le pain émietté, le son, le chènevis écrasé, le tourteau broyé, auxquels en peut ajouter quelques vers blancs et rouges.

Cette pêche est simple, productive, exempte de surveillance, ce qui permet d'allier l'attente à la lecture ou à des travaux d'aiguille.

Pratiquée en grand, comme nous l'avons vu dans la Saône, avec des bouteilles ordinaires que les pêcheurs constituent eux-mêmes, elle devient un véritable procédé de destruction, tant les jeunes poissons de toute espèce se laissent séduire.

Il serait donc sage de ne pas la tolérer.

7° A la main.

Nous n'avions pas l'intention de mentionner cette pêche, tant il semble qu'en parler, c'est vouloir la propager; mais comme nous avons déjà décrit un certain nombre de moyens interdits, nous ne voyons pas que notre pudeur doive s'effaroucher aux sept huitièmes de notre course. C'est au pêcheur à faire ou à s'abstenir.

La pêche à la main est éminemment destructive. Nous l'avons vu pratiquer dans l'Alsace, les Vosges, dans les affluents du Rhin, dans le Puy-de-Dôme; cela nous faisait peine.

En général, les personnes qui se livrent à cette pêche ne sont, pour la plupart, que des individus qui ne regardent la prise des poissons que par son côté lucratif. De sorte que, n'ayant nul souci de conservation, les petits entrent dans leur sacoche à l'égal des gros.

Habitués à enfreindre les lois de protection, parce que leur misère est leur sauvegarde, ils ne craignent pas plus les procès et les gardes que l'eau et la boue.

La première fois que nous vîmes pêcher de cette manière, c'était dans la Lys, charmante petite rivière du Pas-de-Calais, renommée par les belles truites qui remontent à sa source. Nous étions, gaule à la main, à la recherche d'un poisson qui nous paraissait rare, lorsque, arrivé près du moulin de Vinchy, nous nous arrêtâmes, étonné de la dextérité d'un pêcheur à la main, que nous reconnûmes pour le garde particulier d'un marquis voisin, qui lui imposait l'ordre d'ajouter à ses fonctions celle d'entretenir sa table. Ne comprenant pas comment la truite, ce poisson si défiant, se laissait prendre si facilement dans des eaux limpides et hautes d'un mètre, nous lui adressâmes quelques questions auxquelles il voulut bien répondre. C'est ainsi que nous apprîmes que, lorsque la truite est cachée dans des excavations souterraines, sous des branches ou des herbes submergées, elle s'y croit tellement en sûreté, qu'on peut parvenir près d'elle sans qu'elle bouge. La main n'a donc qu'à fouiller ces places, la rencontrer, la reconnaître, la saisir et la jeter sur le gazon.

Toutefois, il ne faudrait pas croire que ces diverses opérations sont aussi faciles à exécuter qu'à décrire; l'expérience ici est un grand maître.

Ordinairement, on reconnaît qu'on rencontre une truite aux mouvements d'expansion de ses opercules et de ses nageoires. Certain qu'on n'a pu se tromper, la main du pêcheur lui caresse légèrement le ventre pour l'accoutumer à son contact; une fois enserrée par les doigts, vers le milieu du corps, on l'enlève subitement en la jetant sur le gazon.

Un pêcheur à la main tant soit peu exercé peut prendre, dans un même temps donné, autant de poissons que vingt pêcheurs à la ligne. On a donc raison d'interdire cette pêche. Mais combien d'interdictions nécessaires sont inscrites dans les lois et meurent dans l'oubli ou par inexécution!

Mais ce que nous venons de dire du pêcheur à la

main, par des eaux claires et à leur hauteur normale, est bien pis encore par les eaux basses. Surtout aujourd'hui que les usiniers semblent jouir du droit d'abaisser les eaux à volonté, pour les choses les plus futiles, sans être tenus comme autrefois à demander une autorisation, qu'on ne refusait jamais, mais qui du moins avait ce mérite d'être un avertissement pour les gardes-pêche. Aussi, quand cela arrive, voit-on une foule d'individus s'aventurer sur les hauts-fonds des rivières, et capturer en une heure tout le produit de plusieurs années.

Pêche interdite.

8° A l'arbalète.

Pêche ou chasse, le tir du poisson à l'arbalète ne saurait avoir lieu qu'autant que les eaux sont claires, peu agitées par les vents, et alors que les poissons se tiennent à une faible profondeur.

Bien que l'arbalète du pêcheur soit une arme assez compliquée, comme elle est peu connue, nous croyons devoir la décrire. Elle se compose d'un arc en acier, dont les extrêmes portent une corde en fort boyau, qui sert à le tendre. Cet arc est monté sur une pièce qu'on appelle fût, dans lequel est pratiquée une rainure propre à servir de direction à la flèche. Ce fût est terminé par une crosse qu'on appuie contre l'épaule au moment du tiré, en fixant l'œil dans la direction de la rainure et du poisson. L'affût porte encore un crochet, à la plus grande tension de l'arc, dont le but est de retenir la corde motrice, et qui sert de détente lorsqu'on veut la lâcher pour qu'elle produise son action. Au-dessous de l'arbalète est un moulinet, sur lequel est enroulée une ficelle en cordonnet qui se relie à la base de la flèche. L'arc tendu, la flèche posée dans la rainure du fût, le pêcheur ajuste, fait jouer la détente, et le trait part avec rapidité. Si le poisson sur lequel on a tiré est atteint, si les dents qui arment la flèche l'ont bien pénétré, on attire à soi la ficelle, et l'on ramène le poisson à la rive.

Un de nos amis ayant acheté une arbalète perfectionnée au prix de cinquante francs, nous fûmes prié de la régler. Une fois dans des conditions convenables, nous partîmes en chasse. Dans l'usage, nous trouvâmes que nous manquions le but neuf fois sur dix, parce qu'on peut considérer comme perdus tous les poissons blessés qu'on ne peut ramener. Cette arbalète avait une portée de quinze mètres de but en blanc, assez exacte dans l'air; son principal inconvénient consistait dans la roideur de l'arc, qui nous obligeait à employer toute notre force pour le bander.

Chasse interdite.

9° Au fusil.

De même que dans la chasse à l'arbalète, celle au fusil ne saurait être pratiquée que par des eaux claires, et alors que le poisson se tient presque à fleur d'eau, ou montre ses lèvres en moucheronnant.

Nous ne ferons pas la description du fusil, que tout le monde connaît; il suffira à notre tâche que nous indiquions la manière de tirer le poisson.

Il est un principe incontesté : c'est qu'il est impossible d'atteindre un poisson dans l'eau en tirant juste. Comme il ne peut entrer dans nos intentions de faire un cours des lois qui régissent la réfraction, nous nous bornerons à dire quelques mots sur le changement de direction qui se fait dans un rayon de lumière, lorsque ce rayon passe d'un milieu dans un autre, ainsi que cela a lieu dans le tir du poisson, alors qu'il se porte de l'air dans l'eau. Dans ce cas, il est démontré par la science que le rayon visuel éprouve une déviation qui se traduit par un angle coïncident, qui s'écarte du point réel, de sorte qu'en tirant juste on tire mal. Mais indépendamment de cette fiction, rencontrée ici par le pêcheur-chasseur, il en est deux autres dont on doit tenir compte. C'est d'abord que le plomb, en frappant l'eau, décrit une courbe proportionnelle à l'épaisseur de la couche obstacle qu'il rencontre. C'est ensuite que la justesse est susceptible de varier selon le poids et la vitesse dont les grains sont doués et animés.

Il y a donc dans le tir du poisson trois causes différentes difficiles à mettre en rapport pour parvenir au but que l'on veut atteindre, et arriver à de justes résultats. Mais quoi qu'il en soit de ces aperçus théoriques dont le praticien n'a que faire, nous croyons que ce qu'il lui importe surtout de savoir, ce sont les conclusions qui découlent de nos essais. Eh bien ! en toute vérité, c'est notre opinion que le pêcheur-chasseur ne peut avoir d'espoir de s'approprier l'animal qu'autant que le plomb n'ait pas à traverser une couche liquide de plus de 20 centi-

mètres, et à la condition de le tuer roide. Encore
faudrait-il être accompagné d'un chien habitué à
plonger et à rapporter l'animal, les poissons, en
général, coulant à fond dès qu'ils sont morts.

Il nous a toujours suffi, en effet, que le poisson
fût à une profondeur de 30 centimètres, en nous
servant de plomb numéro 5, pour constater non-
seulement une grande déviation des grains, mais
encore leur impuissance.

En résumé, voici notre règle pour tirer au mieux:
Ajuster constamment en-dessous du poisson à une
distance égale à celle qui semble séparer l'animal

Fig. 91. Le tir au fusil.

de la surface. Ou en d'autres termes plus démons-
tratifs peut-être : tout poisson situé à une profondeur
de 20 centimètres doit être visé à 20 centimètres
au-dessous de lui.

En définitive, chasse plus nuisible et destructive que
productive, l'emploi du fusil ayant pour effet, quand
il est pratiqué souvent dans les mêmes parages d'une
rivière, d'effrayer à ce point le poisson qu'il déserte
les lieux où il avait l'habitude de se cantonner.

Chasse interdite.

10° Sous la glace.

Êtes-vous allé parfois patiner sur la glace d'un étang? Si vous vous êtes donné le plaisir de cette récréation, vous n'aurez pas été sans remarquer, en imprimant vos croissants et vos évolutions dans les endroits où la couche de glace est limpide, quelques poissons s'élever péniblement jusqu'à la partie de l'élément solidifié, pour y puiser entre l'eau et la glace un peu d'oxygène. Ce besoin d'air vital est en effet si puissant que quelques-uns ne redoutent pas de s'y arrêter, au risque d'être englobés par la glace toujours croissante, quand persévèrent les grands froids.

Eh bien, si vous êtes armé d'un instrument tranchant quelconque, faites un trou à la glace, et vous ne tarderez pas à voir s'approcher un poisson avide d'air, que vous pourrez prendre à la main, sans qu'il cherche à fuir.

C'est ainsi qu'en Russie les Cosaques du Don et du Volga opèrent pour faire des captures considérables. Invité dans le nord de la France par un de ces déprédateurs avec lesquels on est parfois obligé de se trouver en contact, à être témoin de l'une de ses pêches merveilleuses d'hiver, nous nous rendîmes le lendemain vers un étang poissonneux bien congelé. La neige avait, la nuit, étendu son blanc manteau sur la glace, et ses flocons, réduits en poussière par le vent, avaient bouché toutes les fissures par lesquelles l'air aurait pu pénétrer encore. Arrivés au centre de l'étang, notre guide fit halte, puis prenant le pic dont il s'était armé, il fit un trou assez large, qu'il débarrassa de ses glaçons, afin de mettre l'eau à jour. Cela fait, il alluma une vieille lanterne à verre lenticulaire, et dirigea sa clarté dans les eaux de l'étang, qui s'éclairèrent soudain comme un globe de feu. Attirés par la lumière, qui sans doute se répercutait dans les profondeurs à de longues distances, les poissons proches et lointains ne tardèrent pas à se diriger vers l'ouverture qui leur apportait air, lumière et bien-être.

Mais le pêcheur était là, debout, armé d'une petite épuisette au long manche, qui s'emparait des poissons au fur et à mesure qu'il en était un qui se montrait. En trois heures de pêche, le braconnier prit ainsi vingt-cinq perches, trente-trois gardons, cinquante-cinq tanches, six brochets et soixante et onze anguilles de diverses dimensions, ce qui pouvait passer, comme nous l'avons dit, pour une pêche merveilleuse.

Sans doute c'est là, au premier chef, de la dévastation, et la loi l'interdit. Mais que peuvent faire les agents de surveillance pour l'empêcher, s'il suffit à ces hommes de montrer leur certificat d'indigence pour échapper aux frais du procès et au montant de l'amende prononcée? Rien, absolument rien! aussi recommencent-ils le lendemain, s'abritant dans ce vieux proverbe qui ne fut jamais plus vrai qu'ici : « Qu'on ne peigne pas les hommes qui n'ont pas de cheveux ».

Pêche interdite.

11° Au poisson d'étain sinuant.

Peut-être le lecteur s'étonnera-t-il que nous ayons classé cette pêche parmi celles spéciales et exceptionnelles, au lieu de l'avoir fait entrer dans la catégorie de celles au véron artificiel. Quoi qu'il en soit, s'il veut bien considérer qu'ici le véron d'étain est dépourvu d'ailettes et, comme conséquence, de mouvements de rotation, il finira par partager cette opinion qu'il n'est pas de place plus naturelle que celle que nous lui assignons.

De même que dans la pêche au véron, le but de celle qui nous préoccupe est de prendre les petits et moyens poissons de proie et plus particulièrement le perche, qui a l'habitude de s'élancer du fond des eaux pour prendre l'amorce. Le véron en étain, son nom l'indique presque suffisamment, est en métal fondu. Le corps est conique, les côtés aplatis et coupants, la ligne latérale comme renflée dans sa longueur. Son armement se compose d'un hameçon

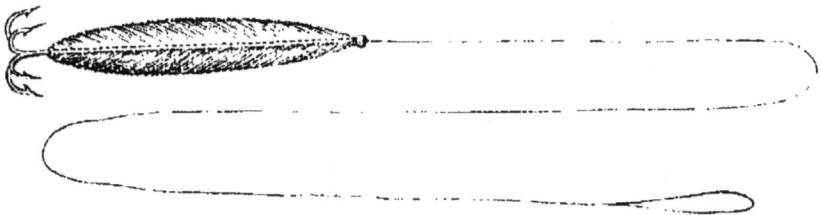

Fig. 92. Le véron sinuant.

à triple ou quadruple branche, qui arme la queue et dont la verge fait corps avec le poisson.

La manière de se servir du véron sinuant est fort simple : aussitôt mis en contact avec l'eau, on le laisse s'enfoncer en sinuant jusqu'au milieu de la couche liquide. Arrivé à cette profondeur, la gaule le relève en ferrant par une saccade prolongée, pour recommencer de même une vingtaine de fois avant de changer de place.

Les endroits les plus réputés sont : les approches des ponts, des aqueducs, des vannes, des herbes et les bordures des rives.

Dans le but d'améliorer son armement, qui est insuffisant, nous avons essayé de lui adjoindre un takle pareil à celui qui défend le tue-diable. Mais alors le véron d'étain ne se comportait plus aussi bien. Peut-être réussirait-on mieux en armant ses flancs d'un ou deux hameçons simples, qui seraien fixés *au corps* du poisson, alors que l'étain est encore en fusion dans le moule de fabrication ?...

Quoi qu'il en soit de cette idée bonne à expérimenter par les pêcheurs qui recherchent la perche et le brocheton, nous devons les prévenir que l'étain étant sujet à se noircir dès qu'il est mis dans l'eau, on ne doit jamais oublier de le gratter légèrement avec une lame de couteau, afin de lui donner le plus de brillant possible, à l'instant où il doit fonctionner.

Cette sujétion, qui doit se faire d'heure en heure, implique la nécessité de repousser tous les poissons *non unis,* qui auraient la prétention d'être plus parfaits parce qu'ils simuleraient des écailles, etc.

Cette pêche est assez productive ; défendue dans les eaux en régie, elle nous a paru tolérée ailleurs.

FIN DE LA CINQUIÈME PARTIE

SIXIÈME PARTIE

LE CALENDRIER DU PÈCHEUR

Nous aurions pu terminer notre livre après la description des pêches les plus ordinairement pratiquées par le pêcheur à la ligne. Mais suffit-il d'avoir indiqué la manière de faire, pour que les personnes auxquelles notre livre s'adresse sachent sans erreur possible à quelle époque une pêche doit être préférée à une autre? quels poissons il convient de rechercher? quels appâts et amorces il est plus avantageux d'employer et de leur offrir? Nous ne le pensons pas !... Eh bien, le calendrier mensuel qui clôt notre ouvrage viendra parer à ces imperfections. Résumé succinct de tout ce que nous avons écrit, il deviendra pour les débutants le guide toujours vrai qu'ils pourront consulter avec confiance avant de choisir leurs armes et de se mettre à l'œuvre. Nous disons plus, c'est que ne contenant rien que d'exact et de pratique, cette revue des mois sera pour eux comme la clef qui leur ouvrira la porte des lieux où nous avons éparpillé nos instructions, alors que le doute et l'obscurité se feront dans leur esprit. D'ailleurs, nous espérons bien par quelques aperçus nouveaux donner à ce travail une importance propre et utile, qui feront qu'on nous saura gré de ne pas avoir oublié ce petit tableau perpétuel des pronostics du succès.

JANVIER.

Degrés moyens du thermomètre : 3°, à l'ombre (Arras).
Température moyenne des eaux de la Seine : 4°.

Lever du soleil........	7 h. 56	Augmentation des jours.	1 h. 6
Coucher...............	4 h. 12	Durée moyenne.	8 h. 40

Ce mois est le plus froid de l'année, par rapport à la situation de la France dans la sphère générale ; il est vrai que le soleil n'est jamais plus près de nous, mais cette contradiction plus apparente que réelle s'explique par ce fait que le soleil nous envoie ses rayons moins longtemps et plus obliquement.

Avec le froid tout s'altère : les herbes aquatiques sont en décomposition, les eaux algides deviennent glaciales; on voit qu'il manque de cet excitant appelé calorique qui vivifie tous les êtres et toutes choses. Aussi les poissons les moins vigoureux recherchent-ils les profondeurs, ou s'enfoncent-ils dans la vase, ne vivant plus que de substances roulant sur le fond des eaux, ou de jeunes pousses et de larves que le limon contient.

C'est bien pis encore quand ces animaux habitent des eaux lentes, dont la surface est susceptible de se congeler, et que l'air vital qui entretient leur existence n'y pénètre plus. On les voit alors engourdis, et dans une espèce de prostration qui dénote la souffrance et leur fait oublier leurs besoins. Cependant dans les rivières au cours rapide, fréquentées principalement par les salmonidés, ces poissons ne paraissent pas trop souffrir de l'hiver, tant la rapidité et la force des crues les obligent à circuler, et tant est puissant le mobile qui les entraîne à s'entre-chercher pour se reproduire. C'est donc en vain que dans ce mois d'inertie pour les poissons blancs, de locomotion obligée pour les salmones et les poissons frayant peu après l'hiver, tels que le brochet et la perche, le pêcheur tenterait de les prendre à la ligne, avec ce qu'il reste encore d'amorces vives. Les poissons ne mordent plus, ou si faiblement, qu'il y a bien plus de rhumes à attraper que de captures à faire.

Appâts et amorces du mois.	Pêches possibles.
Vers de terre..........	aux cordeaux, lignes dormantes.
Grenouilles...........	aux traînées, id.
Poissons naturels	au *Pater noster*.
Poissons artificiels	à tendre le vif.
Sang coagulé..........	stationnaire, ligne flottante.
Blanc et jaune d'œufs. ..	à rouler, ligne coulante.
Fromage.............	à soutenir à la gaule.
Pâtes et viandes........	à soutenir dans les pelotes.
Graminées...........	au véron naturel et artificiel.
———	sous la glace.

Poissons interdits : les salmonidés.

FÉVRIER.

Degrés moyens du thermomètre, 5° au-dessus de 0 (Arras).
Température des eaux de la Seine : 5°.

Lever du soleil........	7 h. 33	Augmentation des jours.	1 h. 32
Coucher.............	4 h. 55	Durée moyenne........	10 h. 53

En général, ce mois est un peu moins froid que celui de janvier, souvent la neige blanchit la terre. Que dans ces conditions de temps le soleil apparaisse, la neige fond rapidement, et comme l'eau qui en résulte est égale au douzième de son volume, qu'elle ne peut s'imbiber que légèrement dans le sol, à cause de sa congélation, elle descend par torrents des montagnes et des plaines, pour se jeter dans les rivières et les fleuves, qui se grossissent en roulant des flots jaunâtres. Forcés de fuir ces eaux malsaines et l'entraînement des rapides, les poissons se réfugient à la bordure des rives, où les eaux sont toujours moins sursaturées de vase, et ils deviennent la proie facile des pêcheurs à l'épuisette.

Quant aux pêcheurs à la ligne, attendu, dit un vieux proverbe, qu'on ne saurait pêcher en eau trouble, l'anguille, qui aime les eaux grossies et tourmentées, ayant disparu à l'embouchure des fleuves pour y frayer, le mieux pour eux est d'attendre patiemment que les grand froids soient passés et les eaux clarifiées. Cependant si le désir d'un début, ou plûtôt le besoin de mouvement s'mposait irrésistiblement à quelques-uns, qu'ils n'oublient pas que les loutres sont en rut pour la première fois, que c'est l'instant où ces animaux circulent le plus,

quand vient le soir, en s'appelant par des cris per-
çants. Qu'ils sortent donc, armés de leur fusil, se
souvenant que chaque loutre tuée, c'est au moins
sept cent kilogrammes de poissons préservés de la
destruction, dans le courant d'une année.

*Mêmes pêches et mêmes appâts qu'en janvier, à l'exclusion
du brochet qui est en frai.*

A partir du 31 janvier, les interdictions qui s'étendaient à la
pêche du saumon, de la truite, de l'ombre chevalier et du carrelet sont levées, à moins que par un arrêté rendu par le préfet, après avoir pris l'avis du conseil général, les périodes
d'ouverture ne soient modifiées (décret du 10 août 1875), ainsi
que ce fait a lieu dans le Pas-de-Calais, où l'interdiction de
pêcher les salmonidés se prolonge jusqu'au 1er mars.

MARS.

Degrés moyens du thermomètre, 7.05 au-dessus de 0 (Arras).

| Lever du soleil........ | 6 h. 45 | Augmentation des jours. | 1 h. 50 |
| Coucher............... | 5 h. 41 | Durée moyenne........ | 11 h. 50 |

C'est le 21 de ce mois que finit l'hiver et commence l'équinoxe du printemps. Dans la France, cela signifie que l'écliptique céleste étant arrivée aux deux points où elle coupe l'équateur, les nuits vont devenir pour nous égales aux jours.

En général, le mois de mars est considéré comme un mois de vents impétueux, de pluies abondantes et passagères, qui arrivent d'une manière subite, par tourbillons et bourrasques.

Vers le 15 mars, le thermomètre ne marque encore, en moyenne et à minuit, que trois degrés au-dessus de zéro. Néanmoins les grandes secousses de la nature ne sont pas moins regardées par les pêcheurs comme le signe de revivification de tout ce qui habite dans les eaux, les salmones ayant frayé ; les poissons blancs commençant à circuler, les larves à grossir et à apparaître. Aussi les truites rendues à la santé songent-elles déjà à rechercher leur gîte d'été, tandis que les saumons se rassemblent pour gagner les flots salés de la mer. On peut encore ajouter l'anguille qui est en montée, ainsi que les espèces exceptionnelles qui entrent dans nos fleuves pour y effectuer leur ponte. De sorte que vers la fin du mois, on peut pêcher avec chance de succès la truite en circulation, le saumon en départ, l'anguille en retour, les poissons plats qui arrivent, les poissons de proie en chasse, et ceux d'été en mouvement.

Appâts et amorces.	Pêches praticables.

Les mêmes qu'en janvier et février, en ajoutant :

Les chevrettes..........	les lignes flottantes et revenantes.
La larve de l'éphémère...	les lignes flottantes et courantes.
—	au frétin, ligne mordante.
—	au poisson d'étain sinuant.
—	à tendre le vif.

Interdictions nulles.

AVRIL.

Degrés moyens du thermomètre, 10 au-dessus de 0 (Arras).

Lever du soleil........	5 h. 41	Augmentation des jours.	1 h. 42
Coucher...............	6 h. 28	Durée moyenne........	13 h. 35

Bien qu'il existe un proverbe qui dise «qu'il n'est pas de mois d'avril sans porter un chapeau de grésil», la nature sort néanmoins de son long engourdissement. Les vents du nord règnent encore, mais les jours, en passant alternativement de la tourmente au calme, de la pluie au sec, prouvent que nous assistons à l'agonie de l'hiver, qui ne peut plus résister à la marche ascendante du printemps. Aussi, dans le langage pittoresque du pêcheur, dit-on alors que les eaux charrient et *fleurissent*, pour indiquer que le courant entraîne ce qu'il reste encore de plantes aquatiques en décomposition, et signaler que c'est le moment où les chatons tombant des saules vont flotter à leur surface. C'est d'ailleurs l'époque où les larves qui ont passé du premier au second âge, sont en plus grand nombre. Il ne faut donc pas s'étonner si dans ce mois les réussites sont moins grandes avec les pâtes et les viandis, tous les appâts pour la truite devant s'incliner devant l'emploi des vérons naturels et artificiels et notamment de la larve de l'éphémère et du porte-bois, ces deux mets délicieux qui ont pour elles l'excitation du renouveau.

Qu'on veuille bien remarquer encore qu'aux premiers jours de ce mois, lorsque le temps a été

préparé par quelques beaux jours, on voit déjà
certains poissons moucheronnants s'élancer à la
surface sur quelques cousins et mouches précoces,
aux heures où le soleil est le plus éclatant. On
arrivera avec nous à cette opinion que le mois
d'avril n'est pas à dédaigner par les pêcheurs.

Nous nous abstenons de parler des poissons blancs
ou d'été, leur pêche étant interdite depuis le 15.
Notons cependant que le brochet, parfaitement remis
de ses pertes, commence à se montrer hardi et
glouton, tandis que la perche, qui est en frai, ne
mord plus.

Appâts et amorces.   Pêches praticables.

—　　　　　　　　　—

Les mêmes que dans les mois précédents, en ajoutant :

La larve du porte-bois.... aux jeux, lignes dormantes.
Le cri-cri.............. aux batteries, lignes dormantes.
La mouche sentine........ au grelot, lignes dormantes.
Les moucherons divers..... à rôder, ligne courante.
—   — ..... de tact, ligne coulante.
—   — ..... à lancer le vif.
—   — ..... au dard et à la fouâne.
—   — ..... à la volée, ligne fouettante.

Les truites mordent toute la journée.

MAI.

Degrés moyens du thermomètre : 12°,2 (Arras).
Température des eaux de la Seine : 11°.

Lever du soleil..	4 h. 42	Augmentation des jours.	1 h. 18
Coucher.......... ..	7 h. 13	Durée moyenne........	15 h. 10

En aucun mois de l'année la nature n'est plus belle, un doux parfum embaume les vallées. Les eaux redescendues à leur étiage normal coulent limpides en resplendissant au soleil. Tout favorise donc les excursions des pêcheurs. Déjà les plus impatients et les plus passionnés ont dû faire quelques belles captures parmi les truites sédentaires, ou celles qui pénètrent dans nos fleuves, soit en pêchant ligne flottante, soit au véron ; mais il en reste encore.

Depuis le 15 février les larves aquatiques qui donnent naissance à la mouche jaune et à la frigane striée sont assez fortes pour supporter un hameçon numéro 2. Il est donc nécessaire de rappeler que cette amorce est sans rivale pour pêcher le matin et au couchant, lignes flottantes, les truites petites et moyennes.

C'est vers le 10 mai dans le midi de la France, et vers le 18 dans le nord, que les larves de l'éphémère passent du second âge au troisième, qui est leur état parfait. On peut donc encore pêcher de surface à la mouche naturelle et artificielle.

Toutefois, il est bon de se souvenir qu'à l'apparition de la mouche, il y a non moins d'avantage à se servir de la seconde que de la première, la truite n'ayant pas encore été battue et rebattue se laissant facilement séduire.

C'est absolument le contraire, quand la mouche jaune de mai est abondante, la truite alors, comme nous l'avons dit dans nos comparaisons sur la pêche du jet, étant devenue assez habile pour distinguer une mouche fausse d'une mouche vraie.

Dans ce mois comme dans le précédent, l'anguille, étant en retour, ne mord que difficilement ; il en est de même des poissons blancs, qui sont en frai. Mais par compensation, les fleuves, les rivières, les lacs et les étangs n'étant pas encore complétement envahis par les plantes aquatiques montantes, on fera bien de profiter des dernières facilités qu'ils offrent, pour pêcher les poissons de proie.

Appâts et amorces.	Pêches praticables.

Les mêmes qu'en avril en ajoutant :

La mouche jaune de mai...	au tue-diable.
Les corps des grandes mouches	au cadre et à rouet.
Les corps des papillons.....	de tact et de coup.
La chenille noire artificielle.	—
Les insectes divers........	Les poissons moucheronnants mordent de 11 heures du matin à
La cerise..............	
Le véron-pâte...........	4 heures du soir. Ceux de proie toute la journée.

Interdictions du 15 avril au 15 juin.

Tous les poissons blancs, y compris l'anguille, la lamproie, l'ombre commun, l'écrevisse.

Nous ne voyons pas les motifs d'interdiction de l'anguille, de la lamproie et de l'écrevisse, ces poissons ayant frayé, ainsi que le brochet.

JUIN.

Degrés moyens du thermomètre : 16°,9 à l'ombre (Arras).

Lever du soleil........	4 h. 3	Augmentation du 1er au 10	0 h. 10
Coucher..............	7 h. 52	Diminution du 10 au 30.	0 h. 5
	Durée moyenne... 16 h. 5		

C'est le 15 de ce mois que finissent les interdictions pour les poissons d'été, et le 21 que se termine le printemps. Sous l'effet d'une température qui s'élève chaque jour davantage, les eaux arrivent à ce degré moyen de chaleur qui est la meilleure condition possible pour pêcher de toute façon, et pendant toute la journée.

Néanmoins, recherchant les salmonidés, on fera bien de préférer, au matin, les fosses, les bas-fonds, les crônes, les angles, les chutes, pêches flottantes, courantes, tournantes et de tact. Tandis qu'au milieu du jour, ce seront les guets, les abreuvoirs, les haies, les hauts-fonds herbés, les couverts, les rapides, les aboutissants des pentes, le devant et le dessous des branches plongeantes, des racines et des obstacles, qu'on devra choisir.

Quant au pêcheur de jet et à la volée, lignes de surface, les poissons moucheronnants se montrant insatiables dès que le temps favorise la sortie de la mouche et son vol au-dessus de l'eau, il n'y a qu'à lancer la ligne à tous les points où les insectes se posent et sont gobés, pour être certain de faire de nombreuses captures.

Que les poissons vivent solitaires comme les forts brochets, les grosses perches et les truites ; ou

couplés, comme les barbeaux et les chevennes deve-
nus vieux ; ou même en troupe, comme les gardons,
les vandoises, les brèmes, les carpes, les tanches,
les meuniers, les goujons et les ablettes, tous
ayant pour ainsi dire frayé, ils ont des besoins si
impérieux qu'on est certain de les rencontrer aux
places où les nourritures passent abondantes.

Appâts et amorces.	Pêches praticables.
—	—

Les mêmes que dans les mois précédents, en y ajoutant :

Les vers blancs de viande..	au fretin, ligne flottante et mor-dante.
Les vers blancs de farine...	à la gaulette, ligne flottante et ferrante.
Les vers rouges de vase....	à fouetter, ligne coulante et mor-dante.
Les fourmis ailées	à soutenir au vergeon.
Les taons...............	à soutenir dans les pelotes.
Les aquitelles	de surface, mouches de jeu.
Le cul-blanc............	au lacet.
—	à la bouteille aux goujons, etc.

JUILLET.

Degrés moyens du thermomètre : 20°,6 (Arras).

Lever du soleil........	4 h. 42	Diminution des jours...	1 h. »
Coucher.....	8 h. 5	Durée moyenne........	15 h. 35

Ce mois est le plus chaud de l'année ; le 24 commencent les jours caniculaires, auxquels on attribue une influence funeste sur les poissons. Ce que nous savons par rapport aux salmonidés, c'est qu'à partir du 24 juin les truites ne moucheronnent plus qu'irrégulièrement. Que si parfois, par un temps gris sombre, chargé d'électricité, ces poissons ont encore quelques réminiscences qui les invitent à se montrer, ce fait a lieu à des heures si tardives, et sur des moucherons si petits, qu'il est impossible au pêcheur de les amorcer naturellement, d'où l'obligation de recourir aux chenilles artificielles, montées sur des hameçons numéros 10 à 12.

Ne sachant à quoi attribuer ce relâchement, la plupart des pêcheurs prétendent que les truites sont malades par suite de leurs excès en insectes. Quant à nous, nous pensons qu'on se rapprocherait bien plus de la vérité si on admettait que cette inertie est due à la chaleur, à l'extrême limpidité des eaux, à la disparition des grosses mouches de jour, à l'abondance des petits fusins et phrygènes dont les herbes sont chargées, ainsi qu'à la quantité d'herbages qui leur offrent des couverts impénétrables ; toutes causes qui les engagent à rester de fond. Il y a d'ailleurs, pour justifier ces raisons, une preuve qui nous paraît décisive. C'est qu'en général, si quelques truites persistent à moucheronner en juillet, ce sont surtout les petites, c'est-à-dire celles qui, ayant gobé le plus de mouches, devraient évidemment être plus souffrantes. Néanmoins, en pêchant le matin avec le caset ou la sauterelle, ligne courante et de tact, puis de jet le soir, entre huit et neuf heures, soit une heure après les limites fixées par la loi, on peut encore espérer d'assez beaux succès.

Quant aux poissons blancs ou communs, les grandes chaleurs de juillet ne paraissent exercer une influence sur eux que lorsque le soleil est arrivé à son point culminant, tant ils sont disposés à mordre le matin et au déclin. Il en est de même du fretin, du brochet, de la perche, de l'écrevisse et de l'anguille, à cette différence près que cette dernière n'est jamais plus vorace *qu'après un orage* qui a grossi et blondi les eaux.

Appâts et amorces.	Pêches praticables.
Poissons morts...........	aux cordeaux, ligne dormante.
Poissons vivants.........	aux jeux de fond.
Vérons artificiels........	aux traînées, ligne dormante.
Grenouilles.............	au grelot, ligne dormante.
Vers de terre...........	à tendre le vif.
Vers de vase...........	à lancer le vif.
Vers de viande.........	stationnaire, ligne flottante.
Vers de farine..........	à rôder, ligne courante.
Limaces	au fretin, ligne mordante.
Porte-bois.............	à la gaulette, ligne ferrante.
Chevrettes.............	à fouetter, ligne coulante.
Sauterelles	à rouler, ligne rasante.
Cloportes.............	à soutenir à la gaule.
La frigane striée	à soutenir au vergeon.

Appâts et amorces.	Pêches praticables.
La mouche de liége........	à soutenir dans les pelotes.
Les taons	au véron naturel.
Le sang...............	au véron artificiel.
Les pâtes...............	à la sautinette.
Les viandis.............	à la volée.
Les graminées	à la surprise, mouches de jeu.
Les chenilles artificielles ...	à la pelote à vermiller.
Les hannetons...........	à l'écrevisse, paniers et balances.
Le véron-pâte............	à la bouteille.
Etc., etc.	au harpon entre deux eaux.
	au véron d'étain sinuant.

Nous allions oublier de signaler aux pêcheurs conservateurs qu'en juillet la loutre est pour la seconde fois en rut, et qu'il n'est jamais plus facile de la tuer dans son repaire que par les eaux basses, à l'aide d'un chien pour indiquer sa présence, et d'une bêche pour la forcer à sortir.

AOUT.

Degrés moyens du thermomètre à l'ombre : 18°,7 (Arras).

Lever du soleil........	4 h. 34	Diminution des jours...	1 h. 37
Coucher.............	7 h. 37	Durée moyenne........	14 h. 30

Bien que depuis 1809 à 1876 l'Observatoire ait constaté qu'il y avait quarante-trois années où les degrés du thermomètre avaient été plus bas en août qu'en juillet, le mois qui nous préoccupe n'en est pas moins considéré comme un mois brûlant. Au 1er, les jours caniculaires entrent dans leur neuvième jour, pour continuer jusqu'au 26, qui les termine.

Mais quoi qu'il en soit de ces constatations comparatives, et des effets supposés de l'étoile fixe le *Sirius* dans ses coïncidences avec le soleil, la puissance des rayons de l'astre du jour n'étant que bien faiblement amoindrie, l'état de la température des eaux reste toujours assez élevé pour qu'elles se maintiennent presque tièdes. Il n'est donc pas étonnant que l'ombre et la truite, qui ne sont jamais plus affamées que lorsque les eaux sont vives et froides, recherchent les abris et les couverts, presque insensibles aux appâts du pêcheur aux heures du midi. Il n'en est pas absolument de même des poissons blancs. Redoutant moins la chaleur et la vue de l'homme, on les voit parfois par groupe, s'élever et se maintenir presque à fleur d'eau, dans un état d'immobilité, comme s'ils éprouvaient plus de bien-être à se rapprocher de la surface. Nous pourrions citer au même titre l'anguille, qui dans ce mois quitte fréquemment les profondeurs et les repaires pour se suspendre au sommet des branches du trèfle d'eau. Ce qu'il importe surtout au pêcheur de savoir, c'est qu'en général, aux heures où le soleil est arrivé à son apogée et sa chaleur à son degré la plus intense, les poissons ne circulent plus et ne mangent pas; c'est donc au matin et au crépuscule qu'on doit les pêcher avec espoir de succès.

Mêmes amorces et mêmes pêches qu'en juillet.

Interdictions nulles.

Degrés moyens du thermomètre : 16°,6 à l'ombre (Arras).

| Lever du soleil........ | 5 h. 17 | Diminution des jours... | 1 h. 45 |
| Coucher.............. | 6 h. 42 | Durée moyenne........ | 12 h. 35 |

Au 23 finit l'été, et l'automne lui succède.

Les jours vont toujours en décroissant, de sorte qu'inversement à l'époque du printemps, les jours vont devenir plus courts que les nuits, en même temps que le thermomètre descend pour revenir aux mêmes degrés qu'en juin. Il résulterait donc qu'à raison de ce rapprochement, le mois de septembre pourrait être considéré comme l'un des meilleurs mois de l'année pour la pêche. Mais, hélas! il n'y a plus comme en juin de larves dans les eaux, de grandes mouches qui voltigent à leur surface, et les roseaux ne sont plus couverts que de rares fusins. Il est vrai que vers sept heures du soir quelques truites bondissent encore sur les moucherons et petits cousins qui s'ébattent en rasant les eaux. Mais alors l'obscurité est telle qu'on n'y voit plus, et d'ailleurs, dans ce mois, les brumes qui succèdent au déclin sont si fréquentes et compactes, qu'elles détruisent tout espoir.

Néanmoins, en pêchant dans le courant de la journée, ligne flottante et courante, avec des vers; ou de tact, avec tous les insectes que l'on rencontre; ou encore à lancer le vif et au véron, il y a lieu d'espérer qu'on fera gonfler le filet d'un certain nombre de truites et de brochets. Mais combien ces pêches sont rendues plus difficiles par les longues bandes d'herbages et de roseaux qui envahissent les deux rives des rivières !

Quant aux poissons blancs, tous mordent généralement bien ras de fond ; il en est de même de l'écrevisse, qui n'est jamais plus belle et plus vorace.

Mais, inconstants que nous sommes, il a fallu que l'ouverture de la chasse fût inscrite au *Journal officiel* et affichée dans les villes et communes, pour que la plupart des pêcheurs désertent les eaux, prêts à courir les champs par monts et par vaux.

C'est que la chasse, il faut bien le dire, puisque nous sommes en même temps l'adepte de saint Hubert et de saint Pierre, a pour elle le plaisir du renouveau. Plaisir animé, cette fois, non plus par une amorce passive qu'emporte le courant de l'eau, mais par un chien intelligent et fidèle, devinant la pensée du maître. Véritable associé, qui quête le nez au vent, et bientôt s'arrête, la patte levée, l'œil étincelant dans la direction de la proie, prêt à s'élancer sur l'animal visé, à la voix du fusil qui tonne.

Or, en septembre, le nombre des déserteurs de la pêche est si considérable, qu'il semble que notre calendrier doive finir faute de pêcheurs. Nonobstant, comme il reste toujours quelques amis fervents que le plaisir luxueux de la chasse n'a pu entraîner, nous continuerons notre calendrier jusqu'à la fin de l'année.

Appâts et amorces.	Pêches praticables.

Les mêmes pêches qu'en juillet, en y retranchant :

Appâts et amorces.	Pêches praticables.
Les hannetons	la pêche au lacet.
Les taons...............	le harpon de surface, etc.
La trigane striée.........	— —
La mouche rousse du porte-bois.................	— —
La sauterelle.............	— —
La chenille noire des aunes..	— —

Interdictions nulles.

OCTOBRE.

Degrés moyens du thermomètre : 10°,1 (Arras).

| Lever du soleil | 6 h. » | Diminution des jours... | 1 h. 46 |
| Coucher | 5 h. 39 | Durée moyenne | 10 h. 50 |

Assez semblable au mois d'avril, ce qui justifie le proverbe, que les extrêmes se touchent, le mois d'octobre est magnifique ou mauvais. Beau! il égale en douceur les premiers jours du printemps, et prend alors indifféremment les noms d'été de Saint-Martin ou celui de fil de la Vierge, qui exprime mieux la parure filamenteuse dont se revêtent les champs. Mauvais! il est froid, sujet aux bourrasques; le sol est boueux, les eaux sont jaunâtres; de sorte qu'on ne peut réellement pêcher que lorsque le temps a été préparé par quelques beaux jours. Dans ce cas, on peut essayer, avec quelque espoir de réussir, les pêches aux lignes flottantes et de coup; à lancer le vif et le véron, et même à la volée, en se servant de petites chenilles sombres. Nous pourrions aussi ajouter la pêche à la surprise avec un jeu de mouches, ainsi que celle à la sautinette, les truites, dans ce mois, moucheronnant encore parfois à la bordure des rives en recherchant les aqui-telles qui ne sont jamais plus travailleuses. Mais voici que les lois de protection des salmones s'avancent avec leur cortége de prohibitions. C'est, en effet, l'époque où les truites vont frayer, les saumons apparaître, tandis que les anguilles des rivières vont repartir. Forcés de se reporter sur les poissons blancs, *dont la pêche est encore autorisée,* les pêcheurs voient décroître en partie leur liberté d'action; toutefois, nous croyons qu'il reste encore une latitude assez grande pour l'employer avec profit, à la condition qu'on sache se servir avec habileté des moyens restés disponibles.

Mêmes pêches et mêmes appâts qu'en septembre.

Interdictions du 20 octobre au 31 janvier : le saumon, la truite, l'ombre chevalier, etc.

NOVEMBRE.

Degrés moyens du thermomètre : 8°,1 (Arras).

| Lever du soleil | 6 h. 48 | Diminution des jours | 1 h. 19 |
| Coucher | 4 h. 39 | Durée moyenne | 9 h. 10 |

Avec novembre, l'année grégorienne s'avance avec la décrépitude de la vieillesse. Aussi voit-on les feuilles jaunies des arbres et des arbustes tomber en tournoyant sur la terre et les eaux. Vienne un temps plus courroucé encore, ce sont alors les brindilles et les rameaux qui se brisent et tombent avec fracas, en effrayant les poissons au bruit de leur chute. Qu'on ajoute à ces causes d'insuccès la décomposition des plantes aquatiques, les eaux tourmentées et grossies, les salmones en frai, les anguilles disparues, les pêcheurs se convaincront qu'à moins de quelques poissons vigoureux, tels que les barbeaux, les chevennes, les gardons, les perches, les brochets et les écrevisses, les quatre cinquièmes des pêches ont disparu. Cependant, de dix heures du matin à quatre heures du soir, par un jour non chargé de brumes ou de brouillards, et par des eaux claires, le hasard aidant l'habileté, il y a lieu d'espérer encore qu'on ne rentrera pas bredouille.

Appâts et amorces.	Pêches possibles.
Grenouilles	aux traînées.
Vers de terre	aux cordeaux dormants.
Petits poissons	stationnaire, ligne flottante.
Limaces	à roder, ligne courante.
Le sang	à rouler, ligne rasante.

Appâts et amorces.	Pêches possibles.
Le blanc et le jaune d'œuf..	à soutenir à la gaule.
Les pelotes..............	à soutenir au vergeon.
Les pâtes	à soutenir dans les pelotes.
Le fromage.............	aux balances et écrevisses.
Les graminées ....,....	au véron d'étain sinuant.
Les vérons	au véron naturel et artificiel.

Poissons interdits : les salmonidés.

DÉCEMBRE.

Degrés moyens du thermomètre : 6°,8 (Arras).

Lever du soleil........	7 h. 34	Diminution des jours...	0 h. 25
Coucher.............	4 h. 4	Durée moyenne........	8 h. 10

C'est, après le mois de janvier, celui où la température est pour nous la plus abaissée. Sous cette influence de refroidissement, les poissons recherchent les profondeurs et les crônes, où ils vivent des nourritures passagères qui s'y engloutissent, et parfois, comme ceux qui habitent les mares et les étangs, d'herbes et de vers. Il n'y a d'exception que pour les poissons de proie qui sont toujours circulant gloutons et cruels.

Quant à la truite, toujours en quête de rechercher les eaux les plus saines et les fonds de graviers qui peuvent faciliter sa ponte, son instinct la pousse à remonter incessamment les eaux, jusqu'à ce qu'elle trouve des lieux éminemment propices où elle s'arrête. Mais vainement tenterait-on de vouloir la séduire par l'offre de ses mets favoris. Entièrement consacrée à l'acte de reproduction, elle ne mord plus.

On doit d'ailleurs se souvenir qu'en ce mois, la pêche des salmonidés est complétement interdite.

FIN DU CALENDRIER.

NOS ADIEUX.

Maintenant que nous avons rempli la tâche ingrate que nous nous étions imposée, dans cette croyance qu'il manquait un livre de pêche réellement pratique et de bons conseils, que nos lecteurs veuillent bien recevoir nos souhaits pour leurs succès à venir, ainsi que nos derniers adieux.

Qu'indulgents pour le vieux pêcheur, plus habile à tenir la gaule à la main que la plume entre les doigts, ils lui pardonnent ses témérités et ses défaillances. Rien n'est parfait ni complet dans ce monde, et il nous suffirait de cette simple approbation, que notre livre avait sa raison d'être, pour que nous soyons largement payé de nos peines.

J. CARPENTIER,
HESDIN (Pas-de-Calais).

ERRATA.

TABLE DES GRAVURES.

TABLE DES MATIÈRES.

TROISIÈME PARTIE.

HISTORIQUE DES POISSONS.

QUATRIÈME PARTIE.

APERÇUS THÉORIQUES ET NOTIONS ÉLÉMENTAIRES.

PARIS. — TYPOGRAPHIE DE E. PLON ET Cⁱᵒ, RUE GARANCIÈRE, 8.

www.ingramcontent.com/pod-product-compliance
Lightning Source LLC
Chambersburg PA
CBHW052102230326
41599CB00054B/3597